Übungsbuch Mathematik für Ambitionierte

Joachim Hilgert

Übungsbuch Mathematik für Ambitionierte

Zählen, Rechnen, Messen als Basis für alles Weitere

Joachim Hilgert
Institut für Mathematik
Universität Paderborn
Paderborn, Deutschland

ISBN 978-3-662-73420-9 ISBN 978-3-662-73421-6 (eBook)
https://doi.org/10.1007/978-3-662-73421-6

Die Deutsche Nationalbibliothek verzeichnet diese Publikation in der Deutschen Nationalbibliografie; detaillierte bibliografische Daten sind im Internet über https://portal.dnb.de abrufbar.

Planung/Lektorat: Andreas Ruedinger
Springer Spektrum ist ein Imprint der eingetragenen Gesellschaft Springer-Verlag GmbH, DE und ist ein Teil von Springer Nature.
Die Anschrift der Gesellschaft ist: Heidelberger Platz 3, 14197 Berlin, Germany

Vorwort

Dieses Übungsbuch wurde als Begleittext zu dem Buch „Mathematik für Ambitionierte – Zählen, Rechnen, Messen als Basis für alles Weitere“, zitiert als [MfA], geschrieben. Es bietet eine Vielzahl von Übungsaufgaben und zugehörigen Lösungsvorschlägen. Schwerpunkt ist die Unterstützung beim Durchdringen mathematischer Konzepte, nicht der Erwerb von brillanter Rechenfertigkeit oder der Aufbau einer umfassenden Datenbank von Beispielen.

Die Aufgaben in den einzelnen Abschnitten nehmen Bezug auf die gleichnamigen Abschnitte in [MfA]. Idealerweise sollte man diesen Text bis zu dem jeweiligen Abschnitt gelesen haben, wenn man anfängt die Übungsaufgaben dazu zu bearbeiten. Wenn in einer Aufgabe Begriffe vorkommen, die man nicht kennt, dann sollte man versuchen, diese Begriffe (zum Beispiel mithilfe des Notations- und Sachverzeichnisses) im Text zu finden und die dazugehörigen Inhalte studieren. Wer den relevanten Stoff aus anderen Quellen gelernt hat, kann selbstverständlich Begriffe auch anderswo nachschlagen.

Die inhaltliche Strukturierung entspricht derjenigen von [MfA]. Zu jedem Abschnitt von [MfA] gibt es Aufgaben, die eine verständnisfördernde Beschäftigung mit den in dem betreffenden Abschnitt eingeführten Begriffen und Argumenten nahelegen, und solche, in denen Varianten und Vertiefungen des im Abschnitt vorgeführten Materials diskutiert werden. Der erste Typ von Aufgaben ist bewusst einfach gehalten und seine Bearbeitung erfahrungsgemäß sehr hilfreich. Der zweite Typ von Aufgaben ist zum Teil deutlich anspruchsvoller, es gibt aber auch etliche Aufgaben, die einfach nur illustrieren, dass die in [MfA] präsentierten Argumente auch in anderen Kontexten funktionieren.

Die Aufgaben basieren überwiegend auf Übungsaufgaben und Beispielen zu diversen Vorlesungen, die ich zu den einschlägigen Themen über die Jahre gehalten habe, manche auf dem Umweg über [Hi13a, Hi13b] und [HHP15] – vielen Dank an Max Hoffmann und Anja Panse, die mir erlaubt haben, Material aus [HHP15] zu nutzen.

Um den Einsatz dieser Aufgabensammlung unabhängig von [MfA] zu erleichtern, wird jeweils zu Beginn eines Abschnitts kurz zusammengefasst, zu welchen Themen Aufgaben präsentiert werden. Außerdem hat jede Aufgabe eine Überschrift, die einen Hinweis darauf gibt, worum es in der Aufgabe geht. Referenzen auf Inhalte von [MfA] werden durch Namen (zum Beispiel „Zwischenwertsatz“) oder kurze Erläuterung (zum Beispiel „zur Charakterisierung der Stetigkeit über offene Mengen“) ergänzt, um die Lesbarkeit auch ohne Zugriff auf [MfA] zu gewährleisten. Der Vorteil der Verwendung von [MfA] als Nachschlagewerk bei der Bearbeitung der Aufgaben besteht darin, dass die Sätze dort in genau der Form stehen, die in den Aufgabenstellungen bzw. den Lösungsvorschlägen verwendet wird.

March 2026 Joachim Hilgert

Inhaltsverzeichnis

1 Aufgaben zum Thema „Zählen und Zahlen“

In diesem Kapitel sind Aufgaben zusammengestellt, die sich anbieten, wenn man motiviert von elementaren Zählproblemen, erst die natürlichen Zahlen axiomatisch einführt und diese dann sukzessive zu den ganzen, rationalen, reellen und schließlich komplexen Zahlen erweitert. Aus Gründen der Denkökonomie ergibt sich in diesem Prozess ein zunehmender Bedarf an Konzepten der naiven Mengenlehre und einigen algebraischen Strukturen (vor allem abelsche Gruppen, kommutative Ringe und Körper). Dementsprechend gibt es auch etliche Übungen zu diesen Themen.

1.1 Zählen

In den Aufgaben dieses Abschnitts geht es einerseits um konkrete Abzählprobleme und andererseits um Konzepte der Mengenlehre, die sich im Kontext von Abzählproblemen sehr schnell als ausgesprochen nützlich erweisen.

Aufgabe 1.1 (NBA Playoffs) In der amerikanischen Basketball Profiliga NBA wird die Meisterschaft in einem Playoff-System mit 16 Teams nach dem Modus „Best-of-7“ entschieden. Das ist ein System von KO-Runden, in der jede Begegnung von zwei Teams aus maximal 7 Spielen besteht, und dasjenige Team weiter kommt, das 4 Spiele gewonnen hat (siehe [MfA, Beispiel 1.2]). Wie viele Spiele werden in diesen Playoffs mindestens/höchstens ausgetragen?

Aufgabe 1.2 (Playoffs „Best-of-5“) Es seien 8 Teams in den Playoffs einer Sportveranstaltung, die im Modus „Best-of-5“ ausgetragen werden. Dann finden 7 Begegnungen statt (siehe [MfA, Beispiel 1.2]) und dabei zwischen $21 = 7 \cdot 3$ und $35 = 7 \cdot 5$ Spiele. Man zeige, dass jede Anzahl von Spielen zwischen 21 und 35 möglich ist.

J. Hilgert, *Übungsbuch Mathematik für Ambitionierte*,
https://doi.org/10.1007/978-3-662-73421-6_1

Aufgabe 1.3 (Lebenstage von C.F. Gauß) Der weltberühmte Mathematiker Carl Friedrich Gauß wurde am 30. April 1777 in Braunschweig geboren und starb am 23. Februar 1855 in Göttingen. Wie viele Tage (inkl. Geburts- und Todestag) hat er erlebt?

Aufgabe 1.4 (Entscheidungsbäume) In [MfA, Beispiel 1.4] wurde argumentiert, dass es 720 Möglichkeiten gibt, 6 unterschiedliche Zahlen in verschiedener Reihenfolge aufzulisten. Mit den Notationen aus [MfA, Bemerkung 1.7] lässt sich das auch so formulieren, dass es 720 verschiedene 6-Tupel gibt, in denen die Zahlen $1, 2, 3, 4, 5, 6$ je einmal auftauchen. Der Einfachheit halber seien hier nur 3-Tupel, das heißt *Tripel,* von Zahlen unter Betrachtung.

(i) Man gebe alle Tripel an, in denen die Zahlen $1, 2, 3$ je einmal auftauchen.
(ii) Man kann sich die Bestimmung der Tripel aus (i) als einen Entscheidungsprozess vorstellen, in dem man zuerst entscheidet, welche Zahl an der ersten Stelle des Tripels steht, dann darüber, welche Zahl an der zweiten Stelle steht, und schließlich darüber, welche Zahl an der dritten Stelle steht. Den Prozess kann man graphisch darstellen. Jede Entscheidungspunkt wird als ein Kontenpunkt dargestellt, an dem für jede mögliche Entscheidung ein Pfeil angehängt ist, an dessen Endpunkt der Knoten mit dem Zustand nach der Entscheidung steht. Fasst man alle diese Knoten und Pfeile zusammen, entsteht ein *Entscheidungsbaum*. Man skizziere den Entscheidungsbaum für die Besetzung der Tripel aus (i).

Aufgabe 1.5 (Gewinn-Chancen im Lotto, siehe [MfA, Beispiel 1.4]) Man berechne die Gewinn-Chancen für die Gewinnklassen j-Richtige für $j = 1, 2, 3$ und 4.

Aufgabe 1.6 (Ununterscheidbare Würfel) Man modelliere das Würfeln mit drei nicht unterscheidbaren Würfeln und gebe die Wahrscheinlichkeiten für alle möglichen Ergebnisse an.

Aufgabe 1.7 (Anzahl von Abbildungen) Seien N und M zwei Mengen (siehe [MfA, Bemerkung 1.3]) mit n bzw. m Elementen.

(i) Wie viele verschiedene Abbildungen $f : N \to M$ gibt es?
(ii) Wie viele der Abbildungen aus (i) haben die Eigenschaft, dass verschiedene Elemente aus N auf verschiedene Elemente aus M abgebildet werden? Solche Abbildungen heißen *injektiv.*
(iii) Eine natürliche Frage in diesem Kontext ist: Wie viele Abbildungen $f : N \to M$ gibt es, für die es zu jedem Element y von M ein Element x von N mit $f(x) = y$ gibt? Solche Abbildungen heißen *surjektiv.* Die Antwort auf diese Frage ist deutlich schwieriger herauszufinden als die für (i) und (ii). Daher schränken wir die Frage ein auf die Fälle $(n, m) = (3, 2)$ und $(n, m) = (4, 2)$. Die allgemeine Antwort findet man in [Ai79, §III.1.G].

(iv) Wie viele Abbildungen $f : N \to M$ gibt es, die injektiv und surjektiv sind? Solche Abbildungen heißen *bijektiv*.

Aufgabe 1.8 (Nagelbrett) Die folgende Skizze stellt ein Nagelbrett dar, durch das man eine Kugel laufen lassen kann. Immer wenn die Kugel ○ auf ein Hindernis /\ trifft, fällt sie mit einer Wahrscheinlichkeit von 50 % nach links und mit einer Wahrscheinlichkeit von 50 % nach rechts. Man stelle ein mathematisches Modell für das Nagelbrett auf und berechne für jedes der Auffangkästchen |_| die Wahrscheinlichkeit dafür, dass die Kugel darin landet.

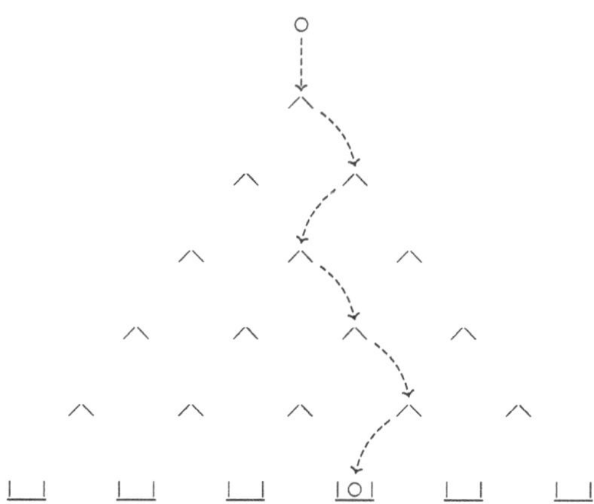

Aufgabe 1.9 (Anzahl von Partitionen) Sei X eine Menge mit n Elementen. Die Frage, wie viele Partitionen (siehe [MfA, Bemerkung 1.3]) von X in nichtleere disjunkte Teilmengen es gibt, ist nicht leicht zu beantworten. Um ein Gefühl für die Fragestellung zu bekommen, beantworte man sie für $n = 2, 3$ und 4.

Aufgabe 1.10 (Anzahl surjektiver Abbildungen) Seien N und M endliche Mengen mit n beziehungsweise m Elementen. Eine surjektive Abbildung $f : N \to M$ definiert eine Partition von N durch nichtleere Teilmengen, nämlich die Mengen

$$f^{-1}(y) := \{x \in N \mid f(x) = y\}.$$

Man zeige, dass die Anzahl der surjektiven Abbildungen $f : N \to M$ gleich $m!$ mal der Anzahl der Partitionen von N in m nichtleere Teilmengen ist. Man gleiche das mit den Ergebnissen von Aufgabe 1.7 und Aufgabe 1.9 ab und bestimme die Anzahl surjektiver Abbildungen $f : N \to M$ für den Fall $(n, m) = (4, 3)$.

Aufgabe 1.11 (Lebenstage von C.F. Gauß) Beschreiben Sie eine Partition der Menge M der Lebenstage von Carl Friedrich Gauß, die Ihrer Lösung von Aufgabe 1.3 entspricht, geben Sie für jedes Element der Partition die Kardinalität (das heißt die Anzahl der Elemente) an, und berechnen Sie daraus die Kardinalität von M.

Aufgabe 1.12 (Abzählen endlicher Mengen)

(i) Wie viele verschiedene Teilmengen hat eine Menge mit n Elementen?
(ii) Wie viele verschiedene Teilmengen mit $k \in \mathbb{N}$ Elementen hat eine Menge mit n Elementen?
(iii) Auf wie viele unterschiedliche Weisen kann man 17 Ostereier färben, wenn man drei Farben zur Verfügung hat und jede Farbe mindestens einmal verwendet werden muss?

Aufgabe 1.13 (Mengenoperationen) Seien A, B, C Mengen. Wir betrachten die Formel

$$A \setminus (B \cup C) = (A \setminus B) \cap (A \setminus C).$$

(i) Stellen Sie den Zusammenhang grafisch dar.
(ii) Beweisen Sie die Formel.

Aufgabe 1.14 (de Morgan-Formeln) Seien M und Γ beliebige Mengen. Weiter sei für jedes $\gamma \in \Gamma$ eine Menge U_γ gegeben. Man zeige die folgenden Gleichheiten von Mengen

$$M \setminus \bigcup_{\gamma\in\Gamma} U_\gamma = \bigcap_{\gamma\in\Gamma} (M \setminus U_\gamma) \tag{1.1}$$

$$M \setminus \bigcap_{\gamma\in\Gamma} U_\gamma = \bigcup_{\gamma\in\Gamma} (M \setminus U_\gamma), \tag{1.2}$$

wobei $\bigcap_{\gamma\in\Gamma} U_\gamma$ der Schnitt über alle Mengen U_γ und $\bigcup_{\gamma\in\Gamma} U_\gamma$ die Vereinigung aller Mengen U_γ mit $\gamma \in \Gamma$ ist.

Aufgabe 1.15 (Distributivgesetze für Schnitt und Vereinigung) Seien I und A Mengen. Für jedes $i \in I$ seien Mengen M_i gegeben. Man zeige die Identitäten

$$A \cup \Big(\bigcap_{i\in I} M_i\Big) = \bigcap_{i\in I} \Big(A \cup M_i\Big), \tag{1.3}$$

$$A \cap \Big(\bigcup_{i\in I} M_i\Big) = \bigcup_{i\in I} \Big(A \cap M_i\Big). \tag{1.4}$$

Aufgabe 1.16 (Relationen) Man gebe ein Beispiel für eine Relation (siehe [MfA, Bemerkung 1.11]) an, die keine der Eigenschaften *reflexiv, symmetrisch, transitiv* erfüllt, und begründe die Antwort.

Aufgabe 1.17 (Relationen) Man gebe für jede der drei Bedingungen Reflexivität, Symmetrie und Transitivität ein Beispiel einer Relation an, für die diese Bedingung gilt, nicht jedoch die beiden anderen. Man gebe außerdem für jede Bedingung ein

Beispiel einer Relation an, für die diese Bedingung nicht gilt, wohl aber die anderen beiden.

Aufgabe 1.18 (Bilder und Urbilder von Mengen) Sei $f : X \to Y$ eine Abbildung und für $N \subseteq Y$ bezeichne

$$f^{-1}(N) := \{x \in X \mid f(x) \in N\}$$

das *Urbild* von N unter f. Man zeige:

(i) Für $M_1 \subseteq M_2 \subseteq X$ und $N_1 \subseteq N_2 \subseteq Y$ gilt

$$f(M_1) \subseteq f(M_2) \quad \text{und} \quad f^{-1}(N_1) \subseteq f^{-1}(N_2)\ .$$

(ii) Für $M \subseteq X$ und $N \subseteq Y$ gilt

$$M \subseteq f^{-1}(f(M)) \quad \text{und} \quad f(f^{-1}(N)) \subseteq N\ .$$

Aufgabe 1.19 (Abbildungen) Welche der folgenden Bilder stellen Abbildungen dar? Welche der Eigenschaften *injektiv, surjektiv* und *bijektiv* werden von diesen erfüllt?

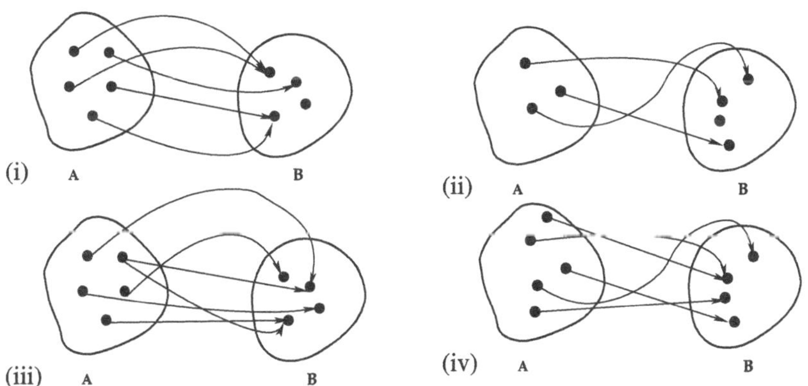

Aufgabe 1.20 (Surjektivität und Injektivität) Sei M eine Menge und $\mathcal{P}(M)$ bezeichne die *Potenzmenge* von M, das heißt die Menge aller Teilmengen von M. Man finde eine Abbildung $f : M \to \mathcal{P}(M)$, die injektiv, aber nicht surjektiv ist.

Aufgabe 1.21 (Injektive Abbildungen) Seien $\varphi \colon N \to M$ und $\psi : M \to N$ Abbildungen. Man zeige: Wenn φ injektiv ist, dann folgt aus $\varphi \circ \psi = \mathrm{id}_M$ die Gleichheit $\psi \circ \varphi = \mathrm{id}_N$.

Aufgabe 1.22 (Urbilder) Seien $f : X \to Y$ eine Abbildung und J eine Menge. Weiter seien M_j für $j \in J$ Teilmengen von Y. Man zeige die folgenden Formeln:

$$f^{-1}\Big(\bigcup_{j\in J} M_j\Big) = \bigcup_{j\in J} f^{-1}(M_j) \tag{1.5}$$

$$f^{-1}\Big(\bigcap_{j\in J} M_j\Big) = \bigcap_{j\in J} f^{-1}(M_j) \tag{1.6}$$

1.2 Die natürlichen Zahlen

In den Aufgaben dieses Abschnitts geht es um (die Verwendung von) Eigenschaften der natürlichen Zahlen, um Aussagenlogik und erneut um Konzepte der Mengenlehre.

Aufgabe 1.23 (Funktionen) Welche der folgenden Relationen sind Funktionen?

(i) $R = \{(a, b) \in \mathbb{N} \times \mathbb{N} \mid 2a = b\}$.
(ii) $R = \{(a, b) \in \mathbb{N} \times \mathbb{N} \mid a = 2b\}$.
(iii) $R = \{(a, b) \in \mathbb{N} \times \mathbb{N} \mid a \leq b\}$.

Aufgabe 1.24 (Ordnungserhaltende Abbildungen) Sei $\varphi : \mathbb{N} \to \mathbb{N}$ eine Abbildung, die ordnungserhaltend ist, das heißt

$$\forall n, m \in \mathbb{N} : \quad n < m \Rightarrow \varphi(n) < \varphi(m)$$

erfüllt.

(i) Man zeige, dass φ injektiv ist.
(ii) Man finde ein Beispiel für ein ordnungserhaltendes φ, das nicht surjektiv ist.
(iii) Kann man in (ii) auch ein φ finden, das zusätzlich die Addition erhält, das heißt

$$\forall n, m \in \mathbb{N} : \quad \varphi(n + n) = \varphi(n) + \varphi(m)$$

erfüllt?

Aufgabe 1.25 (Additionserhaltende Abbildungen) Sei $\varphi : \mathbb{N} \to \mathbb{N}$ eine Abbildung, die additionserhaltend ist, das heißt

$$\forall n, m \in \mathbb{N} : \quad \varphi(n + m) = \varphi(n) + \varphi(m)$$

erfüllt.

(i) Man zeige

$$\forall n \in \mathbb{N}: \quad \varphi(n) = n \cdot \varphi(1).$$

(ii) Man zeige, dass φ genau dann auch die Multiplikation erhält, wenn $\varphi(1) = 1$ gilt. In diesem Fall gilt $\varphi = \mathrm{id}_{\mathbb{N}} : \mathbb{N} \to \mathbb{N},\ n \mapsto n$.

Aufgabe 1.26 (Potenzen auf $\mathbb{N}$**)** Für $1 < q \in \mathbb{N}$ betrachte man die Abbildung

$$f : \mathbb{N} \to \mathbb{N}, \quad n \mapsto q^n = \underbrace{q \cdot q \cdots q}_{n \text{ Faktoren}}$$

und zeige, dass f injektiv, aber nicht surjektiv ist.

Aufgabe 1.27 (Partielle Ordnungen) Sei M eine Menge und $\dashv$ eine Relation auf M. Wir schreiben $x \dashv y$, wenn $(x, y) \in \dashv$. Die Relation $\dashv$ heißt eine *partielle Ordnung auf* M, wenn sie reflexiv und transitiv ist und außerdem

$$\forall x, y \in M : \quad (x \dashv y \text{ und } y \dashv x \ \Rightarrow\ x = y) \tag{1.7}$$

erfüllt. Man nennt die Eigenschaft (1.7) *Antisymmetrie*.

Welche der folgenden Relationen sind partielle Ordnungen?

(a) $\mathbb{N}$ mit der natürlichen Ordnung $a \leq b$
(b) $\mathbb{N}$ mit der Teilbarkeit $a \mid b$
(c) $\mathbb{N}$ mit der strikten Ordnung $a < b$
(d) $\{A \subseteq \mathbb{N}\}$ mit der Inklusion $A \subseteq B$

Aufgabe 1.28 (Ordnungsrelationen) Sei M eine Menge und $\preceq$ eine Relation auf M. Wir definieren eine „strikte" Version $\prec$ von $\preceq$ durch

$$x \prec y \quad :\Leftrightarrow \quad x \preceq y \text{ und } x \neq y.$$

Man zeige

(i) Wenn $\preceq$ eine partielle Ordnung ist (reflexiv, transitiv und antisymmetrisch, siehe Aufgabe 1.27), dann ist $\prec$ eine strikte Ordnungsrelation, das heißt transitiv und asymmetrisch ($x \prec y$ impliziert $y \not\prec x$), siehe [MfA, Bemerkung 1.27].

(ii) Eine *totale Ordnung* auf M ist eine partielle Ordnung $\preceq$ auf M, die zusätzlich

$$\forall x, y \in M : \quad x \preceq y \text{ oder } y \preceq x$$

erfüllt. Wenn $\preceq$ eine totale Ordnung auf M ist, dann gilt für $\prec$ die Trichotomie

$$\forall x, y \in M : \quad x \prec y \text{ oder } x = y \text{ oder } y \prec x$$

und die drei Möglichkeiten schließen einander aus.

(iii) $\preceq$ lässt sich wie folgt aus $\prec$ zurückgewinnen:

$$x \preceq y \quad \Leftrightarrow \quad x \prec y \text{ oder } x = y.$$

Aufgabe 1.29 (Ordnungsrelationen) Sei M eine Menge und $\prec$ eine Relation auf M. Wir definieren eine „ergänzte“ Version $\preceq$ von $\prec$ durch

$$x \preceq y \quad :\Leftrightarrow \quad x \prec y \text{ oder } x = y.$$

Man zeige

(i) Wenn $\prec$ eine strikte Ordnungsrelation (transitiv und asymmetrisch, siehe [MfA, Bemerkung 1.11]), dann ist $\preceq$ eine partielle Ordnung ist (reflexiv, transitiv und antisymmetrisch, siehe Aufgabe 1.27).

(ii) Wenn $\prec$ transitiv ist und die Trichotomie

$$\forall x, y \in M: \quad x \prec y \text{ oder } x = y \text{ oder } y \prec x$$

mit sich gegenseitig ausschließenden drei Möglichkeiten gilt, dann ist $\preceq$ eine *totale Ordnung* auf M (siehe Aufgabe 1.28).

(iii) $\prec$ lässt sich wie folgt aus $\preceq$ zurückgewinnen:

$$x \prec y \quad \Leftrightarrow \quad x \preceq y \text{ und } x \neq y.$$

Aufgabe 1.30 (Relationen) Man bestimme, welche der folgenden Relationen Äquivalenzrelationen und/oder partielle Ordnungen sind. Überprüfen Sie immer die Eigenschaften Reflexivität, Transitivität, Symmetrie und Antisymmetrie.

(i) Sei M eine Menge und $\mathcal{P}(M)$ die *Potenzmenge* von M, das heißt, die Menge aller Teilmengen von M. Die Relation $\subseteq$ auf der Potenzmenge $\mathcal{P}(M)$ von M sei wie folgt definiert: Die Menge $A \in \mathcal{P}(M)$ steht genau dann in Relation zu der Menge $B \in \mathcal{P}(M)$, wenn für alle $x \in A$ auch $x \in B$ gilt.

(ii) Wir definieren die Relation $\sim$ auf $\mathbb{N}$ durch

$$\forall a, b \in \mathbb{N}: \quad a \sim b \;:\Leftrightarrow\; a \cdot b = a^2.$$

(iii) Wir definieren die Relation $\odot$ auf der Menge $\mathcal{F}$ aller endlichen Teilmengen von $\mathbb{N}$ durch

$$\forall A, B \in \mathcal{F}: \quad A \odot B \;:\Leftrightarrow\; \exists f: A \to B, f \text{ bijektiv}.$$

Aufgabe 1.31 (Negation mit Quantoren) Die Aussage (siehe [MfA, Bemerkung 1.21])

$$\forall x \in M : \quad \mathcal{A}(x) \tag{1.8}$$

wird durch „Für alle Elemente x der Menge M gilt die Aussage $\mathcal{A}(x)$“ verbalisiert. Ihre Negation ist „Es gibt ein Element x der Menge M, für das die Aussage $\mathcal{A}(x)$ nicht gilt“, also

$$\exists x \in M : \quad \neg\mathcal{A}(x).$$

(i) Wie lautet die Negation der Aussage

$$\exists x \in M : \quad \mathcal{A}(x)?$$

(ii) Man gebe die Negationen des Minimal- und des Maximalprinzips für die natürlichen Zahlen ([MfA, Axiom 1.16]: „nichtleere Teilmengen haben kleinste Elemente“ und [MfA, Axiom 1.17]: „nichtleere beschränkte Teilmengen haben größte Elemente“) an.

Aufgabe 1.32 (Gleichmächtigkeit von Mengen) Zwei Mengen A, B heißen *gleichmächtig,* wenn es eine bijektive Abbildung $f : A \to B$ zwischen den beiden Mengen gibt. Wir betrachten die Menge $M_1 = \mathbb{N}$ der natürlichen Zahlen und die Menge $M_2 \subseteq \mathbb{N}$ der Quadratzahlen.

(i) Man gebe die Mengen M_1 und M_2 in aufzählender Schreibweise an.
(ii) Man zeige, dass die Mengen M_1 und M_2 gleichmächtig sind.
Hinweis: Man kann dabei in den folgenden Schritten vorgehen:

1. Man gibt eine bijektive Abbildung f zwischen den Mengen M_1 und M_2 an.
2. Man zeigt, dass die gewählte Abbildung f tatsächlich bijektiv ist.

Aufgabe 1.33 (Abbildungseigenschaften für endliche Mengen) Seien M und N zwei Mengen mit jeweils k Elementen und $\varphi\colon M \to N$ eine Abbildung. Man zeige, dass die folgenden Aussagen äquivalent sind:

(1) φ ist bijektiv.
(2) φ ist injektiv.
(3) φ ist surjektiv.

Aufgabe 1.34 (Bijektive Abbildungen) Sei $\varphi\colon N \to M$ eine bijektive Abbildung und $\psi\colon M \to N$ eine weitere Abbildung. Man zeige, dass die folgenden Aussagen äquivalent sind:

(1) $\varphi \circ \psi = \mathrm{id}_M$.
(2) $\psi \circ \varphi = \mathrm{id}_N$.

Aufgabe 1.35 (Surjektive Abbildungen) Es sei $f : M \to N$ eine Abbildung. Man zeige:

$$f \text{ surjektiv} \quad \Longleftrightarrow \quad N \setminus f(A) \subset f(M \setminus A) \text{ für alle } A \subseteq M\,.$$

Aufgabe 1.36 (Injektivität) Es sei $f : M \to N$ eine Abbildung. Man zeige:

$$f \text{ injektiv} \quad \Longleftrightarrow \quad f(M \setminus A) \subset N \setminus f(A) \text{ für alle } A \subseteq M\,.$$

Aufgabe 1.37 (Abbildungseigenschaften) Seien X, Y und Z beliebige Mengen mit Abbildungen $f : X \to Y$ und $g : Y \to Z$. Sei f *surjektiv.* Man betrachte folgende Eigenschaften:

A: $g \circ f$ ist injektiv.
B: g ist injektiv.

Man beweise, dass g injektiv ist, wenn $g \circ f$ injektiv ist, auf folgende Weise (siehe [MfA, Bemerkung 1.21] zur Aussagenlogik):

(a) Mit direktem Beweis: A $\Rightarrow$ B.
(b) Durch Kontraposition der Implikation: $\neg$ B $\Rightarrow$ $\neg$ A.

Aufgabe 1.38 (Abbildungseigenschaften) Seien A, B, C Mengen und $f\colon A \to B$, $g\colon B \to C$ Abbildungen. Man zeige: f, g injektiv $\Longrightarrow$ $g \circ f$ injektiv,

Aufgabe 1.39 (Kardinalität von Potenzmengen) Man zeige, dass für es für keine Menge M eine surjektive Funktion $f : M \to \mathcal{P}M$ geben kann, wobei $\mathcal{P}(M)$ die *Potenzmenge* von M ist.
Hinweis: Man betrachte die Teilmenge $Y = \{x \in M \mid x \notin f(x)\}$ von M und zeige, dass $Y \notin f(M)$.

1.3 Ganze und rationale Zahlen

Neben Aufgaben, in denen es konkret um Eigenschaften der ganzen und rationalen Zahlen geht, finden sich in diesem Abschnitt auch wieder Aufgaben zu Konzepten der Mengenlehre und zur Induktion, in denen aber ganze oder rationale Zahlen explizit vorkommen. Einen relativ breiten Raum nehmen außerdem Aufgaben ein, in denen es um abelsche Gruppen, kommutative Ringe und Körper geht, drei algebraische Strukturen, auf die man nahezu zwangsläufig stößt, wenn man die Zahlbereichserweiterungen von den natürlichen zu den ganzen und weiter zu den rationalen Zahlen sauber durchführt.

Aufgabe 1.40 (Additionserhaltende Abbildungen) Sei $\varphi : \mathbb{Z} \to \mathbb{Z}$ eine Abbildung, die additionserhaltend ist, das heißt

$$\forall n, m \in \mathbb{Z}: \quad \varphi(n+m) = \varphi(n) + \varphi(m)$$

erfüllt. Man zeige:

(i) Auch die Abbildung $\varphi : \mathbb{Z} \to \mathbb{Z},\ n \mapsto -\varphi(n)$ ist additionserhaltend.
(ii) $\varphi(\mathbb{N}) \subseteq \varphi(1)\mathbb{N}$.
(iii) $\forall n \in \mathbb{Z}: \quad \varphi(n) = \varphi(1) \cdot n$.
(iv) Man zeige, dass φ genau dann auch die Multiplikation erhält, wenn $\varphi(1) = 1$ gilt. In diesem Fall gilt $\varphi = \mathrm{id}_{\mathbb{Z}} : \mathbb{Z} \to \mathbb{Z},\ n \mapsto n$.

Aufgabe 1.41 (Partielle Ordnungen) Welche der folgenden Relationen sind partielle Ordnungen (siehe Aufgabe 1.27)?

(i) $\mathbb{Z}^2 = \mathbb{Z} \times \mathbb{Z}$ mit $\dashv := \big\{\big((a,b),(c,d)\big) \in \mathbb{Z}^2 \times \mathbb{Z}^2 \mid a \leq c \text{ und } b \geq d\big\}$
(ii) $\mathbb{Z}$ mit der Teilbarkeit $a|\,b$ (nach Definition gilt für $a, b \in \mathbb{Z}$ die Relation $a|\,b$, wenn es ein $c \in \mathbb{Z}$ mit $ac = b$ gibt)
(iii) $\mathbb{Z}$ mit $\dashv := \big\{(a,b) \in \mathbb{Z} \times \mathbb{Z} \,\big|\, |a| \leq |b|\big\}$
(iv) $\{A \subseteq \mathbb{Z} \mid A \text{ hat endlich viele Elemente}\}$ mit $A \supseteq B$

Aufgabe 1.42 (Urbilder von Abbildungen) Wir beschreiben die Addition auf den ganzen Zahlen als Abbildung $\alpha : \mathbb{Z} \times \mathbb{Z} \to \mathbb{Z}$ mit $\alpha(n,m) = n + m$.

(i) Welche Elemente hat die Menge $\alpha^{-1}(0) := \{(n,m) \in \mathbb{Z} \times \mathbb{Z} \mid \alpha(n,m) = 0\}$?
(ii) Welche Elemente hat die Menge $\alpha^{-1}(\{0,1\}) := \{(n,m) \in \mathbb{Z} \times \mathbb{Z} \mid \alpha(n,m) \in \{0,1\}\}$?

Aufgabe 1.43 (Urbilder von Abbildungen) Wir beschreiben die Multiplikation auf den ganzen Zahlen als Abbildung $\mu : \mathbb{Z} \times \mathbb{Z} \to \mathbb{Z}$ mit $\mu(n,m) = nm$.

(i) Welche Elemente hat die Menge $\mu^{-1}(0) := \{(n,m) \in \mathbb{Z} \times \mathbb{Z} \mid \mu(n,m) = 0\}$?
(ii) Welche Elemente hat die Menge $\mu^{-1}(\{0,1\}) := \{(n,m) \in \mathbb{Z} \times \mathbb{Z} \mid \mu(n,m) \in \{0,1\}\}$?

Aufgabe 1.44 (Teilbarkeit in $\mathbb{Z}$) Für $k, n \in \mathbb{Z}$ heißt k ein *Teiler* von n, wenn es ein $m \in \mathbb{Z}$ mit $km = n$ gibt, das heißt $n \in k\mathbb{Z} := \{km \mid m \in \mathbb{Z}\}$. In diesem Fall schreibt man $k \mid n$ und sagt auch k *teilt* n. Man beweise die folgenden Aussagen.

(i) Für $k, n \in \mathbb{N}$ stimmen die Definitionen mit denen aus [MfA, Beispiel 1.34] (Teilbarkeit auf $\mathbb{N}$) überein.
(ii) Seien $a, b \in \mathbb{Z}$. Dann gilt

$$a \mid b \quad \Leftrightarrow \quad -a \mid b \quad \Leftrightarrow \quad a \mid -b \quad \Leftrightarrow \quad -a \mid -b.$$

(iii) Für jedes $k \in \mathbb{Z}$ gilt $k \mid 0$.
(iv) Für $a, b \in \mathbb{Z} \setminus \{0\} = \mathbb{N} \cup -\mathbb{N}$ gilt

$$\max\{k \in \mathbb{Z} \mid k \text{ teilt } a \text{ und } b\} = \mathrm{ggT}(|a|, |b|)$$

mit der üblichen Betragsfunktion auf $\mathbb{Z}$ (siehe [MfA, Bemerkung 1.52]).
(v) Für $a \in \mathbb{Z} \setminus \{0\} = \mathbb{N} \cup -\mathbb{N}$ gilt

$$\{k \in \mathbb{Z} \mid k \text{ teilt } a \text{ und } 0\} = \{k \in \mathbb{Z} \mid k \text{ teilt } a\}.$$

(vi) Wenn man für $a, b \in \mathbb{Z}$ setzt

$$\mathrm{ggT}(a, b) := \min\{ax + by \in \mathbb{N} \mid x, y \in \mathbb{Z}\},$$

dann gilt

$$\mathrm{ggT}(a, b) = \max\{k \in \mathbb{Z} \mid k \text{ teilt } a \text{ und } b\}$$
$$= \begin{cases} \mathrm{ggT}(|a|, |b|) & \text{für } a, b \in \mathbb{Z} \setminus \{0\}, \\ |a| & \text{für } a \in \mathbb{Z} \setminus \{0\}, b = 0, \\ |b| & \text{für } a = 0, b \in \mathbb{Z} \setminus \{0\}, \\ \infty & \text{für } a = 0, b = 0, \end{cases}$$

wobei wir die Konventionen $\min(\emptyset) = \infty = \max(\mathbb{Z})$ verwenden.

Aufgabe 1.45 (Multiplikationserhaltende Abbildungen) Sei $\mathbb{P} \subseteq \mathbb{N}$ die Menge aller Primzahlen und $\varphi_{\mathbb{P}} : \mathbb{P} \to \mathbb{P}$ eine beliebige Abbildung. Wir definieren $\varphi : \mathbb{N} \to \mathbb{N}$ durch $\varphi(1) := 1$ und

$$\varphi(p_1 \cdots p_m) = \varphi_{\mathbb{P}}(p_1) \cdots \varphi_{\mathbb{P}}(p_m) \tag{1.9}$$

für $p_1, \ldots, p_m \in \mathbb{P}$. Man zeige:

(i) φ ist wohldefiniert.
(ii) φ ist multiplikationserhaltend, das heißt, es gilt

$$\forall n, m \in \mathbb{N} : \quad \varphi(nm) = \varphi(n) \cdot \varphi(m).$$

(iii) Jede multiplikationserhaltende Abbildung $\mathbb{N} \to \mathbb{N}$ ist von dieser Form.

Aufgabe 1.46 (Erwartungswerte) Man zeige mithilfe der binomischen Formel aus [MfA, Proposition 1.53(iv)], dass die Erwartungswerte

$$\mathbf{E}_n = \frac{1}{6^n} \sum_{k=1}^{n} 5^{n-k} \binom{n-1}{k-1}$$

aus [MfA, Beispiel 1.8(i)] alle gleich $\frac{1}{6}$ sind.

Aufgabe 1.47 (Inverse Quadratzahlen) Man zeige mit Induktion, dass

$$\forall n \in \mathbb{N}: \quad \sum_{k=1}^{n} \frac{1}{k^2} \leq 2 - \frac{1}{n}$$

gilt.

Aufgabe 1.48 (Geometrische Summe) Sei $r \in \mathbb{Q}$ und $n \in \mathbb{N}$. Man zeige die Formel

$$\sum_{j=0}^{n} r^j = \frac{1 - r^{n+1}}{1 - r}.$$

Aufgabe 1.49 (Addition von Brüchen) Man zeige, dass für $a, b, c, d \in \mathbb{Z}$ mit $c \neq 0 \neq d$ durch

$$\left(\frac{a}{b}, \frac{c}{d}\right) \mapsto \frac{a+c}{b+d}$$

keine Abbildung $\mathbb{Q} \times \mathbb{Q} \to \mathbb{Q}$ definiert wird.

Aufgabe 1.50 (Endliche Dezimalbruchentwicklungen) Man sagt, eine rationale Zahl $r \in \mathbb{Q}^+$ hat eine *endliche Dezimalentwicklung,* wenn sie sich in der Form

$$r = \sum_{j=n}^{m} a_j 10^j$$

mit $n, m \in \mathbb{Z}$ mit $n \leq m$ und $a_0, \ldots, a_m \in \{0, 1, 2, \ldots, 9\}$ schreiben lässt. Die a_j heißen dann *Dezimalstellen* von r und man schreibt

$$r = a_m a_{m-1} \ldots a_0, a_{-1} \ldots a_n$$

falls $n < 0 \leq m$. Für $0 \leq n \leq m$ schreibt man

$$r = a_m a_{m-1} \ldots a_n$$

und für $n \leq m < 0$ schreibt man

$$r = 0, \underbrace{0 \ldots 0}_{m-1 \text{ Nullen}} a_m \ldots a_n$$

(i) Man zeige, dass $\sum_{j=n}^{m} a_j 10^j < 10^{m+1}$.
Hinweis: Geometrische Summe – Aufgabe 1.48.
(ii) Man kann annehmen, dass $a_n \neq 0 \neq a_m$. Man zeige, dass dann n und m sowie die Dezimalstellen eindeutig bestimmt sind.
(iii) Finde die Dezimalentwicklung von $\frac{1}{2}$.

(iv) Man zeige, dass $\frac{1}{3}$ keine endliche Dezimalentwicklung hat.
Hinweis: Fundamentalsatz der Zahlentheorie [MfA, Satz 1.65].

Aufgabe 1.51 (Endliche Dezimalentwicklungen) Man zeige die folgenden Aussagen über endliche Dezimalentwicklungen (siehe Aufgabe 1.50).

(i) Jedes $k \in \mathbb{N}$ hat eine endliche Dezimalentwicklung $\sum_{j=0}^{m} a_j 10^j$.
(ii) Ein Stammbruch $\frac{1}{k}$ mit $k \in \mathbb{N}$ hat genau dann eine endliche Dezimalentwicklung hat, wenn 2 und 5 die einzigen *Primteiler* von k sind, das heißt, die einzigen Primzahlen, die in der Primzahlzerlegung von k vorkommen.

Aufgabe 1.52 (Endliche Binärentwicklung) Man sagt, eine rationale Zahl $r \in \mathbb{Q}^+$ hat eine *endliche Binärentwicklung,* wenn sie sich in der Form

$$r = \sum_{j=n}^{m} a_j 2^j$$

mit $n, m \in \mathbb{Z}$ mit $n \leq m$ und $a_0, \ldots, a_m \in \{0, 1\}$ schreiben lässt. Die a_j heißen dann *Binärstellen* von r und man schreibt

$$r = a_m a_{m-1} \ldots a_0, a_{-1} \ldots a_n$$

falls $n < 0 \leq m$. Für $0 \leq n \leq m$ schreibt man

$$r = a_m a_{m-1} \ldots a_n$$

und für $n \leq m < 0$ schreibt man

$$r = 0, \underbrace{0 \ldots 0}_{m-1 \text{ Nullen}} a_m \ldots a_n.$$

Man formuliere und löse Analoga der Aufgaben 1.50 und 1.51 für *Binärentwicklungen* (auch *dyadische Entwicklungen* genannt), in der die Zahl 10 durch die Zahl 2 ersetzt wird.

Aufgabe 1.53 (Irrationale Wurzeln) Sei $p \in \mathbb{N}$ eine Primzahl. Man zeige durch einen Widerspruch zum Fundamentalsatz der Zahlentheorie [MfA, Satz 1.65], dass $x^2 = p$ keine rationale Lösung hat.

Aufgabe 1.54 (Abzählbarkeit von $\mathbb{Q}$) Man zeige, dass $\mathbb{Q}$ *abzählbar* ist, das heißt, dass es eine bijektive Abbildung $\mathbb{N} \to \mathbb{Q}$ gibt.

Aufgabe 1.55 (Abzählbare Vereinigung abzählbarer Mengen) Eine Menge A heißt *abzählbar*, wenn es eine bijektive Abbildung $\mathbb{N} \to A$ gibt. Eine *abzählbare Vereinigung* von Mengen ist eine Vereinigung der Form

$$\bigcup_{a \in A} M_a = \{z \mid \exists a \in A : z \in M_a\}$$

mit A abzählbar und M_a für jedes a eine Menge. Man zeige: Die abzählbare Vereinigung von abzählbaren Mengen ist selbst abzählbar.

Aufgabe 1.56 (Ringe von Abbildungen) Sei $(Z, +, \cdot)$ ein kommutativer Ring mit Eins und M eine Menge. Weiter sei Z^M die Menge aller Abbildungen $f : M \to Z$. Wir definieren eine Addition auf Z^M durch

$$f_1 + f_2 : M \to Z, \quad m \mapsto f_1(m) + f_2(m),$$

wobei auf der rechten Seite die Addition auf Z verwendet wird. Analog definieren wir eine Multiplikation auf Z^M durch

$$f_1 \cdot f_2 : M \to Z, \quad m \mapsto f_1(m) \cdot f_2(m),$$

wobei auf der rechten Seite die Multiplikation auf Z verwendet wird. Man zeige, dass Z^M bezüglich dieser Addition und Multiplikation ein kommutativer Ring mit Eins ist.

Aufgabe 1.57 (Multiplikative abelsche Gruppen) Man formuliere die eindeutige Lösbarkeit für additiv geschriebene abelsche Gruppen ([MfA, Proposition 1.45]: zu $a, b \in Z$ genau ein $x \in Z$ mit $a + x = b$) zu einer Proposition über multiplikativ geschriebene abelsche Gruppen um und beweise sie.

Aufgabe 1.58 (Multiplikative abelsche Gruppen) Sei $(Z, *)$ eine abelsche Gruppe mit Einselement e (siehe [MfA, Proposition 1.43]). Die eindeutige Lösung $x \in Z$ der Gleichung $a * x = b$ für $a, b \in Z$ heißt der *Quotient* von b und a und wird mit $b * a^{-1}$ bezeichnet. Das Element $a^{-1} := e * a^{-1} \in Z$ heißt das *Inverse* oder genauer das *multiplikative Inverse* von $a \in Z$.

Man definiert den Quotienten in einer abelschen Gruppe $(Z, *)$, ähnlich wie die Multiplikation, als eine Verknüpfung $q : Z \times Z \to Z, (a, b) \mapsto q(a, b) := a * b^{-1}$ betrachten. In dieser Form spricht nennt man die Bildung von Quotienten auch *Division:* Man dividiert a durch b und erhält den Quotienten $a * b^{-1}$. Man zeige, dass die Division die folgenden Rechenregeln erfüllt

(i) $a * (b * a^{-1}) = b$.
(ii) $a * a^{-1} = e$.
(iii) $a * (a^{-1}) = e$.
(iv) $b * (a^{-1}) = b * a^{-1}$.

(v) $(b^{-1})^{-1} = b$.
(vi) $(b * a) * a^{-1} = b$.

Aufgabe 1.59 (Ringe von Abbildungen) Sei $(Z, +, \cdot)$ ein kommutativer Ring mit Eins und M eine Menge. In Aufgabe 1.56 wurde gezeigt, dass die Menge Z^M aller Z-wertigen Abbildungen auf M bezüglich der punktweisen Operationen ein kommutativer Ring mit Eins ist.

(i) Man bestimme die Einheitengruppe (bestehend aus den Elementen $f \in Z^M$, zu denen es ein $f' \in Z^M$ mit $f \cdot f' = 1_e$ gibt, siehe [MfA, Beispiel 1.55]) von Z^M.
(ii) Man zeige, dass Z^M Nullteiler hat, wenn M mehr als ein Element enthält.

Aufgabe 1.60 (Körperkriterium) Man zeige, dass ein kommutativer Ring $(Z, +, \cdot)$ mit Eins $1 \neq 0$ genau dann ein Körper ist, wenn

$$\forall 0 \neq a \in Z \, \exists a' \in Z : \quad aa' = 1. \tag{1.10}$$

Aufgabe 1.61 (Einheitengruppen von Körpern) Sei $(Z, +, \cdot)$ ein Körper. Man zeige, dass $Z^\times = Z_{\neq 0}$.
Hinweis: Man löse zuerst Aufgabe 1.58.

Aufgabe 1.62 (Körper sind nullteilerfrei) Sei $(Z, +, \cdot)$ ein Körper. Man zeige, dass für $x, y \in Z$ die Gleichung $xy = 0$ nur gelten kann, wenn x oder y Null ist.

Aufgabe 1.63 (Potenzgesetze in Körpern) Sei $(Z, +, \cdot)$ ein Körper und $r \in Z \setminus \{0\}$. Wir erweitern die Definition von Potenzen aus [MfA, Proposition 1.53] (Potenzgesetze in kommutativen Ringen) auf ganz $\mathbb{Z}$ durch

$$r^{-n} := (r^{-1})^n$$

für $n \in \mathbb{N}$ und $r^0 = 1$. Man zeige die folgenden Formeln für $r, s \in Z \setminus \{0\}$ und $n, m \in \mathbb{Z}$

(i) $r^n = (r^{-1})^{-n}$.
(ii) $(r^n)^{-1} = r^{-n}$.
(iii) $r^{n+m} = r^n \cdot r^m$.
(iv) $r^{nm} = (r^n)^m$.
(v) $(rs)^n = r^n \cdot s^n$.

Aufgabe 1.64 (Restklassengruppen) Sei $k \in \mathbb{Z}$ eine fest gewählte ganze Zahl. Man zeige:

(i) Die Menge $k\mathbb{Z} := \{kn \mid n \in \mathbb{Z}\}$ ist unter der Addition $+$ von $\mathbb{Z}$ abgeschlossen, das heißt, es gilt

$$\forall m, m' \in k\mathbb{Z}: \quad m + m' \in k\mathbb{Z},$$

und $(k\mathbb{Z}, +)$ ist eine abelsche Gruppe.

(ii) Für $m \in \mathbb{Z}$ sei

$$[m]_k := m + k\mathbb{Z} := \{m + kn \mid n \in \mathbb{Z}\}$$

die *Restklasse* von m *modulo* k und

$$\mathbb{Z}/k\mathbb{Z} := \{[m]_k \mid m \in \mathbb{Z}\}.$$

Dann ist

$$a : \mathbb{Z}/k\mathbb{Z} \times \mathbb{Z}/k\mathbb{Z} \to \mathbb{Z}/k\mathbb{Z}, \quad ([m]_k, [m']_k) \mapsto [m + m']_k$$

eine wohldefinierte Abbildung.

(iii) Für die durch $[m]_k + [m']_k := a([m]_k, [m']_k)$ definierte Verknüpfung ist $(\mathbb{Z}/k\mathbb{Z}, +)$ eine abelsche Gruppe.

Aufgabe 1.65 (Restklassen und Abbildungen) Sei $n \in \mathbb{N} \setminus \{1\}$. Seien $\mathbb{Z}/2n\mathbb{Z}$ die Restklassen modulo $2n$ und $\mathbb{Z}/n\mathbb{Z}$ die Restklassen modulo n. Für die Abbildung

$$\phi : \mathbb{Z}/2n\mathbb{Z} \to \mathbb{Z}/n\mathbb{Z}, \quad [x]_{2n} \mapsto [2x]_n$$

zeige man:

(i) ϕ ist wohldefiniert.
(ii) ϕ ist nicht injektiv.
(iii) ϕ ist nicht surjektiv, wenn n gerade ist.
(iv) ϕ ist surjektiv, wenn n ungerade ist.

Aufgabe 1.66 (Gleichmächtigkeit von Mengen) Wir betrachten die Mengen

$$M_1 = \mathbb{Z}/4\mathbb{Z}, \quad M_2 = \{[a]_8 \in \mathbb{Z}/8\mathbb{Z} \mid \exists b \in [a]_8 : b \equiv 1 \mod 2\}.$$

Dabei bezeichnet $\mathbb{Z}/m\mathbb{Z}$, wie bekannt, die Menge der Restklassen modulo m und $b \equiv b' \mod k$ bedeutet $[b]_k = [b']_k$.

(i) Sei $[a]_8 \in \mathbb{Z}/8\mathbb{Z}$. Man zeige, dass aus $[a]_8 \in M_2$ schon folgt, dass für alle $b \in [a]_8$ gilt: $b \equiv 1 \mod 2$, das heißt $[b]_2 = [1]_2$.
(ii) Man gebe die Mengen M_1 und M_2 in aufzählender Schreibweise an.
(iii) Man zeige, dass die Mengen M_1 und M_2 gleichmächtig sind.

Aufgabe 1.67 (Restklassenringe) Sei $k \in \mathbb{Z}$ eine fest gewählte ganze Zahl und $(\mathbb{Z}/k\mathbb{Z}, +)$ wie in Aufgabe 1.64. Man zeige:

(i) $\mu : \mathbb{Z}/k\mathbb{Z} \times \mathbb{Z}/k\mathbb{Z} \to \mathbb{Z}/k\mathbb{Z}$, $([m]_k, [m']_k) \mapsto [mm']_k$ ist eine wohldefinierte Abbildung.
(ii) Für die durch $[m]_k \cdot [m']_k := \mu([m]_k, [m']_k)$ definierte Verknüpfung ist $(\mathbb{Z}/k\mathbb{Z}, +, \cdot)$ ein kommutativer Ring mit Eins.

Aufgabe 1.68 (Restklassenringe) Sei $k \in \mathbb{Z}$ eine fest gewählte ganze Zahl und $(\mathbb{Z}/k\mathbb{Z}, +, \cdot)$ der Restklassenring aus Aufgabe 1.67. Man zeige, dass die Einheitengruppe dieses Rings durch

$$(\mathbb{Z}/k\mathbb{Z})^\times = \{[m]_k \in \mathbb{Z}/k\mathbb{Z} \mid \mathrm{ggT}(m, k) = 1\}$$

gegeben ist.

Aufgabe 1.69 (Restklassenkörper) Sei $k \in \mathbb{Z}$ eine fest gewählte ganze Zahl und $(\mathbb{Z}/k\mathbb{Z}, +, \cdot)$ wie in Aufgabe 1.67. Man zeige, dass $(\mathbb{Z}/k\mathbb{Z}, +, \cdot)$ genau dann ein Körper ist, wenn $|k|$ eine Primzahl ist.

Aufgabe 1.70 (Quotientenkörper) Sei $(Z, +, \cdot)$ ein nullteilerfreier kommutativer Ring mit Eins 1 und $Z_{\neq 0} := Z \setminus \{0\} = \{a \in \mathbb{Z} \mid a \neq 0\}$. Man zeige die folgenden Aussagen.

(i) Durch

$$(a, b) \sim (c, d) \quad \Leftrightarrow \quad ad = cb$$

wird eine Äquivalenzrelation auf $Z \times Z_{\neq 0}$ definiert.
(ii) Sei $Q := \{[(a, b)] \mid (a, b) \in Z \times Z_{\neq 0}\}$ die Menge der Äquivalenzklassen in $Z \times Z_{\neq 0}$. Dann ist $j_Z : Z \to Q$, $a \mapsto [(a, 1)]$ eine injektive Abbildung.
(iii) Wenn wir $\frac{a}{b}$ statt $[(a, b)]$ schreiben, ist

$$\frac{a}{b} +_Q \frac{c}{d} := \frac{ad + bc}{bd}$$

eine wohldefinierte Addition auf Q.
(iv) Durch

$$\frac{a}{b} \cdot_Q \frac{c}{d} := \frac{ac}{bd}$$

ist eine wohldefinierte Multiplikation Q gegeben.
(v) Für $a, b \in Z$ gilt

$$j_Z(a + b) = j_Z(a) +_Q j_Z(b) \text{ und } j_Z(a \cdot b) = j_Z(a) \cdot_Q j_Z(b).$$

(vi) Angesichts der in (v) beschriebenen Verträglichkeit der Additionen und Multiplikationen auf Z und Q lassen wir die Indizes $_Q$ weg. Dann ist $(Q, +, \cdot)$ ist ein Körper mit $1 = j_Z(1) = \frac{1}{1}$ als Eins und $0 = j_Z(0) = \frac{0}{1}$ als Null. Man nennt Q den *Quotientenkörper* von Z.

1.4 Reelle und komplexe Zahlen

In diesem relativ kurzen Abschnitt finden sich ausschließlich Aufgaben, in denen es konkret um Eigenschaften der reellen und komplexen Zahlen geht.

Aufgabe 1.71 (Schwache Äquivalenz) Sei die Folge $(a_n)_{n\in\mathbb{N}}$ durch $a_n := n$ definiert. Man zeige, dass sie die Bedingung

$$\forall \varepsilon \in \mathbb{Q}, \varepsilon > 0\, \exists K \in \mathbb{N} : \quad (\forall n, m \in \mathbb{N}, n > K, m > K : \quad -\varepsilon < a_m - a_n < \varepsilon) \tag{1.11}$$

nicht erfüllt.

Aufgabe 1.72 (Betrag und Quadratwurzel) Man zeige, dass für $r \in \mathbb{R}$ die Gleichung $|r| = \sqrt{r^2}$ gilt.

Hinweis: [MfA, Beispiel 1.93] (Existenz von Quadratwurzeln) und Aufgabe 1.62.

Aufgabe 1.73 (Monotonie der Quadratwurzel) Man zeige, dass für $r, s \in \mathbb{R}$ gilt

$$0 < r < s \quad \Leftrightarrow \quad 0 < \sqrt{r} < \sqrt{s}$$

Aufgabe 1.74 ($\mathbb{Q}$ dicht in $\mathbb{R}$) Man zeige, dass für $a < b$ in $\mathbb{R}$ immer ein $r \in \mathbb{Q}$ existiert, das zwischen a und b liegt, das heißt $a < r < b$ erfüllt.

Aufgabe 1.75 (Infima und Minima) Man zeige, dass $\{\frac{1}{n} \mid n \in \mathbb{N}\} \subseteq \mathbb{R}$ kein Minimum hat, aber ein Infimum.

Aufgabe 1.76 (Ordnung auf $[-\infty, \infty]$) Wir ergänzen $\mathbb{R}$ zu $\{-\infty\} \cup \mathbb{R} \cup \{\infty\}$. Dabei stellen wir uns $\pm\infty$ als plus und minus „Unendlich“ vor und schreiben diese ergänzte Gerade als Intervall: $[-\infty, \infty]$. A priori sind $-\infty$ und ∞ einfach Symbole. Wir ergänzen die Ordnung auf $\mathbb{R}$ durch

$$\forall r \in \mathbb{R} : \quad -\infty < r < \infty$$

und $-\infty < \infty$. Wir erhalten so eine Relation $<$ auf $[-\infty, \infty]$. Man zeige:

(i) $<$ ist eine strikte Ordnungsrelation im Sinne von [MfA, Bemerkung 1.11], das heißt, sie ist transitiv und asymmetrisch ($x < y$ impliziert $y \not< x$).

(ii) Man gebe geeignete Definitionen für Suprema und Infima von Teilmengen von $[-\infty, \infty]$ an und zeige, dass jede Teilmenge M von $[-\infty, \infty]$ sowohl ein Infimum als auch ein Supremum hat.

Aufgabe 1.77 (Komplexe Konjugation) Man zeige, dass die Abbildung

$$\mathbb{C} \to \mathbb{C}, \quad z = x + \mathrm{i}y \mapsto \overline{z} := x - \mathrm{i}y$$

bijektiv ist und folgende Eigenschaften hat:

(i) $\forall z \in \mathbb{C}: \quad \overline{z} = z \Leftrightarrow z \in \mathbb{R}.$
(ii) $\forall z, w \in \mathbb{C}: \quad \overline{z + w} = \overline{z} + \overline{w}.$
(ii) $\forall z, w \in \mathbb{C}: \quad \overline{z \cdot w} = \overline{z} \cdot \overline{w}.$

Aufgabe 1.78 ($\mathbb{C}$ kann nicht geordnet werden) Man zeige, dass es keine Teilmenge $P \subseteq \mathbb{C}$ gibt, für die $(\mathbb{C}, +, \cdot, P)$ ein geordneter Körper ist.

1.5 Lösungsvorschläge

1.5.1 Zählen

Lösungsvorschlag für Aufgabe 1.1: Bei 16 Teilnehmern müssen nach den Überlegungen von [MfA, Beispiel 1.1] genau 15 Begegnungen stattfinden (in jeder Begegnung scheidet eine Mannschaft aus, und am Ende ist nur der Sieger nie ausgeschieden). In jeder dieser Begegnungen müssen zwischen 4 und 7 Spiele ausgetragen werden. Also finden mindestens $15 \cdot 4 = 60$ und höchstens $15 \cdot 7 = 105$ Spiele statt. □

Lösungsvorschlag für Aufgabe 1.2: Die 7 Begegnungen bestehen jeweils aus entweder 3, 4 oder 5 Spielen. Wir listen alle Möglichkeiten auf, die 7 als Summe von drei Zahlen zu schreiben und berechnen dazu jeweils die Anzahl der Spiele:

3 Spiele	7	6	6	5	5	5	4	4	4	4	3	3	3	3	3	2	2	2	2	2	2
4 Spiele	0	1	0	2	1	0	3	2	1	0	4	3	2	1	0	5	4	3	2	1	0
5 Spiele	0	0	1	0	1	2	0	1	2	3	0	1	2	3	4	0	1	2	3	4	5
Summe	**21**	**22**	**23**	**23**	**24**	**25**	24	25	**26**	**27**	25	26	27	**28**	**29**	26	27	28	29	**30**	**31**

3 Spiele	1	1	1	1	1	1	1	0	0	0	0	0	0	0	0
4 Spiele	6	5	4	3	2	1	0	7	6	5	4	3	2	1	0
5 Spiele	0	1	2	3	4	5	6	0	1	2	3	4	5	6	7
Summe	27	28	29	30	31	**32**	**33**	28	29	30	31	32	33	**34**	**35**

□

Lösungsvorschlag für Aufgabe 1.3: Um diese Aufgabe lösen zu können, muss man den Aufbau des zu Lebzeiten von Gauß gültigen Kalenders kennen. Seit 1592 gilt der Gregorianische Kalender, den wir auch heute noch verwenden. Dieser Kalender sieht alle vier Jahre (wenn die Jahreszahl ein Vielfaches von 4 ist) ein Schaltjahr vor, das 366 statt 365 Tage hat. Ausnahme sind die Jahre, deren Jahreszahl ein Vielfaches von 100 (also auch von 4) sind, aber kein Vielfaches von 400. Solche Jahre sind keine Schaltjahre. Insbesondere ist das Jahr 1800 kein Schaltjahr gewesen.

Die Jahre, die Gauß ganz erlebt hat, waren 1778, 1779,...,1854, das heißt, insgesamt hat er $1854 - 1777 = 77$ volle Jahre erlebt. Von diesen Jahren war 1780 das erste Schaltjahr und 1852 das letzte. Wegen $1780 + 4 \cdot 18 = 1852$ und $1780 + 4 \cdot 5 = 1800$ hat Gauß also 18 volle Schaltjahre erlebt. Die vollen Jahre seines Lebens machten also

$$18 \cdot 366 + 59 \cdot 365 = 28123$$

Tage aus. In seinem Geburtsjahr hat Gauß 1 Tag im April und die ganzen Monate Mai bis Dezember erlebt, das heißt

$$1 + 31 + 30 + 31 + 31 + 30 + 31 + 30 + 31 = 246$$

Tage. In seinem Todesjahr hat Gauß den vollen Januar und 23 Tage des Februar erlebt, zusammen also $31 + 23 = 54$ Tage. In der Summe hat Gauß also

$$246 + 28123 + 54 = 28423$$

Tage erlebt. □

Lösungsvorschlag für Aufgabe 1.4:

(i)

$$(1, 2, 3), (1, 3, 2), (2, 1, 3), (2, 3, 1), (3, 1, 2), (3, 2, 1)$$

(ii) □

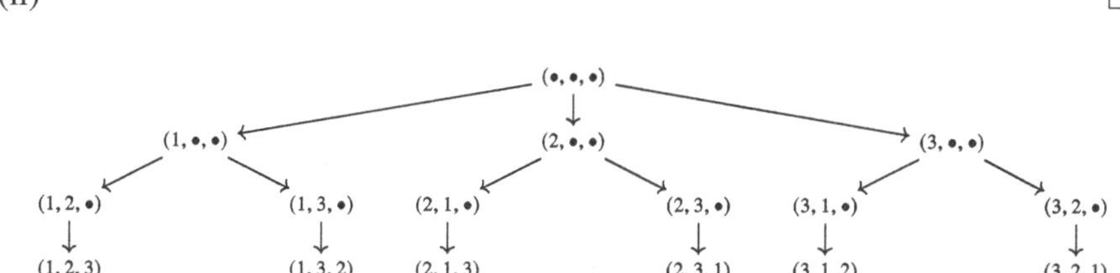

Lösungsvorschlag für Aufgabe 1.5:

1-Richtige: Man kann hier die Überlegung zur Gewinnklasse 5-Richtige aus [MfA, Beispiel 1.4] modifizieren und die Menge M der günstigen Ziehungsergebnisse in die Mengen $M_1, \dots, M_6$ zerlegen, wobei die Menge M_j für $j = 1, \dots, 6$ aus denjenigen Ziehungsergebnissen besteht, die in der j-ten Ziehung und nur dort eine der getippten Zahl enthalten. Man findet

$$
\begin{aligned}
|M_1| &= 6 \cdot 43 \cdot 42 \cdot 41 \cdot 40 \cdot 39 = 693070560,\\
|M_2| &= 43 \cdot 6 \cdot 42 \cdot 41 \cdot 40 \cdot 39 = 693070560,\\
|M_3| &= 43 \cdot 42 \cdot 6 \cdot 41 \cdot 40 \cdot 39 = 693070560,\\
|M_4| &= 43 \cdot 42 \cdot 41 \cdot 6 \cdot 40 \cdot 39 = 693070560,\\
|M_5| &= 43 \cdot 42 \cdot 41 \cdot 40 \cdot 6 \cdot 39 = 693070560,\\
|M_5| &= 43 \cdot 42 \cdot 41 \cdot 40 \cdot 39 \cdot 6 = 693070560,
\end{aligned}
$$

also

$$|M| = 6 \cdot 693070560 = 4158423360.$$

Damit hat man $10068347520 - 4158423360 = 5909924160$ mögliche Ziehungsergebnisse, die nicht in der Gewinnklasse 1-Richtige liegen. Die Gewinnchance für die Gewinnklasse 1-Richtige ergibt sich also zu

$$4158423360 : 5909924160, \quad \text{also etwa zu} \quad 7 : 10.$$

Wie bei der Gewinnklasse 5-Richtige haben alle 6 Teilmengen der Partition gleich viele Elemente. Das liegt daran, dass man jedes Mal eine Zahl aus den 6 getippten und fünf Zahlen aus den 43 nicht getippten Zahlen wählen muss.

2-Richtige: Hier muss man zwei aus den 6 getippten und vier Zahlen aus den 43 nicht getippten Zahlen wählen. Es gibt „2 aus 6“ Möglichkeiten für die beiden Stellen, wo man aus den 6 getippten Zahlen auswählt. Nach Formel [MfA, (1.5)] für den Binomialkoeffizienten sind das

$$\binom{6}{2} = \frac{6 \cdot 5}{2 \cdot 1} = 15$$

Möglichkeiten. Man erhält so eine Partition der Menge der günstigen Ziehungsergebnisse in 15 Teilmengen, die jeweils

$$6 \cdot 5 \cdot 43 \cdot 42 \cdot 41 \cdot 40 = 88855200$$

Elemente haben. Also gibt es $15 \cdot 88855200 = 132828000$ mögliche günstige Ziehungsergebnisse und $10068347520 - 1332828000 = 8735519520$ mögliche Ziehungsergebnisse, die nicht in der Gewinnklasse 2-Richtige liegen. Die Gewinnchance für die Gewinnklasse 2-Richtige ergibt sich also zu

$$1332828000 : 8735519520, \quad \text{also etwa zu} \quad 2 : 13.$$

3-Richtige: Mit den Ideen aus den obigen Lösungen findet man eine Partition der Menge der günstigen Ziehungsergebnisse in

$$\binom{6}{3} = \frac{6 \cdot 5 \cdot 4}{3 \cdot 2 \cdot 1} = 20$$

Mengen von jeweils

$$6 \cdot 5 \cdot 4 \cdot 43 \cdot 42 \cdot 41 = 8885520$$

Elementen. Also gibt es $20 \cdot 8885520 = 177710400$ mögliche günstige Ziehungsergebnisse und $10068347520 - 177710400 = 9890637120$ mögliche Ziehungsergebnisse, die nicht in der Gewinnklasse 3-Richtige liegen. Die Gewinnchance für die Gewinnklasse 3-Richtige ergibt sich also zu

$$177710400 : 9890637120, \quad \text{also etwa zu} \quad 1 : 56.$$

4-Richtige: Hier findet man eine Partition der Menge der günstigen Ziehungsergebnisse in

$$\binom{6}{4} = \frac{6 \cdot 5 \cdot 4 \cdot 3}{4 \cdot 3 \cdot 2 \cdot 1} = 15$$

Mengen von jeweils

$$6 \cdot 5 \cdot 4 \cdot 3 \cdot 43 \cdot 42 = 650160$$

Elementen. Also gibt es $15 \cdot 650160 = 9752400$ mögliche günstige Ziehungsergebnisse und $10068347520 - 9752400 = 10058595120$ mögliche Ziehungsergebnisse, die nicht in der Gewinnklasse 4-Richtige liegen. Die Gewinnchance für die Gewinnklasse 4-Richtige ergibt sich also zu

$$9752400 : 10058595120, \quad \text{also etwa zu} \quad 1 : 1032.$$

□

Lösungsvorschlag für Aufgabe 1.6: Die Überlegungen in [MfA, Beispiel 1.9] legen nahe, die Ergebnisse als Mengen von Äquivalenzklassen von Ergebnissen von Würfen mit drei unterscheidbaren Würfeln zu modellieren. Diese lassen sich durch die Elemente von M^3 mit $M = \{1, 2, 3, 4, 5, 6\}$ modellieren. Zwei Tripel (a, b, c) und (a', b', c') sind für den Würfler genau dann ununterscheidbar, wenn sie durch Permutation auseinander hervorgehen. Wie viele solche Permutationen es gibt, hängt davon ab, wie viele unterschiedliche Einträge das Tripel (a, b, c) hat. Wir listen die Fälle explizit auf.

Fall 1: $a = b = c$. In diesem Fall gibt es keine Permutation von (a, b, c), die von (a, b, c) verschieden ist, das heißt, die Liste der Permutation von (a, b, c) ist

$$(a, a, a) \quad \text{mit } a \in M.$$

Das zugehörige Ergebnis für den Würfler ist ein 3er-Pasch mit a. Jeder dieser sechs 3-Paschs tritt mit der Wahrscheinlichkeit $\frac{1}{6^3} = \frac{1}{216}$ auf.

Fall 2: $a = b \neq c$. In diesem Fall ist die Liste der Permutationen

$$(a, a, c), (a, c, a), (c, a, a) \quad \text{mit } a, c \in M \text{ verschieden.}$$

Das zugehörige Ergebnis für den Würfler ist ein 2er-Pasch mit a und ein $c \neq a$. Jedes dieser $6 \cdot 5 = 30$ Ergebnisse tritt mit der Wahrscheinlichkeit $\frac{3}{6^3} = \frac{1}{72}$ auf.

Fall 3: a, b, c sind paarweise verschieden. In diesem Fall ist die Liste der Permutationen

$$(a, b, c), (a, c, b), (b, a, c), (b, c, a), (c, a, b), (c, b, a)$$

mit $a, b, c \in M$ verschieden. Das zugehörige Ergebnis für den Würfler ist die dreielementige Teilmenge $\{a, b, c\}$ von M. Jedes dieser $6 \cdot 5 \cdot 4 = 120$ Ergebnisse tritt mit der Wahrscheinlichkeit $\frac{6}{6^3} = \frac{1}{36}$ auf.

Da jedes Tripel (a, b, c) in eine dieser Klassen fällt, ist damit die Ergebnisliste samt Wahrscheinlichkeiten vollständig. □

Lösungsvorschlag für Aufgabe 1.7:

(i) Für jedes der n Elemente von N gibt es m Möglichkeiten, diesem Element eine Element von M zuzuordnen. Insgesamt hat man also

$$m^n := \underbrace{m \cdot m \cdots m}_{n \text{ Faktoren}}$$

Möglichkeiten für solche Zuordnungen, also m^n Abbildungen.

(ii) Wenn man die Elemente von N als $x_1, \ldots, x_n$ durchnummeriert, dann gibt es unter der Zusatzbedingung „injektiv" m Möglichkeiten für $f(x_1)$, aber nur noch $m - 1$ Möglichkeiten für $f(x_2)$. Für $f(x_3)$ gibt es dann nur noch $m - 2$ Möglichkeiten und, falls m mindestens so groß ist wie n, fährt man so fort, bis man für $f(x_n)$ nur noch $m - n + 1$ Möglichkeiten hat. Insgesamt erfüllen dann also

$$\frac{m!}{(m-n)!} = \underbrace{m \cdot (m-1) \cdot (m-2) \cdots (m-n+1)}_{n \text{ Faktoren}}$$

Abbildungen die Bedingung „injektiv". Wenn aber m kleiner ist als n, dann gibt es gar keine Abbildung, die die Zusatzbedingung erfüllt, weil man für $f(x_{m+1})$ keine Auswahlmöglichkeit mehr hat.

(iii) Sei $f : N \to M$ eine surjektive Abbildung. Dann gibt es eine Teilmenge $\tilde{N} = \{x_1, \ldots, x_m\}$ von N mit $M = \{f(x_1), \ldots, f(x_m)\}$. Daran kann man schon sehen, dass es keine surjektive Abbildung $f : N \to M$ geben kann, wenn n kleiner als m ist. In diesem Fall ist die Antwort auf die Frage also 0.
Wir nehmen jetzt an, dass n mindestens so groß ist wie m und nummerieren die Elemente von M als $y_1, \ldots, y_m$ durch. Dann beschreiben wir die surjektiven Abbildungen, indem wir sukzessive aufzählen, wie viele Elemente x von N uns zur Verfügung stehen, die auf ein y_j abgebildet werden können. Für y_1 sind das alle n Elemente von N. Wir wählen eines aus, nennen es x_1 und setzen $f(x_1) = y_1$. Für y_2 bleiben jetzt nur $n - 1$ Elemente aus N übrig, weil wir (wegen der Definition einer Abbildung) dem x_1 keinen zweiten Wert zuordnen dürfen. Wieder wählen wir eines der $n - 1$ Elemente aus, nennen es x_2 und setzen $f(x_2) = y_2$. Im nächsten Schritt haben wir noch $n - 2$ Wahlmöglichkeiten und kommen nach m Schritten auf

$$\frac{n!}{(n-m)!} = \underbrace{n \cdot (n-1) \cdots (n-m+1)}_{m \text{ Faktoren}}$$

Möglichkeiten $x_1, \ldots, x_m$ in N auszuwählen und $f(x_j) = y_j$, $j = 1, \ldots, m$ zu setzen. Für die bis dahin noch nicht ausgewählten $n - m$ Elemente x von N hat man dann jeweils m Möglichkeiten Elemente $f(x)$ von M auszuwählen. Insgesamt kommt man also auf maximal

$$\frac{n!}{(n-m)!} m^{n-m}$$

Möglichkeiten, surjektive Funktionen zu konstruieren. Wir haben allerdings keine Garantie, dass die so konstruierten Funktionen alle verschieden sind. Wir betrachten die beiden in der Aufgabe angegebenen Beispiele, um zu sehen, dass das in der Tat nicht zu erwarten ist:

Beispiel: $(n, m) = (3, 2)$, realisiert als $N = \{1, 2, 3\}$ und $M = \{1, 2\}$. Dann gilt $\frac{n!m^{n-m}}{(n-m)!} = \frac{3!2}{1} = 12$. Die folgende Tabelle enthält in der ersten Spalte alle wie oben konstruierten Abbildungen, wobei die in fetten Buchstaben gehaltenen diejenigen sind, die nicht schon weiter oben aufgetaucht sind. Zur leichteren Überprüfbarkeit sind die mehrfach auftauchenden Abbildungen ein weiteres Mal mit „=" neben ihrem ersten Auftreten angegeben.

$$\mathbf{1 \mapsto 1, 2 \mapsto 2, 3 \mapsto 1} = 3 \mapsto 1, 2 \mapsto 2, 1 \mapsto 1$$
$$\mathbf{1 \mapsto 1, 2 \mapsto 2, 3 \mapsto 2} = 1 \mapsto 1, 3 \mapsto 2, 2 \mapsto 2$$
$$\mathbf{1 \mapsto 1, 3 \mapsto 2, 2 \mapsto 1} = 2 \mapsto 1, 3 \mapsto 2, 1 \mapsto 1$$
$$1 \mapsto 1, 3 \mapsto 2, 2 \mapsto 2$$
$$\mathbf{2 \mapsto 1, 1 \mapsto 2, 3 \mapsto 1} = 3 \mapsto 1, 1 \mapsto 2, 2 \mapsto 1$$
$$\mathbf{2 \mapsto 1, 1 \mapsto 2, 3 \mapsto 2} = 2 \mapsto 1, 3 \mapsto 2, 1 \mapsto 2$$
$$2 \mapsto 1, 3 \mapsto 2, 1 \mapsto 1$$
$$2 \mapsto 1, 3 \mapsto 2, 1 \mapsto 2$$
$$3 \mapsto 1, 2 \mapsto 2, 1 \mapsto 1$$
$$\mathbf{3 \mapsto 1, 2 \mapsto 2, 1 \mapsto 2} = 3 \mapsto 1, 1 \mapsto 2, 2 \mapsto 2$$
$$3 \mapsto 1, 1 \mapsto 2, 2 \mapsto 1$$
$$3 \mapsto 1, 1 \mapsto 2, 2 \mapsto 2$$

Damit bleiben nur 6 unterschiedliche surjektive Abbildungen $N \to M$.
Das Beispiel $(n, m) = (4, 2)$ lässt sich auch noch explizit behandeln, wird aber schon ein wenig unübersichtlich:

Beispiel: $(n, m) = (4, 2)$, realisiert als $N = \{1, 2, 3, 4\}$ und $M = \{1, 2\}$. Dann gilt $\frac{n!m^{n-m}}{(n-m)!} = \frac{4!2^2}{2!} = 48$.

$$\mathbf{1 \mapsto 1, 2 \mapsto 2, 3 \mapsto 1, 4 \mapsto 1} = 3 \mapsto 1, 2 \mapsto 2, 1 \mapsto 1, 4 \mapsto 1 = 4 \mapsto 1, 2 \mapsto 2, 1 \mapsto 1, 3 \mapsto 1$$
$$\mathbf{1 \mapsto 1, 2 \mapsto 2, 3 \mapsto 1, 4 \mapsto 2} = 1 \mapsto 1, 4 \mapsto 2, 2 \mapsto 2, 3 \mapsto 1 = 3 \mapsto 1, 2 \mapsto 2, 1 \mapsto 1, 4 \mapsto 2$$
$$= 3 \mapsto 1, 4 \mapsto 2, 1 \mapsto 1, 2 \mapsto 2$$
$$\mathbf{1 \mapsto 1, 2 \mapsto 2, 3 \mapsto 2, 4 \mapsto 1} = 1 \mapsto 1, 3 \mapsto 2, 2 \mapsto 2, 4 \mapsto 1 = 4 \mapsto 1, 2 \mapsto 2, 1 \mapsto 1, 3 \mapsto 2$$
$$= 4 \mapsto 1, 3 \mapsto 2, 1 \mapsto 1, 2 \mapsto 2$$
$$\mathbf{1 \mapsto 1, 2 \mapsto 2, 3 \mapsto 2, 4 \mapsto 2} = 1 \mapsto 1, 3 \mapsto 2, 2 \mapsto 2, 4 \mapsto 2 = 1 \mapsto 1, 4 \mapsto 2, 2 \mapsto 2, 3 \mapsto 2$$
$$\mathbf{1 \mapsto 1, 3 \mapsto 2, 2 \mapsto 1, 4 \mapsto 1} = 2 \mapsto 1, 3 \mapsto 2, 1 \mapsto 1, 4 \mapsto 1 = 4 \mapsto 1, 3 \mapsto 2, 1 \mapsto 1, 2 \mapsto 1$$
$$\mathbf{1 \mapsto 1, 3 \mapsto 2, 2 \mapsto 1, 4 \mapsto 2} = 1 \mapsto 1, 4 \mapsto 2, 2 \mapsto 1, 3 \mapsto 2 = 2 \mapsto 1, 4 \mapsto 2, 1 \mapsto 1, 3 \mapsto 2$$
$$= 2 \mapsto 1, 3 \mapsto 2, 1 \mapsto 1, 4 \mapsto 2$$
$$1 \mapsto 1, 3 \mapsto 2, 2 \mapsto 2, 4 \mapsto 1$$
$$1 \mapsto 1, 3 \mapsto 2, 2 \mapsto 2, 4 \mapsto 2$$
$$\mathbf{1 \mapsto 1, 4 \mapsto 2, 2 \mapsto 1, 3 \mapsto 1} = 2 \mapsto 1, 4 \mapsto 2, 1 \mapsto 1, 3 \mapsto 1 = 3 \mapsto 1, 4 \mapsto 2, 1 \mapsto 1, 2 \mapsto 1$$

$1 \mapsto 1,4 \mapsto 2,2 \mapsto 1,3 \mapsto 2$

$1 \mapsto 1,4 \mapsto 2,2 \mapsto 2,3 \mapsto 1$

$1 \mapsto 1,4 \mapsto 2,2 \mapsto 2,3 \mapsto 2$

$\mathbf{2 \mapsto 1,1 \mapsto 2,3 \mapsto 1,4 \mapsto 1} = 3 \mapsto 1,1 \mapsto 2,2 \mapsto 1,4 \mapsto 1 = 4 \mapsto 1,1 \mapsto 2,2 \mapsto 1,3 \mapsto 1$

$\mathbf{2 \mapsto 1,1 \mapsto 2,3 \mapsto 1,4 \mapsto 2} = 2 \mapsto 1,4 \mapsto 2,1 \mapsto 2,3 \mapsto 1 = 3 \mapsto 1,1 \mapsto 2,2 \mapsto 1,4 \mapsto 2$
$= 3 \mapsto 1,4 \mapsto 2,1 \mapsto 2,2 \mapsto 1$

$\mathbf{2 \mapsto 1,1 \mapsto 2,3 \mapsto 2,4 \mapsto 1} = 2 \mapsto 1,3 \mapsto 2,1 \mapsto 2,4 \mapsto 1 = 4 \mapsto 1,1 \mapsto 2,2 \mapsto 1,3 \mapsto 2$
$= 4 \mapsto 1,3 \mapsto 2,1 \mapsto 2,2 \mapsto 1$

$\mathbf{2 \mapsto 1,1 \mapsto 2,3 \mapsto 2,4 \mapsto 2} = 2 \mapsto 1,3 \mapsto 2,1 \mapsto 2,4 \mapsto 2 = 2 \mapsto 1,4 \mapsto 2,1 \mapsto 2,3 \mapsto 2$

$2 \mapsto 1,3 \mapsto 2,1 \mapsto 1,4 \mapsto 1$

$2 \mapsto 1,3 \mapsto 2,1 \mapsto 1,4 \mapsto 2$

$2 \mapsto 1,3 \mapsto 2,1 \mapsto 2,4 \mapsto 1$

$2 \mapsto 1,3 \mapsto 2,1 \mapsto 2,4 \mapsto 2$

$2 \mapsto 1,4 \mapsto 2,1 \mapsto 1,3 \mapsto 1$

$2 \mapsto 1,4 \mapsto 2,1 \mapsto 1,3 \mapsto 2$

$2 \mapsto 1,4 \mapsto 2,1 \mapsto 2,3 \mapsto 1$

$2 \mapsto 1,4 \mapsto 2,1 \mapsto 2,3 \mapsto 2$

$3 \mapsto 1,1 \mapsto 2,2 \mapsto 1,4 \mapsto 1$

$3 \mapsto 1,1 \mapsto 2,2 \mapsto 1,4 \mapsto 2$

$\mathbf{3 \mapsto 1,1 \mapsto 2,2 \mapsto 2,4 \mapsto 1} = 3 \mapsto 1,2 \mapsto 2,1 \mapsto 2,4 \mapsto 1 = 4 \mapsto 1,2 \mapsto 2,1 \mapsto 2,3 \mapsto 1$
$= 4 \mapsto 1,1 \mapsto 2,2 \mapsto 2,3 \mapsto 1$

$\mathbf{3 \mapsto 1,1 \mapsto 2,2 \mapsto 2,4 \mapsto 2} = 3 \mapsto 1,2 \mapsto 2,1 \mapsto 2,4 \mapsto 2 = 3 \mapsto 1,4 \mapsto 2,1 \mapsto 2,2 \mapsto 2$

$3 \mapsto 1,2 \mapsto 2,1 \mapsto 1,4 \mapsto 1$

$3 \mapsto 1,2 \mapsto 2,1 \mapsto 1,4 \mapsto 2$

$3 \mapsto 1,2 \mapsto 2,1 \mapsto 2,4 \mapsto 1$

$3 \mapsto 1,2 \mapsto 2,1 \mapsto 2,4 \mapsto 2$

$3 \mapsto 1,4 \mapsto 2,1 \mapsto 1,2 \mapsto 1$

$3 \mapsto 1,4 \mapsto 2,1 \mapsto 1,2 \mapsto 2$

$3 \mapsto 1,4 \mapsto 2,1 \mapsto 2,2 \mapsto 1$

$3 \mapsto 1,4 \mapsto 2,1 \mapsto 2,2 \mapsto 2$

$4 \mapsto 1,1 \mapsto 2,2 \mapsto 1,3 \mapsto 1$

$4 \mapsto 1,1 \mapsto 2,2 \mapsto 1,3 \mapsto 2$

$4 \mapsto 1,1 \mapsto 2,2 \mapsto 2,3 \mapsto 1$

$\mathbf{4 \mapsto 1,1 \mapsto 2,2 \mapsto 2,3 \mapsto 2} = 4 \mapsto 1,2 \mapsto 2,1 \mapsto 2,3 \mapsto 2 = 4 \mapsto 1,3 \mapsto 2,1 \mapsto 2,2 \mapsto 2$

$4 \mapsto 1,2 \mapsto 2,1 \mapsto 1,3 \mapsto 1$

$4 \mapsto 1,2 \mapsto 2,1 \mapsto 1,3 \mapsto 2$

$4 \mapsto 1,2 \mapsto 2,1 \mapsto 2,3 \mapsto 1$

$4 \mapsto 1,2 \mapsto 2,1 \mapsto 2,3 \mapsto 2$

$4 \mapsto 1,3 \mapsto 2,1 \mapsto 1,2 \mapsto 1$

$4 \mapsto 1,3 \mapsto 2,1 \mapsto 1,2 \mapsto 2$

$4 \mapsto 1,3 \mapsto 2,1 \mapsto 2,2 \mapsto 1$

$4 \mapsto 1,3 \mapsto 2,1 \mapsto 2,2 \mapsto 2$

Damit bleiben nur 14 unterschiedliche surjektive Abbildungen $N \to M$.

(iv) Aus den Überlegungen in (ii) und (iii) folgt, dass es nur bijektive Abbildungen geben kann, wenn $n = m$ gilt. Wenn man jetzt die Elemente von N und M durchnummeriert, sieht man, dass die bijektiven Abbildungen gerade den Permutationen der Nummern entsprechen. Also gibt es nach [MfA, Bemerkung 1.5] genau $n!$ bijektive Abbildungen. □

Lösungsvorschlag für Aufgabe 1.8: Die Kugel trifft in jeder Zeile des Nagelbretts auf ein Hindernis $\wedge$. Insgesamt hat das Nagelbrett 5 Zeilen. Der Weg der Kugel wird also durch ein 5-Tupel mit Einträgen -1 für „links“ und 1 für „rechts“ beschrieben. Da links und rechts gleich wahrscheinlich sind, hat jeder der $2^5 = 32$ möglichen Wege die Wahrscheinlichkeit $\frac{1}{32}$. Wenn wir die 6 Auffangkästchen von links nach rechts mit $-5, -3, -1, 1, 3, 5$ bezeichnen, dann landet die Kugel, die den Weg $(x_1, x_2, x_3, x_4, x_5)$ zurücklegt, im Auffangkästchen $N = \sum_{i=1}^{5} x_i$. Das heißt, sie landet in

$$\begin{aligned}
-5 &\text{ für 5-mal die } -1, \text{ also für } \binom{5}{5} = 1 \text{ Weg;}\\
-3 &\text{ für 4-mal die } -1, \text{ also für } \binom{5}{4} = 5 \text{ Wege;}\\
-1 &\text{ für 3-mal die } -1, \text{ also für } \binom{5}{3} = 10 \text{ Wege;}\\
1 &\text{ für 2-mal die } -1, \text{ also für } \binom{5}{2} = 10 \text{ Wege;}\\
3 &\text{ für 1-mal die } -1, \text{ also für } \binom{5}{1} = 5 \text{ Wege;}\\
5 &\text{ für 0-mal die } -1, \text{ also für } \binom{5}{0} = 1 \text{ Weg.}
\end{aligned}$$

Die entsprechenden Wahrscheinlichkeiten sind $\frac{1}{32}$, $\frac{5}{32}$ und $\frac{10}{32} = \frac{5}{16}$. □

Lösungsvorschlag für Aufgabe 1.9: Indem man die Elemente von X durchnummeriert, kann man sich auf den Fall beschränken, dass $X = \{1, \dots, n\}$ ist.

$n = 2$: Die nichtleeren Teilmengen von $\{1, 2\}$ sind $\{1\}$, $\{2\}$ und $\{1, 2\}$. Als Partitionen von $\{1, 2\}$ findet man also

$$\{1\}, \{2\} \quad \text{und} \quad \{1, 2\}.$$

Das heißt, für $n = 2$ ist die Anzahl der Partitionen gleich 2.

$n = 3$: Die nichtleeren Teilmengen von $\{1, 2, 3\}$ sind

$$\{1\}, \{2\}, \{3\}, \{1, 2\}, \{1, 3\}, \{2, 3\} \quad \text{und} \quad \{1, 2, 3\}.$$

Als Partitionen von $\{1, 2, 3\}$ findet man also

$$\begin{array}{l} \{1\}, \{2\}, \{3\} \\ \{1\}, \{2, 3\} \\ \{2\}, \{1, 3\} \\ \{3\}, \{1, 2\} \\ \{1, 2, 3\} \end{array}$$

Das heißt, für $n = 3$ ist die Anzahl der Partitionen gleich 5.

$n = 3$: Die nichtleeren Teilmengen von $\{1, 2, 3, 4\}$ sind

$$\begin{array}{l} \{1\}, \{2\}, \{3\}, \{4\}, \{1, 2\}, \{1, 3\}, \{1, 4\}, \{2, 3\}, \{2, 4\}, \{3, 4\}, \\ \{1, 2, 3\}, \{1, 2, 4\}, \{1, 3, 4\}, \{2, 3, 4\}, \{1, 2, 3, 4\}. \end{array}$$

Als Partitionen von $\{1, 2, 3, 4\}$ findet man also

$$\begin{array}{l} \{1\}, \{2\}, \{3\}, \{4\} \\ \{1\}, \{2\}, \{3, 4\} \\ \{1\}, \{3\}, \{2, 4\} \\ \{1\}, \{4\}, \{2, 3\} \\ \{2\}, \{3\}, \{1, 4\} \\ \{2\}, \{4\}, \{1, 3\} \\ \{3\}, \{4\}, \{1, 2\} \\ \{1, 2\}, \{3, 4\} \\ \{1, 3\}, \{2, 4\} \\ \{1, 4\}, \{2, 3\} \\ \{1\}, \{2, 3, 4\} \\ \{2\}, \{1, 3, 4\} \\ \{3\}, \{1, 2, 4\} \\ \{4\}, \{1, 2, 3\} \\ \{1, 2, 3, 4\} \end{array}$$

Das heißt, für $n = 4$ ist die Anzahl der Partitionen gleich 15. □

Lösungsvorschlag für Aufgabe 1.10: Wenn man M als $y_1, \ldots, y_m$ und die m Mengen einer Partition von N in m Teilmengen als $N_1, \ldots, N_m$ durchnummeriert, dann definiert

$$f(x) := y_j \quad \text{für } x \in N_j$$

eine surjektive Abbildung $f : N \to M$. Zu einer gegebenen Partition gibt es $m!$ solcher Abbildungen, die den Umnummerierungen der Elemente von M entsprechen.

In Aufgabe 1.7 wurden für $(n, m) = (3, 2)$ und $(n, m) = (4, 2)$ gezeigt, dass es 6 beziehungsweise 14 surjektive Abbildungen $f : N \to M$ gibt. Die entsprechende Liste aus der Lösung zu Aufgabe 1.9 zeigt für $(n, m) = (3, 2)$, dass es 3 Partitionen von $\{1, 2, 3\}$ in 2 nichtleere Teilmengen gibt. Wegen $2! \cdot 3 = 6$ bestätigt das das allgemeine Resultat. Für $(n, m) = (4, 2)$ liefert die entsprechende Liste 7 Partitionen von $\{1, 2, 3, 4\}$ in 2 nichtleere Teilmengen. Wegen $2! \cdot 7 = 14$ bestätigt auch das das allgemeine Resultat. Für $(n, m) = (4, 3)$ liefert die Liste aus der Lösung zu Aufgabe 1.9 insgesamt 6 Partitionen von $\{1, 2, 3, 4\}$ in 3 nichtleere Teilmengen. Damit ist die Anzahl der surjektiven Abbildungen $f : N \to M$ gleich $3! \cdot 6 = 36$.□

Lösungsvorschlag für Aufgabe 1.11: Es seien:

- M_j die Menge der Tage des Jahres j für $j = 1778, ..., 1854$.
- G_k die Menge, die die Tage des k-ten Monats des Jahres 1777 enthält.
- $\tilde{G}_4$ die Menge, die nur den 30. April 1777 enthält.
- T_1 die Menge der Tage des Januar 1855.
- $\tilde{T}_2$ die Menge der ersten 23 Tage des Februar 1855.

Dann ist

$$\{\tilde{G}_4, G_5, \ldots, G_{12}, M_{1778}, \ldots, M_{1854}, T_1, \tilde{T}_2\}$$

eine Partition von M. Die Kardinalitäten dieser Mengen sind

- $|M_j| = \begin{cases} 365 & \text{wenn } j \text{ kein Schaltjahr ist,} \\ 366 & \text{wenn } j \text{ ein Schaltjahr ist.} \end{cases}$
- $|G_5| = 31$, $|G_6| = 30$, $|G_7| = 31$, $|G_8| = 31$, $|G_9| = 30$, $|G_{10}| = 31$, $|G_{11}| = 30$, $|G_{12}| = 31$.
- $|\tilde{G}_4| = 1$.
- $|T_1| = 31$.
- $|\tilde{T}_2| = 23$.

Mit dieser Information ergibt sich

$$|M| = 1 + 31 + 30 + 31 + 31 + 30 + 31 + 30 + 31 + \sum_{j=1778}^{1854} |M_j| + 31 + 23$$

Um die Kardinalität $|M|$ explizit berechnen zu können, muss man wissen, das von den 77 Jahren 1778 bis 1854 genau 18 Schaltjahre waren (siehe die Lösung von Aufgabe 1.3). Damit ergibt sich

$$\sum_{j=1778}^{1854} |M_j| = 18 \cdot 366 + 59 \cdot 365$$

und $|M| = 28423$. □

Lösungsvorschlag für Aufgabe 1.12:

(i) Seien M eine Menge mit $|M| = n$ und m_i die Elemente von M mit $i \in \{1, \ldots, n\}$. Dann gilt für alle Teilmengen $A \subseteq M$:

$$\forall i \in \{1, \ldots, n\} : \text{ entweder } m_i \in A \text{ oder } m_i \notin A$$

Man könnte also einen Baum zeichnen, mit $\emptyset$ als Wurzelknoten auf der nullten Ebene. Für jedes i gibt es eine weitere Ebene. Dabei gilt: Jeder Knoten in einer Ebene i hat zwei Äste, nämlich $m_{i+1} \in A$ und $m_{i+1} \notin A$. Bei dem Baum beschreibt so jeder Pfad vom Wurzelknoten bis zu den Blättern genau eine Teilmenge von M.

Da wir für alle i die Fälle $\in A$ und $\notin A$ betrachtet haben und es keine dritte Möglichkeit gibt, ist der Baum vollständig.
Wir haben also für jeden Elternknoten zwei Kindknoten, also auf der nullten Ebene einen Knoten, auf der ersten Ebene $2 \cdot 1 = 2$ Knoten, auf der zweiten Ebene $2 \cdot 2 \cdot 1 = 4$ Knoten und so fort. Auf der n-ten Ebene haben wir somit

$$\underbrace{2 \cdot 2 \cdots 2 \cdot 2}_{n\text{-mal}} = 2^n$$

Knoten. Da jeder Knoten auf der obersten Ebene eines Baumes für einen voll ständigen Pfad steht, liefert das 2^n als Anzahl aller Teilmengen von M.

(ii) Seien M eine Menge mit $|M| = n$ und A Teilmenge von M mit $|A| = k$. Wir wollen herausfinden, wie viele Möglichkeiten es gibt, A zu bilden. Das bedeutet, dass wir berechnen müssen, wie viele Möglichkeiten es gibt, n Elemente auf k freie Plätze zu verteilen. Dazu betrachten wir erst einmal, wie viele Möglichkeiten es gibt, n Elemente auf n Plätze zu verteilen. Es ist offensichtlich, dass es dafür $n \cdot (n-1) \cdot (n-2) \cdots 3 \cdot 2 \cdot 1 = n!$ Varianten gibt. Wenn wir nun wissen möchten, wie viele Varianten es für $k \leq n$ freie Plätze gibt, so dürfen wir nur bis $n - k$ multiplizieren. Der Rest, also $(n-k)!$ fällt weg – schließlich sind alle Plätze schon voll –, und wir erhalten für die Anzahl x der Möglichkeiten

$$x = \frac{n!}{(n-k)!}.$$

x ist nun die gesuchte Anzahl, aber wir haben noch nicht berücksichtigt, dass die Reihenfolge der Elemente bei Mengen egal ist. Man kann eine Menge mit k Elementen auf $k!$ verschiedene Art und Weise sortieren. Um diese Umsortierungen aus der Formel herauszurechnen, müssen wir also durch $k!$ teilen und erhalten als Formel für die Anzahl der Teilmengen mit k Elementen die Binomialkoeffizienten (siehe [MfA, Beispiel 1.8]),

$$\binom{n}{k} = \frac{n!}{(n-k)! \cdot k!}.$$

(iii) Wenn unter 17 Ostereiern auf jeden Fall alle drei Farben vertreten sein sollen, dann können maximal 15 Eier dieselbe Farbe haben. Sei nun $k \in \{1, \ldots, 15\}$ eine Variable für die Eier, die eine der drei Farben haben. Für ein beliebiges, aber festes k gilt dann, dass es $m, n \in \{1, \ldots, 17-k-1\}$ Eier der anderen beiden Farben gibt, wobei immer gelten muss $17 = k + m + n$.

Dazu betrachten wir die Menge $M := \{(m, n) \in \{1, \ldots, 17-k-1\}^2 \mid m + n = 17 - k\}$. Dann ist $|M|$ die Anzahl der Möglichkeiten, die anderen Eier zu färben, für ein festes k.
Das bedeutet, dass $|M| = 17 - k - 1 = 16 - k$ ist. Für jedes k gibt es also $16 - k$ Möglichkeiten, die anderen Eier zu färben. Wir haben dann für die Gesamtanzahl n der Möglichkeiten, die 17 Eier zu färben, die Summe

$$n = \sum_{k=1}^{15} (16-k) = \sum_{j=1}^{15} j = 120.$$

□

Lösungsvorschlag für Aufgabe 1.13:

(i) (In der Reihenfolge: $(A \setminus (B \cup C))$, $(A \setminus B)$, $(A \setminus C)$.)

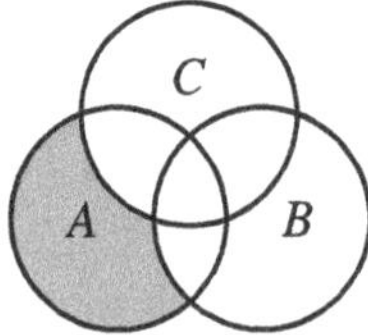

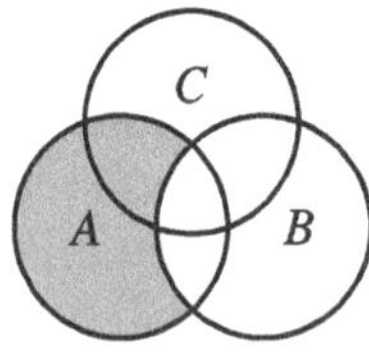

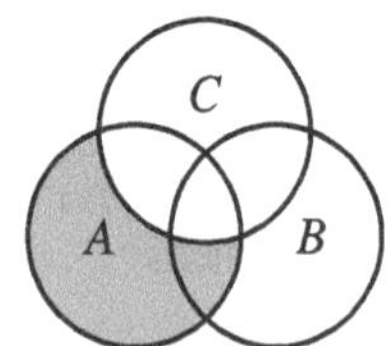

(ii) Sei $x \in A \setminus (B \cup C)$. Dann ist $x \in A$ und $x \notin B \cup C$, also $x \in A$ und $x \notin B$ und $x \notin C$. Also ist $x \in A$ und $x \notin B$ und $x \in A$ und $x \notin C$, woraus sofort $x \in (A \setminus B) \cap (A \setminus C)$ folgt.
Damit ist die Inklusion $A \setminus (B \cup C) \subseteq (A \setminus B) \cap (A \setminus C)$ gezeigt. Umgekehrt folgt aus $x \in (A \setminus B) \cap (A \setminus C)$, dass $x \in A$ und $x \notin B$ und $x \notin C$, also $x \in A \setminus (B \cup C)$. Dies beweist die Inklusion $A \setminus (B \cup C) \supseteq (A \setminus B) \cap (A \setminus C)$ und damit die Mengengleichheit. □

Lösungsvorschlag für Aufgabe 1.14:

(1.1) Wenn $x \in M \setminus \bigcup_{\gamma\in\Gamma} U_\gamma$, dann gilt $x \in M$ und $x \notin U_\gamma$ für jedes $\gamma \in \Gamma$. Aber das heißt, $x \in M \setminus U_\gamma$ für jedes $\gamma \in \Gamma$. Damit gilt also $x \in \bigcap_{\gamma\in\Gamma}(M \setminus U_\gamma)$ und wir haben die Inklusion „$\subseteq$" von (1.1) gezeigt. Umgekehrt, wenn $x \in \bigcap_{\gamma\in\Gamma}(M \setminus U_\gamma)$, dann gilt für jedes $\gamma \in \Gamma$, dass $x \in M \setminus U_\gamma$, das heißt, für jedes $\gamma \in \Gamma$ gilt $x \in M$ und $x \notin U_\gamma$. Damit ergibt sich $x \in M \setminus \bigcup_{\gamma\in\Gamma} U_\gamma$ und wir haben auch die Inklusion „$\supseteq$" von (1.1) gezeigt.

(1.2) Wenn $x \in M \setminus \bigcap_{\gamma\in\Gamma} U_\gamma$, dann gilt $x \in M$ und es gibt ein $\gamma \in \Gamma$ mit $x \notin U_\gamma$. Aber das heißt, es gibt ein $\gamma \in \Gamma$ mit $x \in M \setminus U_\gamma$. Damit gilt also $x \in \bigcup_{\gamma\in\Gamma}(M \setminus U_\gamma)$ und wir haben die Inklusion „$\subseteq$" von (1.2) gezeigt. Umgekehrt, wenn $x \in \bigcup_{\gamma\in\Gamma}(M \setminus U_\gamma)$, dann gibt es ein $\gamma \in \Gamma$ mit $x \in M \setminus U_\gamma$, das heißt, gibt es ein $\gamma \in \Gamma$ mit $x \in M$ und $x \notin U_\gamma$. Damit ergibt sich $x \in M \setminus \bigcap_{\gamma\in\Gamma} U_\gamma$ und wir haben auch die Inklusion „$\supseteq$" von (1.2) gezeigt. □

Lösungsvorschlag für Aufgabe 1.15: Wenn $x \in A \cup \left(\bigcap_{i\in I} M_i\right)$, dann liegt x in jeder der Mengen $A \cup M_i$ also in $\bigcap_{i\in I}\left(A \cup M_i\right)$. Umgekehrt, wenn $x \in \bigcap_{i\in I}\left(A \cup M_i\right)$, aber nicht in A liegt, dann gilt für jedes $i \in I$, dass $x \in M_j$, das heißt $x \in \bigcap_{i\in I} M_i$. Damit liegt x in $A \cup \left(\bigcap_{i\in I} M_i\right)$ und (1.3) ist bewiesen.

Wenn $x \in A \cap \left(\bigcup_{i\in I} M_i\right)$, dann gibt es ein $i \in I$, für das x in M_i liegt. Dann gilt, $x \in A \cap M_i$, also liegt x in $\bigcup_{i\in I}\left(A \cap M_i\right)$. Umgekehrt, wenn $x \in \bigcup_{i\in I}(A \cap M_i)$, liegt, dann gibt es ein $i \in I$ mit $x \in A \cap M_i$, also liegt x in A und in $\bigcup_{i\in I} M_i$, das heißt in $A \cap \left(\bigcup_{i\in I} M_i\right)$. Damit ist auch (1.4) ist bewiesen. □

Lösungsvorschlag für Aufgabe 1.16: Wir definieren $M := \{1, 2, 3\}$. Die Relation

$$R_1 := \{(1, 2), (2, 3)\} \subseteq M \times M$$

erfüllt keine der drei Eigenschaften:

Sie ist nicht reflexiv, weil zum Beispiel $(1, 1) \notin R_1$ ist. Da $(1, 2) \in R_1$, müsste zur Symmetrie auch $(2, 1) \in R_1$ sein, was nicht der Fall ist. Aus $(1, 2), (2, 3) \in R_1$ würde bei Transitivität folgen $(1, 3) \in R_1$, was ebenfalls nicht der Fall ist. □

Lösungsvorschlag für Aufgabe 1.17: Es sei $M := \{1, 2, 3\}$.

(i) Die Relation $R_r := \{(1, 1), (2, 2), (3, 3), (1, 2), (2, 3)\} \subseteq M \times M$ ist nur reflexiv: Da für alle $m \in M$ offenbar gilt $(m, m) \in R_r$, folgt die Reflexivität. Symmetrie und Transitivität gelten mit denselben Argumenten wie bei der Relation aus Aufgabe 1.16 nicht.

(ii) Die Relation $R_s := \{(1, 2), (2, 1)\} \subseteq M \times M$ ist nur symmetrisch: Offensichtlich gilt für alle $m, n \in M$, dass wenn $(m, n) \in R_s$ ist, gilt auch $(n, m) \in R_s$, was nach Definition Symmetrie bedeutet. Die Reflexivität widerlegt dasselbe Argument wie bei der Relation in der Lösung zu Aufgabe 1.16. Wegen $(1, 2), (2, 1) \in R_s$ müsste bei Transitivität auch $(1, 1) \in R_s$ sein, was nicht der Fall ist. Also ist die Relation auch nicht transitiv.

(iii) Die Relation $R_t := \{(1, 2), (2, 3), (1, 3)\} \subseteq M \times M$ ist nur transitiv: Offenbar gilt für alle $m, n, o \in M$, dass aus $(m, n), (n, o) \in R_t$ schon $(m, o) \in R_t$ folgt. Damit ist die Transitivität gezeigt. Die Reflexivität und die Symmetrie können mit denselben Argumenten wie in der Lösung zur Aufgabe 1.16 widerlegt werden.

(iv) Die Relation $R_{rs} := \{(1, 1), (2, 2), (3, 3), (1, 2), (2, 1), (2, 3), (3, 2)\} \subseteq M \times M$ ist reflexiv und symmetrisch, aber nicht transitiv.

(v) Die Relation $R_{rt} := \{(1, 1), (2, 2), (3, 3), (1, 2), (2, 3), (1, 3)\} \subseteq M \times M$ ist reflexiv und transitiv, aber nicht symmetrisch.

(vi) Die Relation $R_{st} := \{(1, 1), (1, 2), (2, 1), (2, 2)\} \subseteq M \times M$ ist mit den Begründungen analog zu (ii) und (iii) nicht reflexiv, aber symmetrisch und transitiv.

□

Lösungsvorschlag für Aufgabe 1.18:

(i) Sei $y \in f(M_1)$. Dann gibt es ein $x \in M_1$ mit $f(x) = y$ und es gilt $x \in M_2$. Damit ist $y = f(x) \in f(M_2)$ und $f(M_1) \subseteq f(M_2)$ ist gezeigt. Weiter sei $a \in f^{-1}(N_1)$. Dann gilt $f(a) \in N_1$ und somit $f(a) \in N_2$. Also gilt $a \in f^{-1}(N_2)$ und $f^{-1}(N_1) \subseteq f^{-1}(N_2)$ ist gezeigt.

(ii) Sei $x \in M$. Dann gilt $f(x) \in f(M)$, also $x \in f^{-1}(f(M))$ und $M \subseteq f^{-1}(f(M))$ ist gezeigt. Sei $b \in f(f^{-1}(N))$. Dann gibt es ein $a \in f^{-1}(N)$ mit $f(a) = b$ und damit $b \in N$. Also ist auch $f(f^{-1}(N)) \subseteq N$ gezeigt. □

Lösungsvorschlag für Aufgabe 1.19:

(i) Es handelt sich um eine Abbildung, da jedem Element von A genau ein Element von B zugeordnet wird. Diese ist nicht injektiv, da ein Element von B zwei Urbilder in A hat, und auch nicht surjektiv, da es ein Element in B ohne Urbild gibt.

(ii) Wie bei (i) handelt es sich um eine Abbildung. Diese ist injektiv, da jedes Element aus B höchstens ein Urbild hat, und nicht surjektiv, da es ein Element aus B ohne Urbild gibt.

(iii) Es handelt sich nicht um eine Abbildung, da es ein Element in A gibt, dem zwei Elemente aus B zugeordnet werden.

(vi) Wie bei (i) handelt es sich um eine Abbildung. Diese ist nicht injektiv, da ein Element aus B zwei Urbilder hat, aber surjektiv, da jedes Element aus B mindestens ein Urbild in A hat. □

Lösungsvorschlag für Aufgabe 1.20: Wir betrachten die Abbildung $f : M \to \mathcal{P}(M)$, die durch

$$f(x) = \{x\}$$

definiert ist. Es gilt $f(x) \in \mathcal{P}(M)$ wegen $\{x\} \subset M$ für $x \in M$. Seien $x, y \in M$ mit $f(x) = f(y)$. Es ist also $\{x\} = \{y\}$ und somit $x = y$. Damit ist die Injektivität gezeigt.

Wir wissen $\emptyset \in \mathcal{P}(M)$. Da für alle $x \in M$ nach Definition der leeren Menge $x \notin \emptyset$ gilt und immer $x \in f(x)$ ist, kann $\emptyset$ kein Urbild haben. Damit ist die Surjektivität widerlegt. □

Lösungsvorschlag für Aufgabe 1.21: Für $n \in N$ gilt wegen $\varphi \circ \psi = \mathrm{id}_M$, dass

$$\varphi\big(\psi \circ \varphi(n)\big) = (\varphi \circ \psi)\big(\varphi(n)\big) = \varphi(n)$$

Da φ injektiv ist, ergibt sich $\psi \circ \varphi(n) = n$. □

Lösungsvorschlag für Aufgabe 1.22:

(1.5) Wenn $x \in f^{-1}\big(\bigcup_{j \in J} M_j\big)$, dann gibt es ein $j \in J$ mit $f(x) \in M_j$. Aber dann ist $x \in f^{-1}(M_j)$ für dieses j, das heißt, es gilt $x \in \bigcup_{j \in J} f^{-1}(M_j)$. Damit ist die Inklusion „$\subseteq$" bewiesen.
Wenn umgekehrt $x \in \bigcup_{j \in J} f^{-1}(M_j)$, dann gibt es ein $j \in J$ mit $x \in f^{-1}(M_j)$, also $f(x) \in M_j$. Damit ist $f(x)$ in $\bigcup_{j \in J} M_j$ und $x \in f^{-1}\big(\bigcup_{j \in J} M_j\big)$. Damit ist die Inklusion „$\supseteq$" bewiesen.

(1.6) Das geht wie (i), man muss nur $\bigcup_{j \subset J}$ durch $\bigcap_{j \in J}$ ersetzen. □

1.5.2 Die natürlichen Zahlen

Lösungsvorschlag für Aufgabe 1.23:

(i) $R = \{(a, b) \in \mathbb{N} \times \mathbb{N} \mid 2a = b\}$ ist eine Funktion.
(ii) $R = \{(a, b) \in \mathbb{N} \times \mathbb{N} \mid a = 2b\}$ ist keine Funktion, da es nicht zu jedem $a \in \mathbb{N}$ ein $b \in \mathbb{N}$ mit $(a, b) \in R$ gibt.
(iii) $R = \{(a, b) \in \mathbb{N} \times \mathbb{N} \mid a \leq b\}$ ist keine Funktion, da es zu $a \in \mathbb{N}$ mehr als ein $b \in \mathbb{N}$ mit $(a, b) \in R$ gibt. □

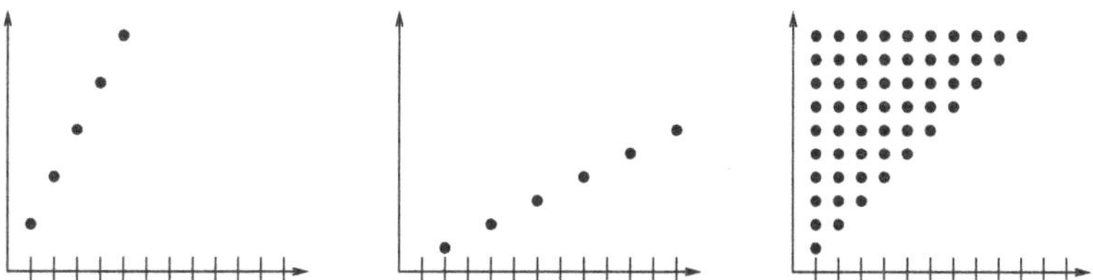

Lösungsvorschlag für Aufgabe 1.24:

(i) Wenn $n \neq m$, dann gilt nach [MfA, Satz 1.18] (Trichotomie für $\mathbb{N}$) $n < m$ oder $m < n$. Die Voraussetzung zeigt dann $\varphi(n) < \varphi(m)$ bzw. $\varphi(m) < \varphi(n)$, also (wieder wegen [MfA, Satz 1.18]) in jedem Fall $\varphi(n) \neq \varphi(m)$. Also ist φ nach Definition injektiv.

(ii) Sei $\varphi(n) := n + 1$. Nach [MfA, Proposition 1.31] (Verträglichkeit von Ordnung und Addition) gilt dann für $n < m$, dass $\varphi(n) = n + 1 < m + 1 = \varphi(m)$, also ist φ ordnungserhaltend. Außerdem gilt $\varphi(n) = n + 1 > 1$ nach [MfA, Proposition 1.28] ($x < x + y$). Also kann 1 nicht im Bild von φ sein, das heißt φ ist nicht surjektiv.

(iii) Sei $\varphi(n) = 2n$. Dann gilt für $n < m$, dass

$$\varphi(n) = 2n = n + n < n + m < m + m = 2m = \varphi(m).$$

Also ist φ ordnungserhaltend (Transititvität von $<$). Außerdem gilt $\varphi(n) = n + n \geq n + 1 > 1$, also ist φ nicht surjektiv. Mit den Rechenregeln für die Addition auf $\mathbb{N}$ aus [MfA, Proposition 1.29] erhält man

$$\begin{aligned}\varphi(n + m) &= 2(n + m) = (n + m) + (n + m) = n + n + m + m = 2n + 2m \\ &= \varphi(n) + \varphi(m)\end{aligned}$$

und sieht, dass φ die Addition erhält.

□

Lösungsvorschlag für Aufgabe 1.25:

(i) Wir beweisen das mit Induktion über n. Der Induktionsanfang ist klar. Mit Induktion und den Rechenregeln für Addition und Multiplikation von $\mathbb{N}$ erhalten wir aus der Additivität von φ, dass

$$\varphi(n + 1) = \varphi(n) + \varphi(1) = n \cdot \varphi(1) + \varphi(1) = (n + 1)\varphi(1),$$

das heißt die Behauptung.

(ii) Wenn $\varphi(1) = 1$, dann liefert (i), dass $\varphi = \mathrm{id}_{\mathbb{N}}$. Insbesondere erhält φ die Multiplikation. Umgekehrt, wenn φ

$$\forall n, m \in \mathbb{N} : \quad \varphi(nm) = \varphi(n) \cdot \varphi(m)$$

erfüllt, dann gilt

$$\varphi(1) = \varphi(1 \cdot 1) = \varphi(1) \cdot \varphi(1),$$

was nach [MfA, Proposition 1.33] (Verträglichkeit von Ordnung und Multiplikation auf $\mathbb{N}$) nur für $\varphi(1) = 1$ möglich ist. □

Lösungsvorschlag für Aufgabe 1.26: Wenn $f(n) = f(m)$, dann gilt $q^n = q^m$. Wenn $n < m$, dann gibt es nach [MfA, Proposition 1.30] ein $d \in \mathbb{N}$ mit $n + d = m$. Es folgt

$$q^m = \underbrace{q \cdot q \cdots q}_{n \text{ Faktoren}} \cdot \underbrace{q \cdot q \cdots q}_{d \text{ Faktoren}} = q^n \cdot q^d.$$

Also gilt $q^n = q^n \cdot q^d$ und [MfA, Proposition 1.33] liefert $q^d = 1$, was wegen $1 < q \leq q^d$ (wieder mit [MfA, Proposition 1.33]) nicht möglich ist. Analog schließt man $m < n$ aus. Nach [MfA, Satz 1.18] (Trichotomie für $\mathbb{N}$) folgt damit $n = m$. Damit ist die Injektivität von f gezeigt.

Wir zeigen, dass $q + 1$ nicht im Bild $f(\mathbb{N})$ von f liegt, was dann die Surjektivität von f ausschließt. Wenn $q + 1 = q^n$, dann muss wegen $q < q + 1$ die Zahl $n > 1$ sein. Aber dann ist q^n von der Form $q^2 m$ mit $m \in \mathbb{N}$. Jetzt zeigt [MfA, Proposition 1.33], dass $q + 1 = q^n = q^2 m \geq q^2 > q$. Da $q + 1$ die kleinste natürliche Zahl ist, die größer ist als q, folgt $q + 1 = q^2$, und mit [MfA, Proposition 1.28] rechnet man

$$q + 1 = q^2 = q \cdot q = \underbrace{q + q + \ldots + q}_{q \text{ Summanden}} \geq q + q > q + 1.$$

Aus [MfA, Proposition 1.20] (Transititvität von $<$) folgt jetzt sofort, dass $q + 1 > q + 1$ und dieser Widerspruch zur Trichotomie aus [MfA, Satz 1.18] zeigt die Behauptung. □

Lösungsvorschlag für Aufgabe 1.27:

(a) $\leq$ ist eine partielle Ordnung auf $\mathbb{N}$: Definitionsgemäß gilt

$$a \leq b \quad \Leftrightarrow \quad a < b \text{ oder } a = b.$$

Damit ist $\leq$ reflexiv. Um zu zeigen, dass $\leq$ transitiv ist nehmen wir an, dass $a \leq b$ und $b \leq c$. Wenn $a = b$, dann gilt auch $a \leq c$. Ebenso, wenn $b = c$. Bleibt der Fall $a < b < c$, in dem $a < c$ aus [MfA, Proposition 1.20] folgt. Dann gilt auch $a \leq c$ und die Transitivität folgt. Die Antisymmetrie folgt aus der Trichotomie in [MfA, Satz 1.18].

(b) Die Teilbarkeit ist eine partielle Ordnung:

(R) Wegen $1 \cdot a = a$ gilt $a \mid a$, das heißt, die Relation ist reflexiv.
(T) Wenn $a \mid b$ und $b \mid c$ gilt, dann gibt es $n, m \in \mathbb{N}$ mit $na = b$ und $mb = c$. Aber dann gilt $mna = mb = c$ und $mn \in \mathbb{N}$, also $a \mid c$. Damit ist die Teilbarkeit transitiv.
(A) Wenn $a \mid b$ und $b \mid a$ gilt, dann gibt es $n, m \in \mathbb{N}$ mit $na = b$ und $mb = a$. Aber dann gilt $mna = mb = a$ und $mn \in \mathbb{N}$, also $mn = 1$. Das ist aber nur möglich, wenn $m = n = 1$, also $a = b$ gilt. Somit ist die Teilbarkeit antisymmetrisch.

(c) Die Relation $<$ ist keine partielle Ordnung, weil sie nicht reflexiv ist.

(d) Die Relation $\subseteq$ ist eine partielle Ordnung:

(R) Wegen $A \subseteq A$ ist die Relation reflexiv.
(T) Wenn $A \subseteq B \subseteq C$, dann ist jedes Element von A ein Element von B und als solches ein Element von C. Also ist jedes Element von A ein Element von C, das heißt $A \subseteq C$. Damit ist die Relation transitiv.
(A) Wenn $A \subseteq B \subseteq A$, dann ist jedes Element von A ein Element von B und jedes Element von B ein Element von A. Das heißt, die Mengen A und B sind gleich. Also ist die Teilmengen-Relation antisymmetrisch. □

Lösungsvorschlag für Aufgabe 1.28:

(i) Wir zeigen zuerst die Transitivität von $\prec$. Wenn $x \prec y \prec z$, dann folgt aus der Transitivität von $\preceq$, dass $x \preceq z$. Es bleibt zu zeigen, dass $x \neq z$ gilt. Wenn $x = z$, dann folgt aus $x \preceq y$ und $y \preceq z$ wegen der Antisymmetrie von $\preceq$, dass $x = y$ im Widerspruch zur Voraussetzung. Um die Asymmetrie von $\prec$ zu zeigen, nehmen wir an, dass $x \prec y \prec x$. Dann gilt $x \preceq y \preceq x$ und, wegen der Antisymmetrie von $\preceq$, $x = y$ im Widerspruch zur Voraussetzung.
(ii) Sei $x, y \in M$. Da $\preceq$ eine totale Ordnung ist, gilt (evtl. nach Umbenennung) $x \preceq y$. Dann sagt die Definition von $\prec$, dass entweder $x = y$ oder $x \prec y$ gelten muss. Bleibt zu zeigen, dass $x \prec y$ und $y \prec x$ nicht gleichzeitig auftreten können. Das haben wir aber in (i) schon gezeigt.
(iii) Das folgt sofort aus den Definitionen. □

Lösungsvorschlag für Aufgabe 1.29:

(i) Die Reflexivität von $\preceq$ ist klar. Wenn $x \preceq y \preceq z$ und $x = y$ oder $y = z$, dann ist auch $x \preceq z$ klar. Andernfalls gilt $x \prec y \prec z$ und die Transitivität von $\prec$ zeigt $\prec z$, also insbesondere $x \preceq z$. Damit ist die Transitivität von $\preceq$ gezeigt. Um die Antisymmetrie zu zeigen, nehmen wir an, dass $x \preceq y \preceq x$. Wenn $x \neq y$ gilt, dann liefert dass $x \prec y \prec x$, was wegen der Asymmetrie von $\prec$ nicht möglich ist.
(ii) Aus der Trichotomie für $\prec$ folgt, dass $\prec$ asymmetrisch ist. Damit ist $\prec$ eine strikte Ordnungsrelation und nach (i) ist $\preceq$ eine partielle Ordnung. Es bleibt zu zeigen, dass für $x, y \in M$ eine der beiden Relationen $x \preceq y$ oder $y \preceq x$ gilt. Das folgt aber sofort aus der Trichotomie für $\prec$ und der Definition von $\preceq$.
(iii) Das folgt sofort aus den Definitionen. □

Lösungsvorschlag für Aufgabe 1.30:

(i) Die Relation $\subseteq$ ist eine partielle Ordnung, wie man mit dem Argument aus dem Lösungsvorschlag zu Aufgabe 1.27(d) sieht.

Wir betrachten $A = \{1, 2\}$ und $B = M = \{1, 2, 3\}$. Offenbar gilt $A \subseteq B$, aber $B \nsubseteq A$. Damit ist die Symmetrie mit einem Gegenbeispiel widerlegt, und die Relation kann nicht für jede Wahl von M eine Äquivalenzrelation sein.
Für $M = \emptyset$ gilt $\mathcal{P}(M) = \{\emptyset\}$. Hier ist $\subseteq$ eine Äquivalenzrelation. Das ist allerdings der einzige Fall, in dem das so ist. Sobald M ein Element x enthält, gibt es mit $\emptyset$ und $\{x\}$ zwei Teilmengen, die echt ineinander enthalten sind.

(ii) Seien $a, b, c \in \mathbb{N}$. Wegen $a \cdot a = a^2$ folgt $a \sim a$ und somit die Reflexivität.
Es gelte $a \sim b$ und $b \sim a$. Dann folgt $ab = a^2$ und $ba = b^2$. Wir haben also $a^2 = b^2$, und da $a, b \in \mathbb{N}$, folgt $a = b$ und somit die Antisymmetrie.
Es gelte $a \sim b$. Wir haben also $ab = ba = a^2$, und es folgt $a = b$. Somit haben wir auch $ba = b^2$. Wir haben also $b \sim a$ und damit die Symmetrie.
Es gelte $a \sim b$ und $b \sim c$. Also $ab = a^2$ und $bc = b^2$. Dann ist $(bb)(ac) = abbc = a^2b^2 = (bb)a^2$ und somit $ac = a^2$, woraus $a \sim c$ und damit die Transitivität folgt.
$\sim$ ist also sowohl partielle Ordnung als auch Äquivalenzrelation.
Anmerkung: Man kann sich auch einfach überlegen, dass für $a, b \in \mathbb{N}$

$$ab = a^2 \Leftrightarrow a = b$$

gilt und damit sehr einfach die Eigenschaften nachweisen.

(iii) Seien $A, B, C \subseteq \mathbb{N}$ endlich. Da die Identität $\mathrm{id}_A : A \to A,\ a \mapsto a$ bijektiv ist, sehen wir $A \odot A$ und damit die Reflexivität.
Es gelte $A \odot B$ und $B \odot C$. Es gibt also bijektive Funktionen $f_1 : A \to B$ und $f_2 : B \to C$. Wir betrachten nun die Abbildung

$$f : A \to C, \quad x \mapsto f_2(f_1(x)).$$

Wegen $f(A) = f_2(f_1(A)) = f_2(B) = C$ ist f surjektiv.
Seien nun $x, y \in A$ mit $f(x) = f(y)$, also $f_2(f_1(x)) = f_2(f_1(y))$. Wegen der Injektivität von f_2 folgt $f_1(x) = f_1(y)$, und wegen der Injektivität von f_1 erhalten wir $x = y$ und somit die Injektivität von f. Also ist f bijektiv.
Wir haben wegen der Bijektivität von f also $A \odot C$ und somit die Transitivität.
Es gelte nun $A \odot B$. Wir haben also $f : A \to B$ bijektiv. Dann ist auch die Umkehrabbildung $f^{-1} : B \to A$ bijektiv, und es folgt $B \odot A$, womit die Symmetrie folgt. $\odot$ ist also eine Äquivalenzrelation.
Wir betrachten $M = \{1, 2\}$ und $N = \{3, 4\}$ und die offensichtlich bijektive Abbildung $f : M \to N$, $1 \mapsto 3$, $2 \mapsto 4$. Dann ist auch die Umkehrabbildung f^{-1} bijektiv. Es gilt also $M \odot N$ und $N \odot M$, aber nicht $M = N$, was die Antisymmetrie widerlegt. $\odot$ kann also keine partielle Ordnung sein. □

Lösungsvorschlag für Aufgabe 1.31:

(i) Man beachte, dass für jede Aussage $\mathcal{A}$ gilt $\neg(\neg\mathcal{A}) = \mathcal{A}$. Da

$$\exists x \in M : \quad \neg\mathcal{A}(x)$$

die Negation von

$$\forall x \in M : \quad \mathcal{A}(x)$$

ist, ist

$$\forall x \in M : \quad \neg\mathcal{A}(x)$$

die Negation von

$$\exists x \in M : \quad \mathcal{A}(x).$$

(ii) Wir starten mit dem Minimalprinzip [MfA, Axiom 1.16]. Es hat die Struktur (1.8) mit

$$M = \{X \mid \emptyset \neq X \subseteq \mathbb{N}\}$$

und

$$\mathcal{A}(X) := \Big(\exists x \in X : (\forall y \in X : x \leq y)\Big).$$

Damit ist die Negation des Minimalprinzips

$$\exists X_0 \in \{X \mid \emptyset \neq X \subseteq \mathbb{N}\} : \quad \neg\mathcal{A}(X_0).$$

Um $\neg\mathcal{A}(X_0)$ zu bestimmen, stellen wir zunächst fest, dass $\mathcal{A}(X_0)$ die negierte Struktur von (1.8) hat, nämlich

$$\exists x \in X_0 : \quad \mathcal{B}(x)$$

mit

$$\mathcal{B}(x) := \Big(\forall y \in X_0 : \quad x \leq y\Big).$$

Nach (i) ist $\neg\mathcal{A}(X_0)$ also gleich

$$\forall x \in X_0 : \quad \neg\mathcal{B}(x).$$

Bleibt noch $\neg\mathcal{B}(x)$ zu bestimmen. Weil $\mathcal{B}(x)$ wieder die Struktur (1.8) hat, gilt mit der Trichotomie [MfA, Satz 1.18] für $\mathbb{N}$ (für $x, y \in \mathbb{N}$ gilt entweder $x < y$ oder $x = y$ oder $y < x$), dass

$$\neg\mathcal{B}(x) = \Big(\exists y \in X_0 : \quad x > y\Big).$$

Zusammen ergibt sich, dass die Negation des Minimalprinzips durch

$$\exists X_0 \in \{X \mid \emptyset \neq X \subseteq \mathbb{N}\} : \quad \Big(\forall x \in X_0 : \quad (\exists y \in X_0 : x > y)\Big)$$

gegeben ist.

Für das Maximalprinzip [MfA, Axiom 1.17] gehen wir analog vor. Es hat die Struktur (1.8) mit

$$M = \{X \mid \emptyset \neq X \subseteq \mathbb{N} \text{ beschränkt}\}$$

und

$$\mathcal{A}(X) := \Big(\exists x \in X : (\forall y \in X : y \leq x)\Big).$$

Damit ist die Negation des Maximalprinzips

$$\exists X_0 \in \{X \mid \emptyset \neq X \subseteq \mathbb{N} \text{ beschränkt}\} : \quad \neg\mathcal{A}(X_0).$$

Um $\neg\mathcal{A}(X_0)$ zu bestimmen stellen wir zunächst wieder fest, dass $\mathcal{A}(X_0)$ die negierte Struktur von (1.8) hat, nämlich

$$\exists x \in X_0 : \quad \mathcal{B}(x)$$

mit

$$\mathcal{B}(x) := \Big(\forall y \in X_0 : \quad y \leq x\Big).$$

Nach (i) ist $\neg\mathcal{A}(X_0)$ also gleich

$$\forall x \in X_0 : \quad \neg\mathcal{B}(x).$$

Bleibt wieder $\neg\mathcal{B}(x)$ zu bestimmen. Weil $\mathcal{B}(x)$ wieder die Struktur (1.8) hat, gilt mit der Trichotomie [MfA, Satz 1.18] für $\mathbb{N}$, dass

$$\neg\mathcal{B}(x) = \Big(\exists y \in X_0 : \quad x < y\Big).$$

Zusammen ergibt sich, dass die Negation des Maximalprinzips durch

$$\exists X_0 \in \{X \mid \emptyset \neq X \subseteq \mathbb{N} \text{ beschränkt}\} : \quad \Big(\forall x \in X_0 : \quad (\exists y \in X_0 : x < y)\Big)$$

gegeben ist. □

Lösungsvorschlag für Aufgabe 1.32:

(i) Es sind $M_1 = \{1, 2, 3, 4, \ldots\}$ und $M_2 = \{1, 4, 9, 16, \ldots\}$.

(ii) 1. Wir betrachten $f : M_1 \to M_2, n \mapsto n^2$.
2. Für $n, m \in \mathbb{N} = M_1$ mit $n > m$ gilt $n^2 > m^2$. Insbesondere gilt $n^2 \neq m^2$, falls $n \neq m$. Damit ist die Injektivität gezeigt.
Sei $m \in M_2$. Nach Definition von M_2 gibt es dann ein $n \in \mathbb{N} = M_1$ mit $n^2 = m$. Daraus folgt aber sofort $f(n) = m$. Somit hat jedes Element aus M_2 ein Urbild, und damit ist $f(M_1) = M_2$, was die Surjektivität zeigt. Also ist f bijektiv. □

Lösungsvorschlag für Aufgabe 1.33: Die Implikationen (1) $\Rightarrow$ (2) und (1) $\Rightarrow$ (3) folgen sofort aus den Definitionen.

(2) $\Rightarrow$ (3): Wenn $M = \{m_1, \ldots, m_k\}$ und $L := \{\varphi(m_1), \ldots, \varphi(m_k)\} \subseteq N$, dann sind wegen (2) alle Elemente von L verschieden, das heißt, diese Menge hat k Elemente und ist daher gleich N.

(3) $\Rightarrow$ (1): Wenn φ nicht bijektiv ist, aber surjektiv, dann ist sie nicht injektiv. Also gibt es $m \neq m'$ in M mit $\varphi(m) = \varphi(m')$ und $\varphi(M)$ hat höchstens $k-1$ Elemente. Dann kann φ aber nicht surjektiv sein. Also muss φ bijektiv sein.

Damit haben wir die Implikationen (1) $\Rightarrow$ (2) $\Rightarrow$ (3) $\Rightarrow$ (1), also die Äquivalenz aller drei Aussagen, gezeigt. □

Lösungsvorschlag für Aufgabe 1.34:

(1) $\Rightarrow$ (2): Dies folgt aus Aufgabe 1.21.

(2) $\Rightarrow$ (1): Nach Aufgabe 1.21 genügt es zu zeigen, dass ψ injektiv ist. Dazu sei $\psi(m) = \psi(m')$ mit $m, m' \in M$. Da φ surjektiv ist, gibt es $n, n' \in N$ mit $\varphi(n) = m$ und $\varphi(n') = m'$. Aber dann gilt

$$n = \psi \circ \varphi(n) = \psi(m) = \psi(m') = \psi \circ \varphi(n') = n'$$

und somit $m = m'$. □

Lösungsvorschlag für Aufgabe 1.35:

$\Rightarrow$: Sei $A \subseteq M$ und $y \in N \setminus f(A)$. Da f surjektiv ist, gibt es ein $x \in M$ mit $f(x) = y$. Dann kann x nicht in A sein, also gilt $y \in f(M \setminus A)$.

$\Leftarrow$: Das folgt sofort, wenn man $A = \emptyset$ betrachtet, denn dann gilt $N = N \setminus f(A) \subseteq f(M \setminus A) = f(M)$. □

Lösungsvorschlag für Aufgabe 1.36:

$\Rightarrow$: Sei $A \subseteq M$ und $x \in M \setminus A$. Wenn $f(x) \in f(A)$ wäre, dann gäbe es ein $a \in A$ mit $f(a) = f(x)$. Wegen $A \not\ni x \neq a \in A$ ist das ein Widerspruch zur Injektivität von f.

$\Leftarrow$: Wenn $f(x) = f(x')$ für $x \neq x'$, setze $A := M \setminus \{x\}$. Dann gilt $x \in M \setminus A$, $x' \in A$ und $f(M \setminus A) \ni f(x) = f(x') \in f(A)$, was im Widerspruch zu $f(M \setminus A) \subset N \setminus f(A)$ steht. □

Lösungsvorschlag für Aufgabe 1.37:

(a) Sei $g(y) = g(y')$ für $y, y' \in Y$. Da f surjektiv ist, gibt es $x, x' \in X$ mit $f(x) = y$ und $f(x') = y'$. Dann gilt

$$(g \circ f)(x) = g(f(x)) = g(y) = g(y') = g(f(x')) = (g \circ f)(x')$$

und, weil $g \circ f$ injektiv ist, $x = x'$. Aber dann gilt auch $y = f(x) = f(x') = y'$ und die Behauptung ist bewiesen.

(b) Wenn g nicht injektiv ist, dann gibt es $y, y' \in Y$ mit $g(y) = g(y')$, aber $y \neq y'$. Da f surjektiv ist, gibt es $x, x' \in X$ mit $f(x) = y$ und $f(x') = y'$. Dann gilt

$$(g \circ f)(x) = g(f(x)) = g(y) = g(y') = g(f(x')) = (g \circ f)(x').$$

Wegen $f(x) = y \neq y' = f(x')$ gilt $x \neq x'$, also ist $g \circ f$ nicht injektiv. □

Lösungsvorschlag für Aufgabe 1.38: Seien $x \neq x'$ in A. Weil f injektiv ist, gilt $f(x) \neq f(x')$. Weil aber auch g injektiv ist, folgt

$$g \circ f(x) = g(f(x)) \neq g(f(x')) = g \circ f(x').$$

Also ist $g \circ f$ injektiv. □

Lösungsvorschlag für Aufgabe 1.39: Zu zeigen ist, dass jede Abbildung $f : M \to \mathcal{P}(M)$ nicht surjektiv ist. Sei also f so eine Abbildung. Betrachte

$$Y = \{x \in M \mid x \notin f(x)\}.$$

Dann ist Y ein Element von $\mathcal{P}(M)$. Wir behaupten, dass $Y \notin f(M)$. Wäre nämlich $f(y) = Y$, so würde gelten

$$y \in f(y) \Leftrightarrow y \in Y \Leftrightarrow y \notin f(y).$$

Dies ist falsch, also kann nicht $f(y) = Y$ gelten. Folglich ist f nicht surjektiv und die Behauptung ist bewiesen. □

1.5.3 Ganze und rationale Zahlen

Lösungsvorschlag für Aufgabe 1.40:

(i) Dazu rechnen wir

$$\begin{aligned}(-\varphi)(n+m) &= -\varphi(n+m) = -(\varphi(n) + \varphi(m)) = -\varphi(n) - \varphi(m) \\ &= (-\varphi)(n) + (-\varphi)(m).\end{aligned}$$

(ii) Wir beweisen mit Induktion über n, dass

$$\forall n \in \mathbb{N}: \quad \varphi(n) = \varphi(1) \cdot n.$$

Der Induktionsanfang ist klar. Mit Induktion und den Rechenregeln für Addition und Multiplikation von $\mathbb{N}$ erhalten wir aus der Additivität von φ, dass

$$\varphi(n+1) = \varphi(n) + \varphi(1) = n \cdot \varphi(1) + \varphi(1) = (n+1)\varphi(1) = \varphi(1) \cdot (n+1),$$

das heißt die Behauptung (siehe auch Aufgabe 1.25).

(iii) Für $n \in \mathbb{N}$ rechnen wir mit (i) und (ii)

$$\varphi(-n) = (-\varphi)(n) = n \cdot (-\varphi)(1) = n \cdot (-\varphi(1)) = (-n) \cdot \varphi(1).$$

Zusammen mit (ii) ergibt sich die Behauptung.

(vi) Wenn $\varphi(1) = 1 \in \mathbb{N}$, dann liefert (iii), dass $\varphi = \mathrm{id}_{\mathbb{Z}}$. Insbesondere erhält φ die Multiplikation. Umgekehrt, wenn φ

$$\forall n, m \in \mathbb{Z}: \quad \varphi(nm) = \varphi(n) \cdot \varphi(m)$$

erfüllt, dann gilt

$$\varphi(1) = \varphi(1 \cdot 1) = \varphi(1) \cdot \varphi(1),$$

was nach [MfA, Proposition 1.33] wegen $(-1) \cdot (-1) = 1$ nur für $\varphi(1) = 1$ möglich ist. □

Lösungsvorschlag für Aufgabe 1.41:

(i) $\dashv$ ist eine partielle Ordnung.

(R) Wegen $(a, b) \dashv (a, b)$ weil $a \leq a$ und $b \geq b$, das heißt, die Relation ist reflexiv.

(T) Wenn $(a, b) \dashv (c, d)$ und $(c, d) \dashv (e, f)$ gilt, dann folgt, dass $a \leq c \leq e$ und $b \geq d \geq f$. Aber dann gilt $a \leq e$ und $b \geq f$, also $(a, b) \dashv (e, f)$. Damit ist die Relation transitiv.

(A) Wenn $(a, b) \dashv (c, d)$ und $(c, d) \dashv (a, b)$ gilt, dann folgt, dass $a \leq c \leq a$ und $b \geq d \geq b$. Aber dann gilt, wegen der Antisymmetrie von $\leq$, dass $a = c$ und $b = d$, das heißt $(a, b) = (c, d)$. Also ist die Relation $\dashv$ antisymmetrisch.

(ii) Die Teilbarkeit auf $\mathbb{Z}$ ist keine partielle Ordnung, weil sie nicht antisymmetrisch ist: Es gilt $-1 \mid 1$ und $1 \mid -1$.

(iii) Die Relation $\dashv$ ist keine partielle Ordnung, weil sie nicht antisymmetrisch ist: Es gilt $-1 \dashv 1$ und $1 \dashv -1$.

(vi) Mit dem Argument aus dem Lösungsvorschlag zu Aufgabe 1.27(d) sieht man, dass die Inklusion auf den endlichen Teilmengen von $\mathbb{Z}$ eine partielle Ordnung ist. □

Lösungsvorschlag für Aufgabe 1.42:

(i)

$$\begin{aligned}\alpha^{-1}(0) &= \{(n,m) \in \mathbb{Z} \times \mathbb{Z} \mid \alpha(n,m) = 0\} = \{(n,m) \in \mathbb{Z} \times \mathbb{Z} \mid n+m = 0\} \\ &= \{(n,m) \in \mathbb{Z} \times \mathbb{Z} \mid m = -n\} = \{(n,-n) \mid n \in \mathbb{Z}\}.\end{aligned}$$

(ii)

$$\begin{aligned}\alpha^{-1}(\{0,1\}) &= \{(n,m) \in \mathbb{Z} \times \mathbb{Z} \mid \alpha(n,m) \in \{0,1\}\} \\ &= \{(n,m) \in \mathbb{Z} \times \mathbb{Z} \mid n+m = 1 \text{ oder } n+m = 0\} \\ &= \{(n,m) \in \mathbb{Z} \times \mathbb{Z} \mid m = 1-n \text{ oder } m = -n\} \\ &= \{(n,1-n) \mid n \in \mathbb{Z}\} \cup \{(n,-n) \mid n \in \mathbb{Z}\}.\end{aligned}$$

□

Lösungsvorschlag für Aufgabe 1.43:

(i)

$$\begin{aligned}\mu^{-1}(0) &= \{(n,m) \in \mathbb{Z} \times \mathbb{Z} \mid \mu(n,m) = 0\} \\ &= \{(n,m) \in \mathbb{Z} \times \mathbb{Z} \mid nm = 0\} \\ &= \{(n,m) \in \mathbb{Z} \times \mathbb{Z} \mid m = 0 \text{ oder } n = 0)\}.\end{aligned}$$

(ii)

$$\begin{aligned}\mu^{-1}(\{0,1\}) &= \{(n,m) \in \mathbb{Z} \times \mathbb{Z} \mid \mu(n,m) \in \{0,1\}\} \\ &= \{(n,m) \in \mathbb{Z} \times \mathbb{Z} \mid nm = 1 \text{ oder } nm = 0\} \\ &= \{(n,m) \in \mathbb{Z} \times \mathbb{Z} \mid m = \tfrac{1}{n} \text{ oder } m = 0 \text{ oder } n = 0\} \\ &= \{(n,m) \in \mathbb{Z} \times \mathbb{Z} \mid n = 0 \text{ oder } m = 0 \text{ oder } n = m = \pm 1\}.\end{aligned}$$

□

Lösungsvorschlag für Aufgabe 1.44: Wir führen die Aussagen mithilfe der Betragsfunktion aus [MfA, Bemerkung 1.52] auf Aussagen über $\mathbb{N}$ und die Null zurück.

(i) Wenn $k \mid n$ im Sinne von [MfA, Beispiel 1.34] gilt (das heißt, es gibt ein $m \in \mathbb{N}$ mit $km = n$), dann gilt wegen $\mathbb{N} \subseteq \mathbb{Z}$ auch $k \mid n$ im Sinne von Aufgabe 1.44. Umgekehrt, wenn $n = km$ mit $m \in \mathbb{Z}$, dann kann m weder Null sein (weil sonst auch $n = 0$) noch negativ, weil sonst $-n = k(-m) > 0$ (siehe [MfA, Proposition 1.51 und Bemerkung 1.52]) und daher n negativ wäre. Also gilt $m \in \mathbb{N}$ und k teilt n im Sinne von [MfA, Beispiel 1.34].

(ii) Das folgt sofort aus $-1 \in \mathbb{Z} = -\mathbb{Z}$ und $k\mathbb{Z} = (-k)\mathbb{Z}$.

(iii) Das ist klar, weil $0 \in k\mathbb{Z}$ für jedes $k \in \mathbb{Z}$ gilt.

(vi) Mit (ii) folgt

$$\{k \in \mathbb{Z} \mid k \text{ teilt } a \text{ und } b\} = \{k \in \mathbb{Z} \mid |k| \text{ teilt } |a| \text{ und } |b|\}$$

und

$$\max\{k \in \mathbb{Z} \mid |k| \text{ teilt } a \text{ und } b\} = \mathrm{ggT}(|a|, |b|)$$

ist eine Konsequenz von [MfA, Satz 1.57] (Existenz des ggT) und der Formel [MfA, (1.8)] von Bézout.

(v) Da nach (iii) $k \mid 0$ keine Bedingung an k stellt, folgt das sofort aus der Definition der Teilbarkeit in $\mathbb{Z}$.

(vi) Wegen $\{ax + by \in \mathbb{N} \mid x, y \in \mathbb{Z}\} = \{|a|x + |b|y \in \mathbb{N} \mid x, y \in \mathbb{Z}\}$ folgen die Formeln für $a, b \in \mathbb{Z} \setminus \{0\}$ aus (iv). Die Formeln für $a \in \mathbb{Z} \setminus \{0\}, b = 0$ und $a = 0, b \in \mathbb{Z} \setminus \{0\}$ folgen aus (v) weil für jedes $n \in \mathbb{Z}$ gilt, dass $|n|$ der maximale Teiler von n ist. Die Formeln für $a = 0 = b$ sind korrekt, weil $\{k \in \mathbb{Z} \mid k \text{ teilt } 0\} = \mathbb{Z}$ und $\{0 \cdot x + 0 \cdot y \in \mathbb{N} \mid x, y \in \mathbb{Z}\} = \emptyset$ gilt. □

Lösungsvorschlag für Aufgabe 1.45:

(i) Nach dem Fundamentalsatz der Zahlentheorie [MfA, Satz 1.65] kann jedes $1 < n \in \mathbb{N}$ in (bis auf Reihenfolge) eindeutiger Weise als $p_1 \cdots p_k$ mit $p_1, \ldots, p_k \in \mathbb{P}$ geschrieben werden. Da die Änderung der Reihenfolge in dieser Darstellung die rechte Seite von (1.9) nicht ändert, ist φ durch die obigen Setzungen vollständig und eindeutig definiert.

(ii) Wenn $n = p_1 \cdots p_k$ und $m = q_1 \cdots q_j$ mit $p_1, \ldots, p_k, q_1, \ldots, q_j \in \mathbb{P}$, dann gilt $nm = p_1 \cdots p_k \cdot q_1 \cdots q_j$ und

$$\begin{aligned}\varphi(nm) &= \varphi(p_1 \cdots p_k \cdot q_1 \cdots q_j) = \varphi_{\mathbb{P}}(p_1) \cdots \varphi_{\mathbb{P}}(p_k) \cdot \varphi_{\mathbb{P}}(q_1) \cdots \varphi_{\mathbb{P}}(q_j)\\ &= \varphi(n) \cdot \varphi(m).\end{aligned}$$

(iii) Sei φ multiplikationserhaltend und $\varphi_{\mathbb{P}}$ die Einschränkung von φ auf $\mathbb{P}$. Es gilt

$$\varphi(1) = \varphi(1 \cdot 1) = \varphi(1) \cdot \varphi(1),$$

was nach [MfA, Proposition 1.33] wegen $(-1) \cdot (-1) = 1$ nur für $\varphi(1) = 1$ möglich ist. Nach Voraussetzung ist

$$\varphi(p_1 \cdots p_k) = \varphi(p_1) \cdots \varphi(p_k) = \varphi_{\mathbb{P}}(p_1) \cdots \varphi_{\mathbb{P}}(p_k),$$

also ist φ von der angegebenen Form. □

Lösungsvorschlag für Aufgabe 1.46: Wir wenden für $r = 1$ und $s = 5$ die binomische Formel $(r+s)^{n-1} = \sum_{k=0}^{n-1} \binom{n-1}{k} r^k s^{n-1-k}$ an und erhalten

$$6^{n-1} = (1+5)^{n-1} = \sum_{k=0}^{n-1} \binom{n-1}{k} 5^{n-1-k} = \sum_{k=1}^{n} \binom{n-1}{k-1} 5^{n-k} = 6^n \, \mathbf{E}_n.$$

□

Lösungsvorschlag für Aufgabe 1.47: Für $n = 1$ folgt das aus $\frac{1}{1^2} = 1 = 2 - 1 = 2 - \frac{1}{1}$. Wegen

$$\frac{1}{n} - \frac{1}{(n+1)^2} = \frac{(n+1)^2 - n}{n(n+1)^2} = \frac{n+1+\frac{1}{n}}{n+1} \frac{1}{n+1} > \frac{1}{n+1}$$

können wir mit Induktion wie folgt rechnen:

$$\sum_{k=1}^{n+1} \frac{1}{k^2} = \frac{1}{(n+1)^2} + \sum_{k=1}^{n} \frac{1}{k^2} \leq 2 - \left(\frac{1}{n} - \frac{1}{(n+1)^2}\right) < 2 - \frac{1}{n+1}.$$

□

Lösungsvorschlag für Aufgabe 1.48:

$$\begin{aligned}(1-r)\sum_{j=0}^{n} r^j &= \sum_{j=0}^{n} r^j - r\sum_{j=0}^{n} r^j = \sum_{j=0}^{n} r^j - \sum_{j=0}^{n} r^{j+1} = 1 + \sum_{j=1}^{n} r^j - \sum_{j=1}^{n+1} r^j \\ &= 1 - r^{n+1}.\end{aligned}$$

□

Lösungsvorschlag für Aufgabe 1.49: Das Problem ist die Wohldefiniertheit. Es gilt $\frac{1}{2} = \frac{2}{4}$. Wenn die Setzung eine wohldefinierte Abbildung wäre, müsste

$$\frac{2}{5} = \frac{1+1}{2+3} = \frac{2+1}{4+3} = \frac{3}{7}$$

gelten, also $3 \cdot 5 = 2 \cdot 7$, was aber nicht der Fall ist. □

Lösungsvorschlag für Aufgabe 1.50:

(i) Nach Aufgabe 1.48 gilt

$$\begin{aligned}\sum_{j=n}^{m} a_j 10^j &\leq 9 \sum_{j=n}^{m} 10^j = 9 \cdot 10^n \sum_{j=n}^{m} 10^{j-n} = 9 \cdot 10^n \sum_{k=0}^{m-n} 10^k \\ &= 9 \cdot 10^n \frac{1 - 10^{m-n+1}}{1-10} = 10^{m+1} - 10^n < 10^{m+1}.\end{aligned}$$

(ii) Angenommen, es gilt

$$r = \sum_{j=n}^{m} a_j 10^j = \sum_{j=n'}^{m'} a'_j 10^j$$

mit $a_n, a_m, a'_{n'}, a'_{m'}$ alle von 0 verschieden.
Als Erstes zeigen wir, dass $m = m'$. Wenn das nicht so ist, dann können wir durch Umbenennung erreichen, dass $m > m'$. Dann gilt nach (i)

$$\sum_{j=n'}^{m'} a'_j 10^j < 10^{m'+1} \leq 10^m \leq \sum_{j=n}^{m} a_j 10^j,$$

was im Widerspruch zur Annahme steht. Also haben wir $m = m'$ gezeigt.
Als Nächstes zeigen wir $a_m = a'_m$. Wieder können wir andernfalls annehmen, dass $a_m > a'_m$. Aber dann gilt

$$\sum_{j=n'}^{m} a'_j 10^j = a'_m 10^m + \sum_{j=n'}^{m-1} a'_j 10^j < a'_m 10^m + 10^m = (a'_m + 1) 10^m \leq a_m 10^m \leq r,$$

was wieder im Widerspruch zur Annahme steht. Also haben wir $a_m = a'_m$ gezeigt.
Jetzt betrachten wir

$$r - a_m 10^m = \sum_{j=n}^{m-1} a_j 10^j = \sum_{j=n'}^{m-1} a'_j 10^j$$

und wiederholen damit das letzte Argument um $a_{m-1} = a'_{m-1}$ zu zeigen. Sukzessive erhalten wir durch Iteration des Arguments auch die Gleichheit der anderen Dezimalstellen.

(iii) $\frac{1}{2} = \frac{5}{10} = 5 \cdot 10^{-1}$, also gilt $\frac{1}{2} = 0{,}5$.

(iv) Angenommen, es gilt $\frac{1}{3} = \sum_{j=n}^{m} a_j 10^j$ mit $n \leq m$ in $\mathbb{Z}$. Wir multiplizieren die Gleichung mit $3 \cdot 10^{|n|}$ und erhalten

$$10^{|n|} = 3 \cdot \sum_{j=n}^{m} a_j 10^{j+|n|} = 3 \cdot \sum_{i=0}^{m-n} a_{i-n} 10^{i-n+|n|} \in \mathbb{N}.$$

Die Primzahlzerlegung von $10^{|n|}$ ist $2^{|n|} \cdot 5^{|n|}$. Da auf der rechten Seite eine 3 in der Primzahlzerlegung vorkommt, ist das ein Widerspruch zum Fundamentalsatz der Zahlentheorie [MfA, Satz 1.65]. □

Lösungsvorschlag für Aufgabe 1.51:

(i) Das lässt sich mit Induktion beweisen. Für $k = 1 = 10^0$ ist die Behauptung klar. Wenn $k = \sum_{j=0}^{m} a_j 10^j$ gilt, dann müssen wir unterscheiden, ob a_0 kleiner 9 ist oder gleich 9. Für $a_0 < 9$ ist $a_0 + 1 \in \{0, \ldots, 9\}$ und

$$k + 1 = (a_0 + 1)10^0 + \sum_{j=1}^{m} a_j 10^j$$

eine endliche Dezimalentwicklung. Für $a_0 = 9$ gilt $a_1 10 + (a_0 + 1) = (a_1 + 1)10$ und wir haben wieder zwei (Unter-)Fälle, nämlich $a_1 < 9$ und $a_1 = 9$. Im ersten Fall ist

$$k + 1 = (a_1 + 1)10^1 + \sum_{j=2}^{m} a_j 10^j$$

eine endliche Dezimalentwicklung. Für $a_1 = 9$ stellt man fest, dass

$$a_2 10^2 + a_1 10 + a_0 + 1 = a_2 10^2 + (a_1 + 1)10 = (a_2 + 1)10^2$$

und wiederholt das Argument. Wenn eines der a_j kleiner als 9 ist, dann findet man so eine endliche Dezimalentwicklung für $k + 1$. Wenn alle a_j gleich 9 sind, dann gilt $k + 1 = 10^{m+1}$ und das ist auch eine endliche Dezimalentwicklung.

(ii) Sei $k = p_1 \cdots p_\ell$ die (nach dem Fundamentalsatz der Zahlentheorie [MfA, Satz 1.65] bis auf Reihenfolge eindeutige) Primzahlzerlegung von k. Angenommen, es gilt $\frac{1}{k} = \sum_{j=n}^{m} a_j 10^j$ mit $n \leq m$ in $\mathbb{Z}$. Wir multiplizieren die Gleichung mit $k \cdot 10^{|n|}$ und erhalten

$$10^{|n|} = k \cdot \sum_{j=n}^{m} a_j 10^{j+|n|} = k \cdot \sum_{i=0}^{m-n} a_{i-n} 10^{i-n+|n|} \in \mathbb{N}.$$

Die Primzahlzerlegung von $10^{|n|}$ ist $2^{|n|} \cdot 5^{|n|}$. Da auf der rechten Seite die Zahlen $p_1, \ldots, p_\ell$ in der Primzahlzerlegung vorkommen, sind diese Zahlen nach dem Fundamentalsatz der Zahlentheorie alle gleich 2 oder 5.
Umgekehrt, sei $k = 2^{\ell_2} 5^{\ell_5}$. Wenn $\ell_5 \geq \ell_2$, dann gilt

$$\frac{1}{k} = 2^{\ell_5 - \ell_2} 2^{-\ell_5} 5^{-\ell_5} = 2^{\ell_5 - \ell_2} 10^{-\ell_5}.$$

Nach (i) hat $2^{\ell_5 - \ell_2} \in \mathbb{N}$ eine endliche Dezimalentwicklung $\sum_{j=0}^{m} a_j 10^j$, und

$$\frac{1}{k} = \sum_{j=0}^{m} a_j 10^{j - \ell_5}$$

ist eine endliche Dezimalentwicklung. Für $\ell_2 \geq \ell_5$ geht man analog vor, vertauscht aber die Rollen von 2 und 5 im Argument. Es gilt

$$\frac{1}{k} = 5^{\ell_2 - \ell_5} 2^{-\ell_2} 5^{-\ell_2} = 5^{\ell_2 - \ell_5} 10^{-\ell_2}.$$

Nach (i) hat $5^{\ell_2 - \ell_5} \in \mathbb{N}$ eine endliche Dezimalentwicklung $\sum_{j=0}^{m} b_j 10^j$, und

$$\frac{1}{k} = \sum_{j=0}^{m} b_j 10^{j - \ell_2}$$

ist eine endliche Dezimalentwicklung. □

Lösungsvorschlag für Aufgabe 1.52:

(i) Man zeige, dass $\sum_{j=n}^{m} a_j 2^j < 2^{m+1}$.

Dazu: Nach Aufgabe 1.48 gilt

$$\begin{aligned}\sum_{j=n}^{m} a_j 2^j &\leq \sum_{j=n}^{m} 2^j = 2^n \sum_{j=n}^{m} 2^{j-n} = 2^n \sum_{k=0}^{m-n} 2^k = 2^n \frac{1 - 2^{m-n+1}}{1-2} \\ &= 2^{m+1} - 2^n < 2^{m+1}.\end{aligned}$$

(ii) Man kann annehmen, dass $a_n \neq 0 \neq a_m$. Man zeige, dass dann n und m sowie die Binärstellen eindeutig bestimmt sind.

Dazu: Angenommen, es gilt

$$r = \sum_{j=n}^{m} a_j 2^j = \sum_{j=n'}^{m'} a'_j 2^j$$

mit $a_n, a_m, a'_{n'}, a'_{m'}$ alle von 0 verschieden.
Als Erstes zeigen wir, dass $m = m'$. Wenn das nicht so ist, dann können wir durch Umbenennung erreichen, dass $m > m'$. Dann gilt nach (i)

$$\sum_{j=n'}^{m'} a'_j 2^j < 2^{m'+1} \leq 2^m \leq \sum_{j=n}^{m} a_j 2^j,$$

was im Widerspruch zur Annahme steht. Also haben wir $m = m'$ gezeigt.
Als Nächstes zeigen wir $a_m = a'_m$. Wieder können wir andernfalls annehmen, dass $a_m > a'_m$. Aber dann gilt

$$\sum_{j=n'}^{m} a'_j 2^j = a'_m 2^m + \sum_{j=n'}^{m-1} a'_j 2^j < a'_m 2^m + 2^m = (a'_m + 1)2^m \leq a_m 2^m \leq r,$$

was wieder im Widerspruch zur Annahme steht. Also haben wir $a_m = a'_m$ gezeigt.
Jetzt betrachten wir

$$r - a_m 2^m = \sum_{j=n}^{m-1} a_j 2^j = \sum_{j=n'}^{m-1} a'_j 2^j$$

und wiederholen damit das letzte Argument um $a_{m-1} = a'_{m-1}$ zu zeigen. Sukzessive erhalten wir durch Iteration des Arguments auch die Gleichheit der anderen Dezimalstellen.

(iii) Finde die Binärentwicklung von $\frac{1}{2}$.

Dazu: $\frac{1}{2} = 1 \cdot 2^{-1}$, also gilt $\frac{1}{2} = 0{,}1$.

(vi) Man zeige, dass $\frac{1}{3}$ keine endliche Binärentwicklung hat.

Dazu: Angenommen, es gilt $\frac{1}{3} = \sum_{j=n}^{m} a_j 2^j$ mit $n \leq m$ in $\mathbb{Z}$. Wir multiplizieren die Gleichung mit $3 \cdot 2^{|n|}$ und erhalten

$$2^{|n|} = 3 \cdot \sum_{j=n}^{m} a_j 2^{j+|n|} = 3 \cdot \sum_{i=0}^{m-n} a_{i-n} 2^{i-n+|n|} \in \mathbb{N}.$$

Die Primzahlzerlegung von $2^{|n|}$ ist $2^{|n|}$ selbst. Da auf der rechten Seite eine 3 in der Primzahlzerlegung vorkommt, ist das ein Widerspruch zum Fundamentalsatz der Zahlentheorie.

(v) Jedes $k \in \mathbb{N}$ hat eine endliche Binärentwicklung $\sum_{j=0}^{m} a_j 2^j$.

Das lässt sich mit Induktion beweisen: Für $k = 1 = 2^0$ ist die Behauptung klar. Wenn $k = \sum_{j=0}^{m} a_j 2^j$ gilt, dann müssen wir unterscheiden, ob a_0 kleiner 1 ist oder gleich 1. Für $a_0 < 1$ ist $a_0 + 1 \in \{0, 1\}$ und

$$k + 1 = (a_0 + 1)2^0 + \sum_{j=1}^{m} a_j 2^j$$

eine endliche Binärentwicklung. Für $a_0 = 1$ gilt $a_1 \cdot 2 + (a_0 + 1) = (a_1 + 1) \cdot 2$ und wir haben wieder zwei (Unter-)Fälle, nämlich $a_1 < 1$ und $a_1 = 1$. Im ersten Fall ist

$$k + 1 = (a_1 + 1)2^1 + \sum_{j=2}^{m} a_j 2^j$$

eine endliche Binärentwicklung. Für $a_1 = 1$ stellt man fest, dass

$$a_2 2^2 + a_1 2 + a_0 + 1 = a_2 2^2 + (a_1 + 1)2 = (a_2 + 1)2^2$$

und wiederholt das Argument. Wenn eines der a_j kleiner als 1 ist, dann findet man so eine endliche Dezimalentwicklung für $k + 1$. Wenn alle a_j gleich 1 sind, dann gilt $k + 1 = 2^{m+1}$ und das ist auch eine endliche Binärentwicklung.

(vi) Ein Stammbruch $\frac{1}{k}$ mit $k \in \mathbb{N}$ hat genau dann eine endliche Binärentwicklung hat, wenn 2 der einzige *Primteiler* von k ist, das heißt k eine Potenz von 2 ist.

Sei $k = p_1 \cdots p_\ell$ die (nach dem Fundamentalsatz der Zahlentheorie bis auf Reihenfolge eindeutige) Primzahlzerlegung von k. Angenommen, es gilt $\frac{1}{k} = \sum_{j=n}^{m} a_j 2^j$ mit $n \leq m$ in $\mathbb{Z}$. Wir multiplizieren die Gleichung mit $k \cdot 2^{|n|}$ und erhalten

$$2^{|n|} = k \cdot \sum_{j=n}^{m} a_j 2^{j+|n|} = k \cdot \sum_{i=0}^{m-n} a_{i-n} 2^{i-n+|n|} \in \mathbb{N}.$$

Die Primzahlzerlegung von $2^{|n|}$ ist $2^{|n|}$ selbst. Da auf der rechten Seite die Zahlen $p_1, \ldots, p_\ell$ in der Primzahlzerlegung vorkommen, sind diese Zahlen nach dem Fundamentalsatz der Zahlentheorie alle gleich 2.
Umgekehrt, sei $k = 2^\ell$. Dann ist $\frac{1}{k} = 2^{-\ell}$ schon eine endliche Binärentwicklung. □

Lösungsvorschlag für Aufgabe 1.53: Sei $x = \frac{a}{b}$ eine rationale Zahl mit $x^2 = p$. Wegen $x^2 = (-x)^2$ können wir annehmen, dass $x \in \mathbb{Q}^+$ und $a, b \in \mathbb{N}$. Es gilt dann $a^2 = pb^2$. Seien jetzt $a = p_1^{k_1} \cdots p_m^{k_m}$ und $b = q_1^{\ell_1} \cdots q_n^{\ell_n}$ die durch den Fundamentalsatz der Zahlentheorie garantierten Primzahlzerlegungen von a und b. Es ergibt sich

$$p_1^{2k_1} \cdots p_m^{2k_m} = pq_1^{2\ell_1} \cdots q_n^{2\ell_n},$$

also gibt es links eine gerade Anzahl von p's, rechts dagegen eine ungerade Anzahl von p's. Dieser Widerspruch zur Eindeutigkeitsaussage in Satz beweist die Behauptung. □

Lösungsvorschlag für Aufgabe 1.54: Wir zeigen, dass $\mathbb{Q}_{>0}$ abzählbar ist. Daraus leitet man dann schnell ab, dass auch $\mathbb{Q}$ abzählbar ist (zum Beispiel, weil $\mathbb{Z}$ abzählbar ist). Wir schreiben alle Brüche mit positiven Zählern und Nennern in ein unendliches quadratisches Schema (Matrix), in dem die Nenner die Zeile und die Zähler die Spalte bestimmen:

$$\begin{array}{cccccc}
\frac{1}{1} & \frac{2}{1} & \frac{3}{1} & \frac{4}{1} & \frac{5}{1} & \cdots \\
\frac{1}{2} & \frac{2}{2} & \frac{3}{2} & \frac{4}{2} & \frac{5}{2} & \cdots \\
\frac{1}{3} & \frac{2}{3} & \frac{3}{3} & \frac{4}{3} & \frac{5}{3} & \cdots \\
\frac{1}{4} & \frac{2}{4} & \frac{3}{4} & \frac{4}{4} & \frac{5}{4} & \cdots \\
\frac{1}{5} & \frac{2}{5} & \frac{3}{5} & \frac{4}{5} & \frac{5}{5} & \cdots \\
\vdots & \vdots & \vdots & \vdots & \vdots & \ddots
\end{array}$$

Jetzt listen wir links oben beginnend nacheinander die Diagonalen von links unten nach rechts oben auf, wobei wir die Brüche, die nicht durchgekürzt sind, weglassen:

$$\frac{1}{1}; \frac{1}{2}, \frac{2}{1}; \frac{1}{3}, \frac{3}{1}; \frac{1}{4}, \frac{2}{3}, \frac{3}{2}, \frac{4}{1}; \frac{1}{5}, \frac{5}{1}; \frac{1}{6}, \frac{2}{5}, \frac{3}{4}, \frac{4}{3}, \frac{5}{2}, \frac{6}{1}; \ldots$$

Die gesuchte Bijektion ist dadurch gegeben, dass wir die Einträge dieser Liste durchnummerieren. □

Lösungsvorschlag für Aufgabe 1.55: Wir schreiben $A = \{a_1, a_2, \ldots\}$ und $M_{a_n} = \{m_{n,1}, m_{n,2}, \ldots\}$. Dann ordnen wir die $m_{n,j}$ in einer unendlichen Matrix an:

$$\begin{array}{ccccc}
m_{1,1} & m_{1,2} & m_{1,3} & m_{1,4} & \cdots \\
m_{2,1} & m_{2,2} & m_{2,3} & m_{2,4} & \cdots \\
m_{3,1} & m_{3,2} & m_{3,3} & m_{4,4} & \cdots \\
m_{4,1} & m_{4,2} & m_{4,3} & m_{4,4} & \cdots \\
\vdots & \vdots & \vdots & \vdots & \ddots
\end{array}$$

Jetzt können wir so vorgehen wie beim Abzählen der rationalen Zahlen in Aufgabe 1.54 und von listen links oben beginnend nacheinander die Diagonalen von links unten nach rechts oben auf:

$$m_{1,1}; m_{2,1}, m_{1,2}; m_{3,1}, m_{2,2}, m_{1,3}; m_{4,1}, m_{3,2}, m_{2,3}, m_{1,4}; m_{4,1}, \ldots$$

Dann streichen wir, links anfangend, diejenigen $m_{i,j}$ weg, in der Liste schon vorgekommen sind. Die gesuchte Bijektion ist dadurch gegeben, dass wir die Einträge der verbleibenden Liste durchnummerieren. □

Lösungsvorschlag für Aufgabe 1.56: Kommutativität und Assoziativität der beiden Verknüpfungen folgen sofort aus den entsprechenden Eigenschaften für Z. Wir zeigen exemplarisch die Assoziativität der Addition: Für $f_1, f_2, f_3 \in Z^M$ und $m \in M$ rechnen wir

$$\begin{aligned}((f_1 + f_2) + f_3)(m) &= (f_1 + f_2)(m) + f_3(m) = (f_1(m) + f_2(m)) + f_3(m)\\ &= f_1(m) + (f_2(m) + f_3(m)) = f_1(m) + (f_2 + f_3)(m)\\ &= (f_1 + (f_2 + f_3))(m).\end{aligned}$$

Da $m \in M$ beliebig gewählt war, folgt $(f_1 + f_2) + f_3 = f_1 + (f_2 + f_3)$.

Wenn $e \in Z$ die Eins in Z ist, dann ist die konstante Funktion $1_e : M \to Z,\ m \mapsto e$ die Eins von Z^M. Außerdem ist die konstante Funktion $1_0 : M \to Z,\ m \mapsto 0$ die Null von Z^M. □

Lösungsvorschlag für Aufgabe 1.57: Die Umformulierung der Proposition lautet: Sei $(Z, *)$ eine abelsche Gruppe. Dann gibt es zu $a, b \in Z$ genau ein $x \in Z$ mit $a * x = b$.

Beweis Die Existenz einer Lösung ist durch das Lösbarkeitsaxiom aus [MfA, Beispiel 1.42] (die Gleichung $a * x = b$ hat eine Lösung in der Gruppe) garantiert. Seien x_1 und x_2 zwei Lösungen, das heißt $a * x_1 = b = a * x_2$. Wieder mit dem Lösbarkeitsaxiom findet man ein $z \in Z$ mit $z * a = a * z = e$, wobei e das neutrale Element in Z ist (nach [MfA, Proposition 1.43] ist e eindeutig bestimmt). Jetzt rechnet man

$$\begin{aligned}x_1 = e * x_1 \;&=\; (z * a) * x_1 \;=\; z * (a * x_1)\\ = z * (a * x_2) \;&=\; (z * a) * x_2 \;=\; e * x_2 \;=\; x_2.\end{aligned}$$

□

Lösungsvorschlag für Aufgabe 1.58: Man überträgt einfach den Beweis von [MfA, Proposition 1.47] (Rechenregeln für die Subtraktion in $\mathbb{Z}$) von additiver in multiplikative Notation.

(i) Dies folgt unmittelbar aus der Definition des Quotienten.
(ii) Mit (i) und [MfA, Proposition 1.45] (eindeutige Lösbarkeit von $a * x = b$ in abelschen Gruppen) folgt aus $a * e = a$ die Gleichung $a * a^{-1} = e$.
(iii) Setze $b = e$ in (i).

(iv) Wegen (iii) gilt $(a * (a^{-1})) * b = e * b = b$, also wegen Kommutativität und Assoziativität $a * (b * (a^{-1})) = b$ und damit $b * (a^{-1}) = b * a^{-1}$.
(v) $e = b * (b^{-1}) = (b^{-1}) * b$ impliziert $b = e * (b^{-1})^{-1} = (b^{-1})^{-1}$, wobei die letzte Gleichheit gerade die Definition von x^{-1} ist.
(vi) Mit (iv) und (iii) rechnen wir

$$(b * a) * a^{-1} = (b * a) * (a^{-1}) = b * \big(a * (a^{-1})\big) = b * e = b,$$

was die Behauptung beweist. □

Lösungsvorschlag für Aufgabe 1.59:

(i) Sei $e \in Z$ die Eins. Die Lösung von Aufgabe 1.56 zeigt, dass die konstante Funktion 1_e mit Wert e die Eins von Z^M ist. Jede Abbildung auf M mit Werten in der Einheitengruppe $Z^\times$ von Z ist eine Einheit in Z^M, denn aus $f(m) \cdot f(m)' = e$ folgt für $f' : M \to Z,\ m \mapsto f(m)'$, dass $f \cdot f' = 1_e$. Umgekehrt, wenn $f \cdot h = 1_e$ für $h \in Z^M$, dann gilt für jedes $m \in M$, dass $f(m)h(m) = e$, also $f(m) \in Z^\times$.
(ii) Sei $M = M_1 \cup M_2$ mit $M_1 \neq \emptyset \neq M_2$ und $M_1 \cap M_2 = \emptyset$. Weiter sei für $i = 1, 2$

$$\chi_i(x) := \begin{cases} 1 & \text{für } x \in M_i \\ 0 & \text{für } x \notin M_i \end{cases}$$

die *Indikatorfunktion* von M_i. Dann gilt $\chi_1 \neq 0 \neq \chi_2$ aber $\chi_1\chi_2 = 0$. □

Lösungsvorschlag für Aufgabe 1.60: Wir nehmen an, dass die Bedingung (1.10) gilt. Zu zeigen ist, dass $(Z_{\neq 0}, \cdot)$ eine abelsche Gruppe ist. Für $a, b \in Z_{\neq 0}$ finden wir dann ein $a' \in Z$ mit $aa' = 1$ und es gilt

$$0 \neq b = aa'b = a'(ab).$$

Wegen [MfA, Proposition 1.51] muss dann $ab \neq 0$ gelten. Die Lösbarkeit der Gleichung $ax = b$ in $Z_{\neq 0}$ folgt ebenfalls sofort (setze $x = a'b$).

Sei umgekehrt $(Z, +, \cdot)$ ein Körper und $0 \neq a \in Z$. Dann gilt $1 \neq 0$ und die Gleichung $ax = 1$ hat eine Lösung $a' \in Z$. Also ist (1.10) erfüllt. □

Lösungsvorschlag für Aufgabe 1.61: Nach [MfA, Definition 1.70] eines Körpers ist $(Z_{\neq 0}, \cdot)$ eine abelsche Gruppe. Nach der Eindeutigkeitsaussage in [MfA, Proposition 1.43] ist das Einselement dieser Gruppe die Eins 1 des kommutativen Rings mit Eins $(Z, +, \cdot)$, denn $1 \in Z_{\neq 0}$ und $1 \cdot a = a$ für jedes $a \in Z_{\neq 0}$. Sei jetzt $a \in Z_{\neq 0}$ und a^{-1} das multiplikative Inverse von a (siehe Aufgabe 1.58). Dann gilt $a \cdot a^{-1} = 1$, also ist a ein Element der Einheitengruppe $Z^\times$ von Z (siehe [MfA, Beispiel 1.55]). □

Lösungsvorschlag für Aufgabe 1.62: Wenn $y \neq 0$, dann folgt mit [MfA, Proposition 1.51(iii)], dass

$$x = x \cdot 1 = x(yy^{-1}) = (xy)y^{-1} = 0 \cdot y^{-1} = 0.$$

□

Lösungsvorschlag für Aufgabe 1.63:

(i) Für $-n \in \mathbb{N}$ ist das gerade die Definition. Für $n = 0$ steht auf beiden Seiten der Gleichung 1. Für $n \in \mathbb{N}$ rechnen wir unter Verwendung von der multiplikativ geschriebenen Version von [MfA, Proposition 1.47(v)], die in Aufgabe 1.58(v) explizit ausformuliert ist,

$$(r^{-1})^{-n} = ((r^{-1})^{-1})^n = r^n.$$

(ii) Für $n \in \mathbb{N}$ folgt das aus $r^n \cdot r^{-n} = r^n \cdot (r^{-1})^n = 1^n = 1$. Für $-n \in \mathbb{N}$ rechnet man $r^n \cdot r^{-n} = (r^{-1})^{-n} \cdot r^{-n} = 1^{-n} = 1$. Der Fall $n = 0$ ist klar.

(iii) Wenn n und m positiv oder 0 sind, ist das [MfA, Proposition 1.53(i)]. Wenn n und m negativ oder 0 sind, rechnen wir, wieder mit [MfA, Proposition 1.53(i)],

$$r^n \cdot r^m = (r^{-1})^{-n} \cdot (r^{-1})^{-m} = (r^{-1})^{-n-m} = r^{n+m}.$$

Bleibt der Fall, in dem eine der beiden Zahlen positiv ist und die andere negativ. Durch Umbenennung können wir annehmen, dass m positiv ist und n negativ. Für $n + m \geq 0$ gilt dann

$$r^{n+m} \cdot r^{-n} = r^{n+m-n} = r^m$$

und die Behauptung folgt aus (ii). Für $n + m < 0$ gilt

$$r^m \cdot r^{-(n+m)} = r^{m-n-m} = r^{-n}$$

und wieder folgt die Behauptung folgt aus (ii).

(iv) Wie in (iii) müssen wir die Fälle unterscheiden, in denen $n, m \geq 0$, bzw. $n, m \leq 0$ oder aber $n < 0 < m$. Im ersten Fall folgt die Behauptung direkt aus [MfA, Proposition 1.53(ii)] und im dritten Fall rechnen wir

$$(r^n)^m = ((r^{-1})^{-n})^m = (r^{-1})^{(-n)m} = (r^{-1})^{-nm} \overset{\text{(ii)}}{=} r^{nm}.$$

Im zweiten Fall rechnen wir

$$(r^n)^m \overset{\text{(i)}}{=} ((r^n)^{-1})^{-m} \overset{\text{(ii)}}{=} (r^{-n})^{-m} = r^{(-n)(-m)} = r^{nm}.$$

(v) Für $n \geq 0$ ist das [MfA, Proposition 1.53(iii)]. Für $n < 0$ rechnen wir

$$(rs)^n \stackrel{\text{(i)}}{=} ((rs)^{-1})^{-n} = (r^{-1}s^{-1})^{-n} = (r^{-1})^{-n}(s^{-1})^{-n} \stackrel{\text{(i)}}{=} r^n s^n.$$

□

Lösungsvorschlag für Aufgabe 1.64:

(i) Für $n, n' \in \mathbb{Z}$ rechnen wir mit [MfA, Satz 1.48] (Rechenregeln für die Multiplikation auf $\mathbb{Z}$)

$$kn + kn' = k(n + n') \in k\mathbb{Z},$$

das heißt, $k\mathbb{Z}$ ist abgeschlossen unter der Addition. Die Kommutativität und die Assoziativität folgen, weil sie für $(\mathbb{Z}, +)$ gelten. Bleibt die Lösbarkeit zu zeigen. Das bedeutet, man möchte zu $kn, kn' \in k\mathbb{Z}$ ein $\ell \in \mathbb{Z}$ finden, für das $kn + k\ell = kn'$ gilt. Seien also $kn, kn' \in k\mathbb{Z}$. Dann gibt es wegen der Lösbarkeit für $(\mathbb{Z}, +)$ ein $m \in \mathbb{Z}$ mit $kn + m = kn'$. Mit [MfA, Proposition 1.51] (Verträglichkeit von Multiplikation und Subtraktion in $\mathbb{Z}$), angewendet auf $(\mathbb{Z}, +)$, ergibt sich $m = kn' - kn = k(n' - n) \in \mathbb{Z}$, also die Lösbarkeit für $(k\mathbb{Z}, +)$.

(ii) Zu zeigen ist, dass für $[m]_k = [\ell]_k$ und $[m']_k = [\ell']_k$ mit $m, m', \ell, \ell' \in \mathbb{Z}$ gilt $[m + m']_k = [\ell + \ell']_k$. Aus

$$m + k\mathbb{Z} = [m]_k = [\ell]_k = \ell + k\mathbb{Z}$$

folgt wie in (i), dass $m - \ell \in k\mathbb{Z}$ (analog für m', ℓ'). Damit gilt

$$(m + m') - (\ell + \ell') = (m - \ell) + (m' - \ell') \in k\mathbb{Z},$$

also

$$[m + m']_k = (m + m') + k\mathbb{Z} = (\ell + \ell') + k\mathbb{Z} = [\ell + \ell']_k.$$

(iii) Kommutativität und Assoziativität folgen aus den entsprechenden Eigenschaften von $(\mathbb{Z}, +)$ durch die Rechnungen

$$[m]_k + [m']_k = [m + m']_k = [m' + m]_k = [m']_k + [m]_k$$

und

$$\begin{aligned}[m]_k + ([m']_k + [m'']_k) &= [m]_k + [m' + m'']_k = [m + (m' + m'')]_k \\ &= [(m + m') + m'']_k = [m + m']_k + [m'']_k \\ &= ([m]_k + [m']_k) + [m'']_k.\end{aligned}$$

Um die Lösbarkeit zu zeigen, wählen wir $[m]_k, [m']_k \in \mathbb{Z}/k\mathbb{Z}$ und, mit der Lösbarkeit in $\mathbb{Z}$, ein $x \in \mathbb{Z}$ mit $m + x = m'$. Dann gilt

$$[m]_k + [x]_k = [m + x]_k = [m']_k,$$

also auch die Lösbarkeit in $\mathbb{Z}/k\mathbb{Z}$. □

Lösungsvorschlag für Aufgabe 1.65:

(i) Seien $x, y \in \mathbb{Z}$ mit $[x]_{2n} = [y]_{2n}$. Nach Voraussetzung ist $[x - y]_{2n} = [0]_{2n}$. Dann gibt es $k \in \mathbb{Z}$ mit $x - y = 2kn$.
Damit gilt dann $2x - 2y = 2(x - y) = 2 \cdot 2kn = 4kn \in [4kn]_n = [0]_n$. Also ist $[2x]_n = [2y]_n$, woraus die Wohldefiniertheit folgt.

(ii) Es ist $\phi([0]_{2n}) = [0]_n = [n]_n = \phi([n]_{2n})$, aber $[0]_{2n} \neq [n]_{2n}$. Also kann ϕ nicht injektiv sein.

(iii) Sei n gerade. Wir zeigen, dass $[1]_n \in \mathbb{Z}/n\mathbb{Z}$ kein Urbild bezüglich ϕ hat. Für ein solches Urbild $[x]_{2n} \in \mathbb{Z}/2n\mathbb{Z}$ müsste gelten: $[2x]_n = [1]_n$. Es gäbe also $k \in \mathbb{Z}$ mit $nk = 2x - 1$. Dies kann nicht sein, da $2x - 1$ ungerade ist. $[1]_n$ hat also kein Urbild unter ϕ. Also ist ϕ auch nicht surjektiv.

(iv) Sei n ungerade, das heißt von der Form $n = 2k + 1$ mit $k \in \mathbb{Z}$. Sei $[y]_n \in \mathbb{Z}/n\mathbb{Z}$. Dann gilt

$$[1]_n = [n]_n - [2k]_n = [0]_n - [2k]_n,$$

aber das zeigt $[-2ky]_n = [y]_n$. Somit ist $\phi([-ky]_{2n}) = [y]_n$. Also hat jedes Element aus $\mathbb{Z}/n\mathbb{Z}$ ein Urbild unter ϕ. In diesem Fall ist ϕ surjektiv. □

Lösungsvorschlag für Aufgabe 1.66:

(i) Wegen $[a]_8 \in M_2$ gilt, dass $a \equiv 1 \mod 2$ gilt. Es gibt also $k \in \mathbb{Z}$ mit $a = 2k + 1$. Wenn $b \in [a]_8$, dann gibt es ein $l \in \mathbb{Z}$ mit $b = 8l + a$. Zusammen erhalten wir dann

$$b = 8l + a = 8l + 2k + 1 \equiv 0 + 0 + 1 \equiv 1 \mod 2.$$

(ii) $M_1 = \{[0]_4, [1]_4, [2]_4, [3]_4\}$, $M_2 = \{[1]_8, [3]_8, [5]_8, [7]_8\}$.

(iii) Wir wählen die Abbildung

$$f : M_1 \to M_2, \quad [a]_4 \mapsto [2a + 1]_8.$$

Wegen $[0]_4 \mapsto [1]_8, [1]_4 \mapsto [3]_8, [2]_4 \mapsto [5]_8, [3]_4 \mapsto [7]_8$ liefert diese Abbildungsvorschrift tatsächlich eine Abbildung mit Werten in M_2. Die Surjektivität, Injektivität und damit auch die Bijektivität sieht man direkt aus der Abbildungsvorschrift für f. □

Lösungsvorschlag für Aufgabe 1.67:

(i) Zu zeigen ist, dass für $[m]_k = [\ell]_k$ und $[m']_k = [\ell']_k$ mit $m, m', \ell, \ell' \in \mathbb{Z}$ gilt $[mm']_k = [\ell\ell']_k$. Aus

$$m + k\mathbb{Z} = [m]_k = [\ell]_k = \ell + k\mathbb{Z}$$

folgt, dass $m - \ell \in k\mathbb{Z}$ (analog für m', ℓ'). Damit gilt

$$mm' - \ell\ell' = mm' - \ell m' + \ell m' - \ell\ell' = (m - \ell)m' + \ell(m' - \ell') \in k\mathbb{Z},$$

also

$$[mm']_k = mm' + k\mathbb{Z} = \ell\ell' + k\mathbb{Z} = [\ell\ell']_k.$$

(ii) Dass $(\mathbb{Z}/k\mathbb{Z}, +)$ eine abelsche Gruppe ist, wurde schon in Aufgabe 1.64 gezeigt. Die Kommutativität und Assoziativität der Multiplikation folgen aus den entsprechenden Eigenschaften von $(\mathbb{Z}, \cdot)$ durch die Rechnungen

$$[m]_k \cdot [m']_k = [mm']_k = [m'm]_k = [m']_k \cdot [m]_k$$

und

$$\begin{aligned}[m]_k \cdot ([m']_k \cdot [m'']_k) &= [m]_k \cdot [m'm'']_k = [m(m'm'')]_k \\ &= [(mm')m'']_k = [mm']_k \cdot [m'']_k \\ &= ([m]_k \cdot [m']_k) \cdot [m'']_k.\end{aligned}$$

Analog leitet man die Distributivität aus der Distributivität von $(\mathbb{Z}, +, \cdot)$ ab:

$$\begin{aligned}[m]_k \cdot ([m']_k + [m'']_k) &= [m]_k \cdot [m' + m'']_k = [m(m' + m'')]_k \\ &= [mm' + mm'']_k = [mm']_k + [mm'']_k \\ &= [m]_k \cdot [m']_k + [m]_k \cdot [m'']_k.\end{aligned}$$

Abschließend rechnen wir noch nach, dass $[1]_k$ eine Eins für $(\mathbb{Z}/k\mathbb{Z}, +, \cdot)$ ist:

$$[1]_k \cdot [m]_k = [1 \cdot m]_k = [m]_k.$$

□

Lösungsvorschlag für Aufgabe 1.68: Wenn $[m]_k \cdot [x]_k = [1]_k$ gilt, dann gibt es ein $y \in \mathbb{Z}$ mit $mx = 1 + ky$, also muss m teilerfremd zu k sein. Umgekehrt, wenn m teilerfremd zu k ist, dann gibt es nach der Bézout-Formel [MfA, (1.8)] für den ggT $x, y \in \mathbb{Z}$ mit $mx + ky = 1$ und es ergibt sich

$$[m]_k \cdot [x]_k = [mx]_k = [1 - ky]_k = [1]_k.$$

□

Lösungsvorschlag für Aufgabe 1.69: Wegen $k\mathbb{Z} = |k|\mathbb{Z}$ und der Tatsache, dass $\mathbb{Z}/0\mathbb{Z} = \mathbb{Z}$ kein Körper ist, können wir annehmen, dass $k \in \mathbb{N}$. Da $\mathbb{Z}/1\mathbb{Z}$ nur ein Element hat und daher auch kein Körper ist, können wir außerdem annehmen, dass $k > 1$. Die Null in $\mathbb{Z}/k\mathbb{Z}$ ist durch $[0]_k = k\mathbb{Z}$ gegeben. Also ist $[m]_k$ genau dann von Null verschieden, wenn $m \notin k\mathbb{Z}$, das heißt wenn m nicht durch k teilbar ist.

Wir nehmen jetzt an, dass k eine Primzahl ist. Aus $[m]_k \neq 0 \neq [m']_k$ folgt dann mit [MfA, Proposition 1.64] (Charakterisierung von Primzahlen), dass mm' nicht durch k teilbar ist, also auch $[m]_k \cdot [m']_k$ nicht Null ist. Es bleibt zu zeigen, dass $\{[m]_k \mid m \notin k\mathbb{Z}\}$ bezüglich der Multiplikation eine abelsche Gruppe ist. Wir wissen schon, dass die Multiplikation kommutativ und assoziativ ist, es bleibt also nur die Lösbarkeit der Gleichung $[m]_k \cdot [x]_k = [m']_k$ in $\{[n]_k \mid n \notin k\mathbb{Z}\}$ für $m, m' \notin k\mathbb{Z}$ zu zeigen. Dabei können wir annehmen, dass $m' = 1$, weil aus $[m]_k \cdot [x]_k = [1]_k$ die Gleichung $[m]_k \cdot [xm']_k = [m']_k$ folgt. Da m und k teilerfremd sind, gibt es nach der Bézout-Formel [MfA, (1.8)] zwei ganze Zahlen $x, y \in \mathbb{Z}$ mit $xm + yk = 1$. Es folgt

$$[m]_k \cdot [x]_k = [mx]_k = [1 - ky]_k = [1]_k.$$

Mit $x \notin k\mathbb{Z}$ (weil sonst k ein Teiler von 1 wäre) folgt die Behauptung.

Umgekehrt, wenn k keine Primzahl ist, dann finden wir $1 < p, q \in \mathbb{N}$ mit $pq = k$. Dann teilt k weder p noch q, das heißt $[p]_k \neq 0 \neq [q]_k$, aber

$$[p]_k \cdot [q]_k = [pq]_k = [k]_k = [0]_k.$$

Damit hat $(\mathbb{Z}/k\mathbb{Z}, +, \cdot)$ Nullteiler, kann also nach Aufgabe 1.62 kein Körper sein. □

Lösungsvorschlag für Aufgabe 1.70:

(i) Die Symmetrie der Relation $\sim$ folgt aus

$$(a,b) \sim (c,d) \quad \Leftrightarrow \quad ad = cb \quad \Leftrightarrow \quad cb = ad \quad \Leftrightarrow \quad (c,d) \sim (a,b).$$

Die Transitivität ist eine Konsequenz von

$$\begin{aligned} \begin{matrix}(a,b) \sim (c,d)\\ (c,d) \sim (e,f)\end{matrix} \quad &\Rightarrow \quad \begin{matrix}ad = cb\\ cf = ed\end{matrix} \\ &\Rightarrow \quad afd = adf = cbf = cfb = edb = ebd \\ &\overset{Z \text{ nullteilerfrei}}{\Rightarrow} \quad af = eb \\ &\Rightarrow \quad (a,b) \sim (e,f), \end{aligned}$$

und die Reflexivität sieht man aus

$$(a,b) \sim (a,b) \quad \Leftrightarrow \quad ab = ab.$$

(ii) Wenn $[(a,1)] = [(b,1)]$, dann gilt $(a,1) \sim (b,1)$, also $a = a \cdot 1 = b \cdot 1 = b$. Das zeigt die Injektivität von $j_Z\colon Z \to Q$.

(iii) Für $\frac{a}{b} = \frac{a'}{b'}$ und $\frac{c}{d} = \frac{c'}{d'}$ gilt $ab' = a'b$ und $cd' = c'd$. Damit rechnen wir

$$(ad - bc)b'd' = ab'd'd + cd'b'b = (a'd' + b'c')bd$$

und das zeigt

$$\frac{ad + bc}{bd} = \frac{a'd' + b'c'}{b'd'}$$

und damit die Wohldefiniertheit der Addition.

(iv) Die Wohldefiniertheit ergibt sich aus der Rechnung

$$acb'd' = a'cbd' = a'c'bd$$

für $\frac{a}{b} = \frac{a'}{b'}$ und $\frac{c}{d} = \frac{c'}{d'}$.

(v) Die beiden Identitäten folgen aus den Rechnungen

$$jz(a + b) = \frac{a + b}{1} = \frac{a}{1} +_Q \frac{b}{1} = jz(a) +_Q jz(b)$$

und

$$jz(a \cdot b) = \frac{a \cdot b}{1} = \frac{a}{1} \cdot_Q \frac{b}{1} = jz(a) \cdot_Q jz(b)$$

(vi) Die Kommutativität der Addition folgt aus der Rechnung

$$\frac{a}{b} + \frac{c}{d} = \frac{ad + bc}{bd} = \frac{cb + da}{db} = \frac{c}{d} + \frac{a}{b},$$

wobei wir die Kommutativität von Addition und Multiplikation in Z benutzt haben. Ganz ähnlich folgt die Kommutativität der Multiplikation aus der Rechnung

$$\frac{a}{b} \cdot \frac{c}{d} = \frac{ac}{bd} = \frac{ca}{db} = \frac{c}{d} \cdot \frac{a}{b}.$$

Die Nachweise der Assoziativität von Addition und Multiplikation verlaufen nach dem selben Muster, auch wenn die Rechnungen etwas länger sind:

$$\begin{aligned}\left(\frac{a}{b} + \frac{c}{d}\right) + \frac{e}{f} &= \frac{ad + bc}{bd} + \frac{e}{f} = \frac{(ad + bc)f + ebd}{bdf} \\ &= \frac{adf + bcf + ebd}{bdf} = \frac{adf + bcf + bde}{bdf} \\ &= \frac{a(df) + b(cf + de)}{bdf} = \frac{a}{b} + \frac{cf + de}{df} \\ &= \frac{a}{b} + \left(\frac{c}{d} + \frac{e}{f}\right).\end{aligned}$$

$$\left(\frac{a}{b}\cdot\frac{c}{d}\right)\cdot\frac{e}{f}=\frac{ac}{bd}\cdot\frac{e}{f}=\frac{ace}{bdf}=\frac{a}{b}\cdot\frac{ce}{df}=\frac{a}{b}\cdot\left(\frac{c}{d}\cdot\frac{e}{f}\right).$$

Die Lösbarkeit der Gleichung $\frac{a}{b}+x=\frac{c}{d}$ folgt mit $x=\frac{c}{d}+\frac{-a}{b}=\frac{cb-da}{db}$, wie die Rechnung

$$\frac{a}{b}+x=\frac{a}{b}+\frac{cb-da}{db}=\frac{adb+b(cb-da)}{bdb}=\frac{adb+bcb-bda)}{bdb}=\frac{bcb}{bdb}=\frac{c}{d}$$

zeigt. Die Lösbarkeit der Gleichung $\frac{a}{b}\cdot x=\frac{c}{d}$ für $a\neq 0$ folgt mit $x=\frac{cb}{da}$ aus der Rechnung

$$\frac{a}{b}\cdot x=\frac{a}{b}\cdot\frac{cb}{da}=\frac{acb}{bda}=\frac{c}{d}.$$

Dass 0 und 1 die neutralen Elemente der abelschen Gruppen $(Q,+)$ bzw. $(Q\setminus\{0\},\cdot)$ sind, zeigen die Rechnungen

$$\frac{0}{1}+\frac{a}{b}=\frac{0\cdot b+1\cdot a}{1\cdot b}=\frac{a}{b}\quad\text{und}\quad\frac{1}{1}\cdot\frac{a}{b}=\frac{1\cdot a}{1\cdot b}=\frac{a}{b}.$$

Jetzt bleibt nur noch die Distributivität von Addition und Multiplikation zu zeigen. Diese folgt aus der Rechnung

$$\begin{aligned}\left(\frac{a}{b}+\frac{c}{d}\right)\cdot\frac{e}{f}&=\frac{ad+bc}{bd}\cdot\frac{e}{f}=\frac{ade+bce}{bdf}=\frac{aedf+bfce}{bfdf}\\&=\frac{ae}{bf}+\frac{ce}{df}=\frac{a}{b}\cdot\frac{e}{f}+\frac{c}{d}\cdot\frac{e}{f}\end{aligned}$$

□

1.5.4 Reelle und komplexe Zahlen

In diesem relativ kurzen Abschnitt finden sich ausschließlich Aufgaben, in denen es konkret um Eigenschaften der reellen und komplexen Zahlen geht.

Lösungsvorschlag für Aufgabe 1.71: Wegen $|a_n-a_m|=|n-m|$ ist die Bedingung für $\varepsilon=\frac{1}{2}$ für jedes $K\in\mathbb{N}$ und $n\neq m$ verletzt. □

Lösungsvorschlag für Aufgabe 1.72: Für $r=0$ ist die Behauptung offensichtlich. Sei jetzt $r\neq 0$. Mit [MfA, Beispiel 1.93] sehen wir, dass $\sqrt{r^2}>0$ die Gleichung $\sqrt{r^2}^2=r^2$ erfüllt. Andererseits zeigt die Definition

$$\mathbb{R}\mapsto\mathbb{R}_{\geq 0},\quad r\mapsto|r|:=\begin{cases}r & \text{für } r\geq 0\\ -r & \text{für } r<0\end{cases}$$

des Betrags aus [MfA, (1.10)], dass $|r| > 0$ und $|r|^2 = r^2$. Damit haben wir

$$0 = \sqrt{r^2}^2 - |r|^2 = (\sqrt{r^2} - |r|)(\sqrt{r^2} + |r|).$$

Wegen $\sqrt{r^2} > 0$ und $|r| > 0$ folgt mit Aufgabe 1.62, dass $\sqrt{r^2} - |r| = 0$, also die Behauptung. □

Lösungsvorschlag für Aufgabe 1.73: Wenn $0 < a < b$ in $\mathbb{R}$ und $b = a + \varepsilon$ mit $\varepsilon > 0$, dann gilt

$$b^2 = (a + \varepsilon)^2 = a^2 + 2a\varepsilon + \varepsilon^2 > a^2.$$

Das liefert die Implikation $\Leftarrow$. Sei jetzt $0 < r < s$. Nach dem gerade angeführten Argument kann nicht $0 < \sqrt{s} < \sqrt{r}$ gelten. Da $\sqrt{s} = \sqrt{r}$ auf $s = \sqrt{s}^2 = \sqrt{r}^2 = r$ führen würde, muss nach der Trichotomie für $\mathbb{R}$ (siehe [MfA, Satz 1.87]) die Ungleichung $\sqrt{r} < \sqrt{s}$ gelten. Dass $0 < \sqrt{r}$ ist, folgt sofort mit $0 < r$. □

Lösungsvorschlag für Aufgabe 1.74: Wenn $a = [(a_n)_{n\in\mathbb{N}}]$ und $b = [(b_n)_{n\in\mathbb{N}}]$ die Darstellungen von a und b durch Äquivalenzklassen rationaler Cauchy-Folgen sind, dann gilt $s := \frac{a+b}{2} = [(s_n)_{n\in\mathbb{N}}]$ mit $s_n = \frac{a_n+b_n}{2}$. Aus $b - a > 0$ folgt mit [MfA, Satz 1.87] ($\mathbb{R}$ ist ein geordneter Körper) und [MfA, Lemma 1.77] (Verträglichkeit der Ordnung mit den Verknüpfungen), dass $a < s < b$. Wegen $[(b_n - s_n)_{n\in\mathbb{N}}] = b - s > 0$ gibt es ein $\varepsilon_b \in \mathbb{Q}^+$ und ein $K_b \in \mathbb{N}$ mit

$$\forall m > K_b : \quad b_m - s_m > 2\varepsilon_b.$$

Analog finden wir wegen $s - a > 0$ ein $\varepsilon_a \in \mathbb{Q}^+$ und ein $K_a \in \mathbb{N}$ mit

$$\forall m > K_a : \quad s_m - a_m > 2\varepsilon_a.$$

Sei $\varepsilon < \min\{\varepsilon_a, \varepsilon_b\}$. Dann gibt es wegen $s = [(s_n)_{n\in\mathbb{N}}] \neq \emptyset$ ein $K_s \in \mathbb{N}$ mit

$$\forall n, m \in \mathbb{N}, n > K_s, m > K_s : \quad -\varepsilon < s_m - s_n < \varepsilon.$$

Sei jetzt $n_o > \max\{K_a, K_b, K_s\}$. Dann gilt für alle $m > n_o$

$$b_m - s_{n_o} = b_m - s_m + (s_m - s_{n_o}) > 2\varepsilon_b - \varepsilon > \varepsilon_b$$

und

$$s_{n_o} - a_m = (s_{n_o} - s_m) + s_m - a_m > 2\varepsilon_a - \varepsilon > \varepsilon_a,$$

das heißt $b > s_{n_o}$ und $s_{n_o} > a$. Zusammen haben wir $a < s_{n_o} < b$ und wegen $s_{n_o} \in \mathbb{Q}$ ist damit die Behauptung bewiesen. □

Lösungsvorschlag für Aufgabe 1.75: Für jedes $n \in \mathbb{N}$ gilt $n > 0$. Wäre $-\frac{1}{n} > 0$, so hätte man $-1 = -\frac{1}{n} \cdot n > 0$, was im Widerspruch zu $1 = 1 \cdot 1 > 0$ steht. Da $\frac{1}{n} \neq 0$ gilt, liefert [MfA, Proposition 1.74] (Trichotomie für geordnete Körper), dass $\frac{1}{n} > 0$. Damit ist 0 eine untere Schranke von $\{\frac{1}{n} \mid n \in \mathbb{N}\}$ und die Ordnungs-Vollständigkeit von $\mathbb{R}$ zeigt, dass $\{\frac{1}{n} \mid n \in \mathbb{N}\}$ ein Infimum r hat, das größer gleich 0 ist. Für jedes $n \in \mathbb{N}$ gilt $n < n + 1$, also mit [MfA, Lemma 1.77] (Rechenregeln in geordneten Körpern)

$$\frac{1}{n+1} = n \cdot \frac{1}{n(n+1)} < (n+1) \cdot \frac{1}{n(n+1)} = \frac{1}{n}.$$

Damit kann kein Element von $\{\frac{1}{n} \mid n \in \mathbb{N}\}$ das Minimum dieser Menge sein. □

Lösungsvorschlag für Aufgabe 1.76:

(i) Für die Transitivität nehmen wir an, dass $x < y < z$ für $x, y, z \in [-\infty, \infty]$ gilt. Wenn alle drei Elemente in $\mathbb{R}$ sind, folgt $x < z$, weil $<$ auf $\mathbb{R}$ eine strikte Ordnungsrelation ist. Nach der Definition von $<$ auf $[-\infty, \infty]$ kann nur $x = -\infty$ und nur $z = \infty$ sein, dagegen ist y sicher in $\mathbb{R}$. Es ergeben sich drei Fälle:

(a) $x = -\infty$ und $z \in \mathbb{R}$. Dann gilt $x = -\infty < z$.
(b) $x \in \mathbb{R}$ und $z \in \infty$. Dann gilt $x < \infty = z$.
(c) $x = -\infty$ und $z \in \infty$. Dann gilt $x = -\infty < \infty = z$.

Für die Asymmetrie nehmen wir an, dass $x < y$ für $x, y \in [-\infty, \infty]$ gilt. Wenn beide Elemente in $\mathbb{R}$ sind folgt $y \not< x$, weil $<$ auf $\mathbb{R}$ eine strikte Ordnungsrelation ist. Nach der Definition von $<$ auf $[-\infty, \infty]$ kann nur $x = -\infty$ und nur $y = \infty$ sein. Es ergeben sich wieder drei Fälle:

(a) $x = -\infty$ und $y \in \mathbb{R}$. Dann gilt $y \not< -\infty = x$.
(b) $x \in \mathbb{R}$ und $y \in \infty$. Dann gilt $y = \infty \not< x$.
(c) $x = -\infty$ und $y \in \infty$. Dann gilt $y = \infty \not< \infty = x$.

(ii) Wir ergänzen die Relation $<$ auf $[-\infty, \infty]$ zu einer Relation $\leq$ durch

$$\forall x, y \in [-\infty, \infty]: \qquad x \leq y \quad :\Leftrightarrow \quad (x < y \text{ oder } x = y).$$

Dann kann man die Definitionen von „untere Schranke“, „größte untere Schranke“ und „Infimum“ wörtlich aus [MfA, Definition 1.88] für geordnete Körper übernehmen. Analog verwenden wir [MfA, Bemerkung 1.94], um „obere Schranke“, „kleinste obere Schranke“ und „Supremum“ zu definieren. Wir verwenden hier ebenfalls die Notationen $\inf(M)$ und $\sup(M)$ für das Infimum und das Supremum von $M \subseteq [-\infty, \infty]$.
Sei jetzt $M \subseteq [-\infty, \infty]$. Wenn $\infty \in M$, dann ist $\sup(M) = \infty$. Analog, wenn $-\infty \in M$, dann ist $\inf(M) = -\infty$. Es bleiben vier Fälle:

(a) $-\infty \notin M$ und $M \cap \mathbb{R}$ ist nach unten beschränkt. Dann ist $\inf(M) = \inf(M \cap \mathbb{R}) \in \mathbb{R}$.
(b) $-\infty \notin M$ und $M \cap \mathbb{R}$ ist nicht nach unten beschränkt. Dann ist $-\infty$ die einzige untere Schranke von M in $[-\infty, \infty]$ und es gilt $-\infty = \inf(M)$.
(c) $\infty \notin M$ und $M \cap \mathbb{R}$ ist nach oben beschränkt. Dann ist $\sup(M) = \sup(M \cap \mathbb{R}) \in \mathbb{R}$.
(d) $\infty \notin M$ und $M \cap \mathbb{R}$ ist nicht nach oben beschränkt. Dann ist ∞ die einzige obere Schranke von M in $[-\infty, \infty]$ und es gilt $\infty = \sup(M)$. □

Lösungsvorschlag für Aufgabe 1.77: Sei $z = x + \mathrm{i}y$. Wegen $\overline{\overline{z}} = \overline{x - \mathrm{i}y} = x + \mathrm{i}\, y = z$ ist die Abbildung $z \mapsto \overline{z}$ ihre eigene Umkehrabbildung und daher insbesondere bijektiv.

(i) $\overline{z} = z$ ist äquivalent zu $x - \mathrm{i}y = x + \mathrm{i}y$, also zu $2y = 0$, das heißt $y = 0$ und $z = x \in \mathbb{R}$.
(ii) Sei $w = r + \mathrm{i}s$. Dann gilt

$$\begin{aligned}\overline{z + w} &= \overline{x + \mathrm{i}y + r + \mathrm{i}s} = \overline{(x + r) + \mathrm{i}(y + s)} = (x + r) - \mathrm{i}(y + s)\\ &= (x - \mathrm{i}y) + (r - \mathrm{i}s) = \overline{z} + \overline{w}.\end{aligned}$$

(iii) Wieder mit $w = r + \mathrm{i}s$ rechnen wir

$$\begin{aligned}\overline{z \cdot w} &= \overline{(x + \mathrm{i}y) \cdot (r + \mathrm{i}s)} = \overline{(xr - ys) + \mathrm{i}(xs + yr)}\\ &= (xr - ys) - \mathrm{i}(xs + yr) = (x - \mathrm{i}y) \cdot (r - \mathrm{i}s) = \overline{x + \mathrm{i}y} \cdot \overline{r + \mathrm{i}s} = \overline{z} \cdot \overline{w}.\end{aligned}$$

□

Lösungsvorschlag für Aufgabe 1.78: Angenommen $(\mathbb{C}, +, \cdot, P)$ ist ein geordneter Körper. Nach der [MfA, Definition 1.73] eines geordneten Körpers muss i entweder in P oder in $-P$ liegen. Wegen $\mathrm{i}^2 = (-\mathrm{i})^2 = -1$ und $P \cdot P \subseteq P$ gilt also auf jeden Fall $-1 \in P$. Andererseits muss 1 entweder in P oder in $-P$ liegen. Wegen $1^2 = (-1)^2 = 1$ gilt also auf jeden Fall $1 \in P$. Dies ist ein Widerspruch $P \cap (-P) = \emptyset$.
□

2 Aufgaben zum Thema „Lineares Rechnen"

Aufgaben der Art, wie sie in diesem Kapitel zusammengestellt sind, ergeben sich natürlich, wenn man, ausgehend von linearen Gleichungssystemen und dem Gauß-Algorithmus, Konzepte der Linearen Algebra wie zum Beispiel Vektorräume, Linearkombinationen, lineare Unabhängigkeit, Basen und Dimension entwickelt. Von diesen Konzepten kommt man über die Idee der darstellenden Matrizen zurück zu effizienten Rechenmethoden im Kontext von Gleichungssystemen. Man stellt dann aber fest, dass diese Idee weit über dieses Thema hinaus einsetzbar sind. Zur Illustration dieses Umstands enthält dieses Kapitel auch eine Reihe von Aufgaben zu Sesquilinearformen, die zum Beispiel in der Analysis und in der Geometrie wichtige Rollen spielen.

2.1 Lineare Gleichungssysteme

Alle Aufgaben dieses Abschnitts befassen sich mit konkreten linearen Gleichungssystemen und der Bestimmung ihrer Lösungsmengen mithilfe verschiedener Varianten des Gauß-Algorithmus.

Aufgabe 2.1 (Gauß-Algorithmus) Man bestimme die Lösungsmenge des linearen Gleichungssystems (LGS)

$$\begin{aligned} x_1 + 2x_2 + 3x_3 + 4x_4 &= 5 \\ 4x_1 + 5x_2 + 6x_3 + 7x_4 &= 8 \\ 3x_1 + 4x_2 + 5x_3 + 6x_4 &= 7 \\ 0x_1 + x_2 + 2x_3 + 3x_4 &= 4 \end{aligned}$$

in $\mathbb{R}^4$.

J. Hilgert, *Übungsbuch Mathematik für Ambitionierte*,
https://doi.org/10.1007/978-3-662-73421-6_2

Aufgabe 2.2 (Gauß-Algorithmus)

(i) Man löse Aufgabe 2.1 mithilfe der zugehörigen erweiterten Koeffizientenmatrix
(ii) Man bestimme die Lösungsmenge des linearen Gleichungssystems

$$\begin{aligned} ix_1 + 3x_2 &= -1 \\ 3x_1 - ix_2 &= 2 \end{aligned}$$

in $\mathbb{C}^2$.

Aufgabe 2.3 (Zeilenstufenform) Wenn die erweiterte Koeffizientenmatrix eines linearen Gleichungssystems durch

$$\left(\begin{array}{cccccc|c} 0 & 1 & 2 & 3 & 4 & 5 & 6 \\ 0 & 0 & 0 & 1 & 2 & 3 & 4 \\ 0 & 0 & 0 & 0 & 0 & 1 & 2 \\ 0 & 0 & 0 & 0 & 0 & 0 & 0 \end{array}\right)$$

in Zeilenstufenform gegeben ist, wie sieht dann die Lösungsmenge aus?

Aufgabe 2.4 (Lösungsmengen von LGS) Man bestimme die Lösungsmengen des linearen Gleichungssystems

$$\begin{aligned} x_1 + x_2 + x_3 &= 1 \\ x_1 - x_2 + x_3 &= 0 \\ x_1 + \phantom{x_2 + {}} x_3 &= \tfrac{1}{2} \end{aligned}$$

und des zugehörigen homogenen linearen Gleichungssystems (HLGS) in $\mathbb{R}^3$.

Aufgabe 2.5 (Lösungsmengen von LGS) Man stelle fest, ob die folgenden Gleichungssysteme in $\mathbb{R}^n$ eine Lösung haben und gebe diese gegebenenfalls an:

(i)

$$\begin{aligned} x_1 - x_2 + 2x_3 &= 1 \\ 2x_1 + x_2 - x_3 &= 0 \\ 3x_1 \phantom{{}+x_2} + x_3 &= 2 \end{aligned}$$

(ii)

$$\begin{aligned} 2x_1 - 3x_2 + x_3 &= 0 \\ x_1 + x_2 - x_3 &= 0 \\ 5x_1 - 5x_2 + x_3 &= 0 \end{aligned}$$

(iii)

$$\begin{aligned} x_1 + x_2 + x_3 + x_4 + x_5 + x_6 &= 4 \\ x_1 + x_2 + x_3 - x_4 - x_5 - x_6 &= 2 \\ x_1 - x_2 + x_3 - x_4 + x_5 - x_6 &= 2 \end{aligned}$$

Aufgabe 2.6 (Magische Quadrate) Eine 4×4-Matrix heißt ein magisches Quadrat, wenn die Summe der Einträge jeder Zeile, jeder Spalte und jeder der zwei Diagonalen dieselbe Zahl s ist. Man ersetzte die Sterne durch Zahlen, so dass folgende Matrix ein magisches Quadrat wird:

$$\begin{pmatrix} \star & 2 & \star & \star \\ \star & \star & \star & 4 \\ 1 & \star & \star & \star \\ \star & \star & 3 & \star \end{pmatrix}$$

Aufgabe 2.7 (Lösungsmengen von LGS) Man löse das folgende LGS über den komplexen Zahlen und stelle die Lösung in der Form $(z_1, z_2, z_3) = (x_1 + \mathrm{i}\, y_1,\ x_2 + \mathrm{i}\, y_2,\ x_3 + \mathrm{i}\, y_3)$ mit $x_k, y_k \in \mathbb{R}$ dar.

$$\begin{aligned} z_1 + {} & (2+\mathrm{i})z_2 + {} & \mathrm{i}\, z_3 &= 1 \\ (1-\mathrm{i})z_1 + {} & z_2 - {} & 2\mathrm{i}\, z_3 &= 2 - \mathrm{i} \\ -z_1 + {} & (2+3\mathrm{i})z_2 - {} & \mathrm{i}\, z_3 &= 3 \end{aligned}$$

2.2 Vektorräume

In diesem Abschnitt gibt es Aufgaben zu den Konzepten Vektorraum, lineare Hülle (auch linearer Spann genannt), lineare Unabhängigkeit, Basis und Dimension. Außerdem wird die Verbindung zu Lösungsmengen linearer Gleichungssysteme thematisiert.

Aufgabe 2.8 (Untervektorraum) Man zeige, dass die Cauchy-Folgen in $\mathbb{Q}$ (siehe [MfA, Definition 1.83]) einen Untervektorraum des $\mathbb{Q}$-Vektorraums aller Abbildungen $f : \mathbb{N} \to \mathbb{Q}$ mit der punktweisen Addition und der punktweisen Skalarmultiplikation (siehe [MfA, Beispiel 2.15]) bilden.

Aufgabe 2.9 ($\mathrm{Hom}_{\mathbb{K}}(V, W)$ ist ein $\mathbb{K}$-Vektorraum) Man zeige, dass für $\mathbb{K}$-Vektorräume V und W die Menge $\mathrm{Hom}_{\mathbb{K}}(V, W)$ ein Untervektorraum des $\mathbb{K}$-Vektorraumes aller Abbildungen von V nach W (siehe [MfA, Beispiel 2.15]) ist.

Aufgabe 2.10 (Lineare Hüllen) Sei V ein endlichdimensionaler $\mathbb{K}$-Vektorraum. Man zeige die Richtigkeit der folgenden Aussagen über die lineare Hüllen $\langle A\rangle_{\mathbb{K}-\mathrm{VR}}$ und $\langle B\rangle_{\mathbb{K}-\mathrm{VR}}$ für $A, B \subseteq V$:

(i) $A = \langle A\rangle_{\mathbb{K}-\mathrm{VR}}$ gilt genau dann, wenn A ein linearer Unterraum ist.
(ii) $A \subseteq B$ impliziert $\langle A\rangle_{\mathbb{K}-\mathrm{VR}} \subseteq \langle B\rangle_{\mathbb{K}-\mathrm{VR}}$.
(iii) $\langle A \cup B\rangle_{\mathbb{K}-\mathrm{VR}} = \langle A\rangle_{\mathbb{K}-\mathrm{VR}} + \langle B\rangle_{\mathbb{K}-\mathrm{VR}}$.

Aufgabe 2.11 (Direkte Summe von Vektorräumen) Sei V ein $\mathbb{K}$-Vektorraum und seien U, U' lineare Unterräume von V. Die *Summe* $U + U'$ von U und U' (siehe

[MfA, Proposition 2.34]) heißt *direkt*, wenn $U \cap U' = \{0\}$ ist. In diesem Fall schreibt man $U \oplus U'$. Man zeige, dass eine Summe $U + U'$ genau dann direkt ist, wenn aus $u + u' = w + w'$ mit $u, w \in U$ sowie $u', w' \in U'$ folgt, dass $u = w$ und $u' = w'$ gilt.

Aufgabe 2.12 (Kriterium für lineare Abhängigkeit) Sei $\mathbb{K}$ ein Körper und $A \subseteq \mathbb{K}^n$. Man zeige, dass

$$\exists a \in A : \quad a \in \langle A \setminus \{a\} \rangle_{\mathbb{K}-\mathrm{VR}}$$

die lineare Abhängigkeit von A impliziert.

Aufgabe 2.13 (Lineare Unabhängigkeit) Sei V ein endlichdimensionaler $\mathbb{K}$-Vektorraum. Man begründe oder widerlege:

(i) Sind $u, v, w \in V$ Vektoren, so dass die Mengen $\{u, v\}$, $\{u, w\}$, $\{v, w\}$ linear unabhängig sind, dann ist auch $\{u, v, w\}$ linear unabhängig.
(ii) Sind die Vektoren $u, v, w \in V$ linear unabhängig, so sind auch $u + v$, $v + w$, $u + w$ linear unabhängig.

Aufgabe 2.14 (Lineare Hüllen) Gegeben seien die Vektoren

$$z_1 = \begin{pmatrix} 0 \\ 0 \\ 2 \\ 2\mathrm{i} \end{pmatrix}, \quad z_2 = \begin{pmatrix} \lambda\mathrm{i} \\ \lambda \\ 1 \\ \mathrm{i} \end{pmatrix}, \quad z_3 = \begin{pmatrix} \lambda\mathrm{i} \\ \lambda \\ 0 \\ 0 \end{pmatrix}, \quad z_4 = \begin{pmatrix} 3 \\ 0 \\ \mathrm{i} \\ -1 + 3\mathrm{i} \end{pmatrix}, \quad z_5 = \begin{pmatrix} 0 \\ -1 \\ 1 \\ \lambda \end{pmatrix},$$

aus $\mathbb{C}^4$, wobei $\lambda \in \mathbb{C}$ sei. Bestimme die Menge $M := \{\lambda \in \mathbb{C} \mid \langle z_1, \ldots, z_5 \rangle_{\mathbb{C}-\mathrm{VR}} \neq \mathbb{C}^4\}$.

Aufgabe 2.15 (Lösbarkeit von LGS und lineare Hüllen) Es seien

$$A = \begin{pmatrix} a_{11} & \ldots & a_{1n} \\ \vdots & & \vdots \\ a_{m1} & \ldots & a_{mn} \end{pmatrix} \quad \text{und} \quad B = \begin{pmatrix} a_{11} & \ldots & a_{1n} & b_1 \\ \vdots & & \vdots & \vdots \\ a_{m1} & \ldots & a_{mn} & b_m \end{pmatrix}$$

die Koeffizientenmatrix und die erweiterte Koeffizientenmatrix eines linearen Gleichungssystems. Dann sind

$$\begin{pmatrix} a_{11} \\ \vdots \\ a_{m1} \end{pmatrix}, \ldots, \begin{pmatrix} a_{1n} \\ \vdots \\ a_{mn} \end{pmatrix}, \begin{pmatrix} b_1 \\ \vdots \\ b_m \end{pmatrix}$$

die *Spaltenvektoren* der erweiterten Koeffizientenmatrix. Beweise die Äquivalenz der folgenden Aussagen:

(1) Das System ist lösbar.
(2) $\operatorname{span}(A) = \operatorname{span}(B)$. Dabei ist der *lineare Spann* $\operatorname{span}(M)$ einer Matrix M definiert als der lineare Spann, das heißt die lineare Hülle, der Spaltenvektoren von M.

Aufgabe 2.16 (Urbilder von linear unabhängigen Vektoren) Es seien $\varphi \in \operatorname{Hom}_{\mathbb{K}}(\mathbb{K}^n, \mathbb{K}^m)$ eine lineare Abbildung und $U \subseteq \mathbb{K}^n$, $V \subseteq \mathbb{K}^m$ lineare Unterräume. Man zeige: Wenn $\{v_1, \ldots, v_k\} \subseteq \mathbb{K}^m$ linear unabhängig ist und für $\{u_1, \ldots, u_k\} \subseteq \mathbb{K}^n$ gilt $\varphi(u_j) = v_j$, dann ist auch $\{u_1, \ldots, u_k\}$ linear unabhängig.

Aufgabe 2.17 (Lineare Unabhängigkeit von Monomen) Man zeige, dass die Monome $X^0, X^1, X^2, \ldots$ im Polynomraum $\mathbb{K}[X]$ (siehe [MfA, Definition 2.40]) linear unabhängig sind. Was bedeutet das für die zugehörigen Polynomfunktionen

$$\Phi(X^j) : \mathbb{K} \to \mathbb{K}, \quad x \mapsto x^j?$$

Hinweis: Man betrachte endliche und unendliche Körper separat.

Aufgabe 2.18 (Zeilenstufenform) Betrachte eine Matrix in Zeilenstufenform mit k Stufen. Weiter seien $v_1, \ldots, v_k \in \mathbb{K}^n$ die ersten k Zeilenvektoren der Matrix. Man zeige, dass die Menge $\{v_1, \ldots, v_k\}$ linear unabhängig ist.

Aufgabe 2.19 (Injektivitätskriterien) Sei $\varphi \in \operatorname{Hom}_{\mathbb{K}}(\mathbb{K}^n, \mathbb{K}^m)$. Man zeige, dass die folgenden Aussagen äquivalent sind:

(1) φ ist injektiv.
(2) $\operatorname{Kern}(\varphi) = \{0\}$.
(3) $\{\varphi(v_1), \ldots, \varphi(v_n)\}$ ist linear unabhängig für jede Basis $\{v_1, \ldots, v_n\}$ von $\mathbb{K}^n$.
(4) $\{\varphi(v_1), \ldots, \varphi(v_n)\}$ ist linear unabhängig für eine Basis $\{v_1, \ldots, v_n\}$ von $\mathbb{K}^n$.

Aufgabe 2.20 (Dimension eines HLGS-Lösungsraums) Sei $(a_{ij})_{\substack{i=1,\ldots,m\\ j=1,\ldots,n}}$ eine Koeffizientenmatrix in Zeilenstufenform und U der Lösungsraum des zugehörigen HLGS. Man zeige

$$\dim_{\mathbb{K}}(U) = n - (\text{Anzahl der Stufen}).$$

Aufgabe 2.21 (Basis eines Lösungsraums) Man bestimme eine Basis des Lösungsraum von

$$\begin{aligned} 2x_1 - 3x_2 + 2x_3 + 4x_4 + 5x_5 \phantom{{}+3x_6} + 2x_7 &= 0\\ 4x_1 - 6x_2 + 4x_3 + 10x_4 + 8x_5 \phantom{{}+3x_6} - x_7 &= 0\\ 2x_1 - 3x_2 + 2x_3 + 5x_4 + 4x_5 + 3x_6 - x_7 &= 0 \end{aligned}$$

Aufgabe 2.22 (Abbildungseigenschaften von Homomorphismen) Man zeige, dass für $\varphi \in \operatorname{Hom}_{\mathbb{K}}(\mathbb{K}^n, \mathbb{K}^n)$ die folgende Aussagen äquivalent sind:

(1) φ ist injektiv.
(2) φ ist surjektiv.
(3) φ ist bijektiv.
(4) φ hat eine $\mathbb{K}$-lineare Umkehrabbildung ψ.

Aufgabe 2.23 (Isomorphismen $\mathrm{Hom}(V, K) \cong V$**)** Man zeige, dass der in [MfA, (2.12)] für die Wahl einer angeordneten Basis $\mathbf{v} = (v_1, \ldots, v_n)$ definierte Isomorphismus

$$\mathrm{Hom}_{\mathbb{K}}(V, \mathbb{K}) \to V, \quad \phi \mapsto \pi_{\mathbf{v}}\big(\phi(v_1), \ldots, \phi(v_n)\big) = \sum_{j=1}^{n} \phi(v_j) v_j$$

von der Basis, nicht aber von der Anordnung abhängt.

Aufgabe 2.24 (Rationale Funktionen) Sei $\mathbb{K}$ ein unendlicher Körper und $\mathrm{Pol}(\mathbb{K})$ der Ring der $\mathbb{K}$-wertigen Polynomfunktionen auf $\mathbb{K}$ (siehe [MfA, Definition 2.40]).

(i) Man zeige, dass $\mathrm{Pol}(\mathbb{K})$ nullteilerfrei ist, das heißt

$$\forall f, g \in \mathrm{Pol}(\mathbb{K}) : \quad fg = 0 \Rightarrow f = 0 \text{ oder } g = 0$$

erfüllt (vgl. [MfA, Lemma 1.66] zum Kürzen in $\mathbb{Z}_{\neq 0}$).

(ii) Nach (i) und Aufgabe 1.70 hat $\mathrm{Pol}(\mathbb{K})$ einen Quotientenkörper Q. Man zeige, dass jedes Element von Q von einem Bruch $\frac{f}{g}$ repräsentiert wird, für den keine Nullstelle von g eine Nullstelle von f ist. Solche Brüche nennen wir *gekürzt*.

(iii) Man zeige, für $0 \neq \frac{f}{g} = \frac{\tilde{f}}{\tilde{g}}$ mit zwei gekürzten Brüchen die Nullstellen von g und $\tilde{g}$ übereinstimmen. Wir nennen diese Nullstellen die *Singularitäten* von $\frac{f}{g}$ und bezeichnen die Menge dieser Nullstellen mit $\mathrm{Sing}(\frac{f}{g})$.

(iv) Man zeige, dass die Funktion

$$\mathbb{K} \setminus \mathrm{Sing}\big(\tfrac{f}{g}\big) \to \mathbb{K}, \quad x \mapsto \frac{f(x)}{g(x)},$$

wohldefiniert ist. Man nennt sie die *rationale Funktion* zu $\frac{f}{g} \in Q$.

(v) Man zeige, dass die Abbildung, die jedem $\frac{f}{g} \in Q$ die zugehörige rationale Funktion zuordnet, injektiv ist. Man identifiziert Q mit seinem Bild und bezeichnet auch die $\frac{f}{g} \in Q$ zugeordnete rationale Funktion mit $\frac{f}{g}$. Auf diese Weise definiert man auch auf den rationalen Funktionen eine Addition und eine Multiplikation, die die rationalen Funktionen zu einem Körper machen.

2.3 Rechnen mit linearen Abbildungen

In den Aufgaben dieses Abschnitts geht es vor allem um das Rechnen mit darstellenden Matrizen. Um zu illustrieren, dass die Idee der darstellenden Matrizen nicht auf lineare Abbildungen beschränkt ist, sondern auch auf andere Kontexte übertragen werden kann, gibt es eine Reihe von Aufgaben zu semilinearen Abbildungen und Sesquilinearformen.

Aufgabe 2.25 (Dualräume) Sei $\mathbb{K}$ ein Körper und V ein $\mathbb{K}$-Vektorraum. Der Vektorraum $V^* := \mathrm{Hom}_{\mathbb{K}}(V, \mathbb{K})$ mit den punktweisen Verknüpfungen (siehe das [MfA, Beispiel 2.15] der Vektorräume von Abbildungen) heißt der *duale Vektorraum* von V. Seine Elemente heißen *lineare Funktionale*. Man zeige:

(i) Wenn $v_1, \ldots, v_n$ eine Basis für V ist, dann bilden die Funktionale

$$\lambda_j : V \to \mathbb{K}, \quad \sum_{i=1}^{n} c_i v_i \mapsto c_j$$

mit $j = 1, \ldots, n$ eine Basis für V^*. Man nennt diese Basis die *duale Basis* von $v_1, \ldots, v_n$.

(ii) Durch

$$V \mapsto (V^*)^*, \quad v \mapsto (\lambda \mapsto \lambda(v))$$

wird ein Element $\iota_V \in \mathrm{Hom}_{\mathbb{K}}(V, (V^*)^*)$ definiert. Wenn V endlichdimensional ist, dann ist ι_V ein Isomorphismus.

(iii) Sei W ein zweiter $\mathbb{K}$-Vektorraum und $\varphi \in \mathrm{Hom}_{\mathbb{K}}(V, W)$. Dann wird durch

$$\varphi^* : W^* \to V^*, \quad \mu \mapsto \mu \circ \varphi$$

ein Element $\varphi^* \in \mathrm{Hom}_{\mathbb{K}}(W^*, V^*)$ definiert. Es gilt

$$(\varphi^*)^* \circ \iota_V = \iota_W \circ \varphi.$$

(iv) Wenn V und W endlichdimensional sind, gilt

$$\varphi \text{ injektiv} \quad \Leftrightarrow \quad \varphi^* \text{ surjektiv} \quad \text{und} \quad \varphi \text{ surjektiv} \quad \Leftrightarrow \quad \varphi^* \text{ injektiv}.$$

(v) Seien $v_1, \ldots, v_n$ und $w_1, \ldots, w_m$ Basen für V und W sowie $\lambda_1, \ldots, \lambda_n$ und $\mu_1, \ldots, \mu_m$ die zugehörigen dualen Basen. Wenn

$$A = \begin{pmatrix} a_{11} & \ldots & a_{1n} \\ \vdots & & \vdots \\ a_{m1} & \ldots & a_{mn} \end{pmatrix}$$

die darstellende Matrix von $\varphi \in \operatorname{Hom}_{\mathbb{K}}(V, W)$ bzgl. der Basen $v_1, \ldots, v_n$ und $w_1, \ldots, w_m$ ist, dann ist die transponierte Matrix

$$A^\top = \begin{pmatrix} a_{11} & \ldots & a_{m1} \\ \vdots & & \vdots \\ a_{1n} & \ldots & a_{mn} \end{pmatrix}$$

die darstellende Matrix von $\varphi^* \in \operatorname{Hom}_{\mathbb{K}}(W^*, V^*)$ bzgl. der Basen $\mu_1, \ldots, \mu_m$ und $\lambda_1, \ldots, \lambda_n$.

(vi) Sei $U \subseteq V$ ein $\mathbb{K}$-Untervektorraum und

$$U^\perp := \{\lambda \in V^* \mid \forall u \in U : \lambda(u) = 0\}$$

der *Annihilator* von U in V^*. Dann ist $U^\perp$ ein $\mathbb{K}$-Vektorraum von V^* und es gilt

$$\dim_{\mathbb{K}}(U^\perp) = \dim_{\mathbb{K}}(V) - \dim_{\mathbb{K}}(U).$$

(vii) Seien V, W und φ wie in (iii). Dann gilt

$$(\operatorname{Bild} \varphi)^\perp = \operatorname{Kern} \varphi^*.$$

(viii) Der *Rang* $\operatorname{Rang}(\varphi)$ einer linearen Abbildung $\varphi \in \operatorname{Hom}_{\mathbb{K}}(V, W)$ ist definiert als die Dimension $\dim_{\mathbb{K}}(\operatorname{Bild} \varphi)$. Es gilt

$$\operatorname{Rang}(\varphi) = \operatorname{Rang}(\varphi^*).$$

(ix) Für eine beliebige Matrix $A \in \operatorname{Mat}(n \times m, \mathbb{K})$ definiert man den *Spaltenrang* als die Dimension des von Spalten der Matrix aufgespannten Untervektorraums von $\mathbb{K}^m$. Analog definiert man den *Zeilenrang* als die Dimension des von Zeilen der Matrix aufgespannten Untervektorraums von $\mathbb{K}^n$. Zeilenrang und Spaltenrang stimmen überein.

Aufgabe 2.26 (Semilinearformen) Sei V ein $\mathbb{K}$-Vektorraum und $\overline{} : \mathbb{K} \to \mathbb{K}$ ein *involutiver Körper-Automorphismus*, das heißt, für alle $a, b \in \mathbb{K}$ gelte

$$\overline{ab} = \overline{a}\overline{b}, \quad \overline{a+b} = \overline{a} + \overline{b}, \quad \overline{\overline{a}} = a.$$

Eine *Semilinearform* auf V ist eine Abbildung $f : V \to \mathbb{K}$ mit

$$\forall v, w \in V, a, b \in \mathbb{K} : \quad f(av + bw) = \overline{a} f(v) + \overline{b} f(w).$$

(*semi* $\overset{\text{lat.}}{=}$ *halb*). Man nennt eine solche Abbildung *semilinear*, aber auch *antilinear*, sofern $\overline{} : \mathbb{K} \to \mathbb{K}$ nicht die Identität ist. Wir bezeichnen die Menge aller Semilinearformen mit $\tilde{V}^*$. Man zeige:

(i) Die komplexe Konjugation ist involutiver Körperautomorphismus auf $\mathbb{C}$.

(ii) $\tilde{V}^*$ ist mit den punktweisen Operationen ein $\mathbb{K}$-Vektorraum.
(iii) Die Identität $\overline{} = \mathrm{id}$ ist ein involutiver Körperautomorphismus auf $\mathbb{K}$. Bezüglich dieser Involution sind semilineare Abbildungen nichts anderes als lineare Abbildungen.

Aufgabe 2.27 (Inverse Matrizen) Es seien $A, B \in \mathrm{Mat}(n \times n, \mathbb{R})$ mit $AB = \mathbf{1}_n$. Zeige, dass auch $BA = \mathbf{1}_n$ gilt.

Aufgabe 2.28 (Alternative Konstruktion der komplexen Zahlen) Man betrachte die Menge

$$\mathcal{M} := \left\{ \begin{pmatrix} x & -y \\ y & x \end{pmatrix} \;\middle|\; x, y \in \mathbb{R} \right\}$$

mit der üblichen Matrizenaddition und Matrizenmultiplikation und zeige:

(i) $\mathcal{M}$ ist ein Körper.
(ii) $\mathcal{M}$ ist isomorph zu $\mathbb{C}$, das heißt, es gibt eine Bijektion $\phi : \mathcal{M} \to \mathbb{C}$, die Addition und Multiplikation erhält:

$$\forall A, B \in \mathcal{M} : \quad \phi(A + B) = \phi(A) + \phi(B) \text{ und } \phi(AB) = \phi(A)\phi(B).$$

Aufgabe 2.29 (Hornerschema und Polynomdivision) Sei p eine Polynomfunktion in $\mathrm{Pol}(\mathbb{K})$ mit $p(x) = a_n x^n + \ldots + a_0$ für $x \in \mathbb{K}$. Man zeige:

(i) Es gilt für jedes $y \in \mathbb{K}$ mit $y \neq x$, dass

$$\frac{p(x) - p(y)}{x - y} = b_0 x^{n-1} + \ldots + b_{n-1},$$

wobei die $b_0, b_1, \ldots$ durch die folgende Rekursion (Hornerschema) gegeben sind

$$\begin{aligned} b_0 &:= a_n, \\ b_k &:= b_{k-1} y + a_{n-k} \quad \text{for } k = 1, \ldots n. \end{aligned}$$

(ii) $b_n = p(y)$.

Aufgabe 2.30 (Diagonalmatrizen) Es sei $A \in \mathrm{Mat}(n \times n, \mathbb{K})$ eine Diagonalmatrix mit paarweise verschiedenen Einträgen $\alpha_1, \ldots, \alpha_n \in \mathbb{K}$ auf der Diagonalen, das heißt

$$A = \begin{pmatrix} \alpha_1 & 0 & \cdots & 0 \\ 0 & \alpha_2 & & 0 \\ \vdots & & \ddots & \vdots \\ 0 & 0 & \cdots & \alpha_n \end{pmatrix} \quad \text{mit} \quad \alpha_i \neq \alpha_j \text{ für } i \neq j.$$

Man zeige: Gilt $AB = BA$, so ist $B \in \mathrm{Mat}(n \times n, \mathbb{K})$ auch eine Diagonalmatrix.

Aufgabe 2.31 (Sesquilinearformen) Sei V ein $\mathbb{K}$-Vektorraum und $\overline{}: \mathbb{K} \to \mathbb{K}$ ein involutiver Körper-Automorphismus wie in Aufgabe 2.26. Eine *Sesquilinearform* auf V ist eine Abbildung $\Phi\colon V \times V \to \mathbb{C}$ mit

(a) $\forall c, c' \in \mathbb{K},\ v, v', w \in V: \quad \Phi(cv + c'v', w) = c\,\Phi(v, w) + c'\,\Phi(v', w).$
(b) $\forall c, c' \in \mathbb{K},\ v, w, w' \in V: \quad \Phi(v, cw + c'w') = \overline{c}\,\Phi(v, w) + \overline{c'}\,\Phi(v, w').$

Wir schreiben $\mathrm{Ses}(V)$ für die Menge der Sesquilinearformen auf V. Man zeige, dass $\mathrm{Ses}(V)$ bezüglich der punktweisen Verknüpfungen ein $\mathbb{K}$-Vektorraum ist.

Bemerkung: Für $\overline{} = \mathrm{id}$ reduziert sich der Begriff einer Sesquilinearform zum Begriff einer *Bilinearform*, das heißt, man hat Linearität auch in der zweiten Variablen. Insbesondere liefert also jede Aussage, die man über Sesquilinearformen beweist, eine unmittelbare Folgerung für Bilinearformen.

Aufgabe 2.32 (Darstellende Matrix einer Sesquilinearform) Sei V ein $\mathbb{K}$-Vektorraum und $\overline{}: \mathbb{K} \to \mathbb{K}$ ein involutiver Körper-Automorphismus wie in Aufgabe 2.31. Weiter seien $\mathbf{v} = (v_1, \ldots, v_n)$ eine angeordnete Basis für V und $\beta \in \mathrm{Ses}(V)$, dann heißt die Matrix

$$B^{\mathbf{v}}(\beta) = (b_{ij})_{\substack{i=1,\ldots,n\\ j=1,\ldots,n}} \quad \text{mit} \quad b_{ij} = \beta(v_i, v_j)$$

die *darstellende Matrix* von β bezüglich $\{v_1, \ldots, v_n\}$.

Wir dehnen die Definition von $\overline{}$ auf Matrizen aus, um die Werte einer Sesquilinearform über die darstellende Matrix und Matrizenmultiplikation ausdrücken zu können:

$$\begin{aligned} A &= (a_{ij})_{\substack{i=1,\ldots,n\\ j=1,\ldots,m}} \in \mathrm{Mat}(n \times m, \mathbb{K}) \\ \overline{A} &:= (\overline{a_{ij}})_{\substack{i=1,\ldots,n\\ j=1,\ldots,m}} \in \mathrm{Mat}(n \times m, \mathbb{K}). \end{aligned}$$

Die Matrix

$$A^* := \overline{A^\top} = (\overline{A})^\top \in \mathrm{Mat}(m \times n, \mathbb{K}).$$

heißt die *adjungierte Matrix* zu A. Man zeige:

(i) Die Abbildung $\overline{}: \mathrm{Mat}(n \times m, \mathbb{K}) \to \mathrm{Mat}(n \times m, \mathbb{K})$ ist bijektiv und *semilinear*, das heißt

$$\overline{cA + c'A} = \overline{c}\,\overline{A} + \overline{c'}\,\overline{A'}$$

In den Spezialfällen einer Zeile oder Spalte ergibt sich jeweils eine involutive Bijektion $\overline{}: \mathbb{K}^n \to \mathbb{K}^n$.

(ii) Für $v = \sum_{i=1}^{n} x_i v_i$ und $w = \sum_{j=1}^{n} y_j v_j$ gilt

$$\beta(v, w) = (x_1, \ldots, x_n) B^{\mathbf{v}}(\beta) \begin{pmatrix} \overline{y_1} \\ \vdots \\ \overline{y_n} \end{pmatrix}.$$

Aufgabe 2.33 (Darstellende Matrizen für Sesquilinearformen) Sei V ein $\mathbb{K}$-Vektorraum und $\overline{}: \mathbb{K} \to \mathbb{K}$ ein involutiver Körper-Automorphismus wie in Aufgabe 2.31. Weiter seien $\mathbf{v} = (v_1, \ldots, v_n)$ eine angeordnete Basis für V und $\beta \in \operatorname{Ses}(V)$. Man zeige, dass die Abbildung

$$B^{\mathbf{v}} : \operatorname{Ses}(V) \to \operatorname{Mat}(n \times n, \mathbb{K}), \quad \beta \mapsto B^{\mathbf{v}}(\beta)$$

ein Isomorphismus von $\mathbb{K}$-Vektorräumen ist.

Aufgabe 2.34 (Basiswechsel für Sesquilinearformen) Sei V ein $\mathbb{K}$-Vektorraum, $\beta \in \operatorname{Ses}(V)$ und $\mathbf{v} = (v_1, \ldots, v_n)$, $\mathbf{v}' = (v_1', \ldots, v_n')$ angeordnete Basen für V. Weiter sei $T_{\mathbf{v}}^{\mathbf{v}'} = (t_{ij}) \in \operatorname{GL}(n, \mathbb{K})$ die Übergangsmatrix von $\mathbf{v}$ zu $\mathbf{v}'$, das heißt $v_j' = \sum_{j=1}^{n} t_{ij} v_i$. Dann gilt

$$B^{\mathbf{v}'}(\beta) = (T_{\mathbf{v}}^{\mathbf{v}'})^{\top} B^{\mathbf{v}}(\beta)\, \overline{T_{\mathbf{v}}^{\mathbf{v}'}}.$$

Aufgabe 2.35 (Hermitesche Formen) Eine Sesquilinearform $\beta \in \operatorname{Ses}(V)$ heißt *hermitesch* (nach dem Mathematiker Charles Hermite (1822–1901)), wenn

$$\forall v, w \in V: \quad \beta(v, w) = \overline{\beta(w, v)}, \tag{2.1}$$

wobei $\overline{}: \mathbb{K} \to \mathbb{K}$ der gegebene Körperautomorphismus ist. Wir setzen

$$\operatorname{Herm}(V) := \{\beta \in \operatorname{Ses}(V) \mid \beta \text{ hermitesch}\}$$

Im Fall, dass $\overline{a} = a$ für alle $a \in \mathbb{K}$, spricht man von *symmetrischen* Bilinearformen und schreibt $\operatorname{Sym}(V)$ statt $\operatorname{Herm}(V)$.

Man zeige, dass jede hermitesche Sesquilinearform vollständig durch ihre Werte auf $\{(v, v) \mid v \in V\}$ bestimmt ist, falls in $\mathbb{K}$ gilt $2 \neq 0$.

Aufgabe 2.36 (Hermitesche Formen für $\mathbb{K} = \mathbb{C}$) Man zeige, dass im Falle $\mathbb{K} = \mathbb{C}$ und der komplexen Konjugation als Involution für $\beta \in \operatorname{Herm}(V)$ und $v, w \in V$ gilt

$$\begin{aligned}\beta(v, w) = &\frac{1}{2}\big(\beta(v + w, v + w) - \beta(v, v) - \beta(w, w)\big) \\ &- \frac{\mathrm{i}}{2}\big(\beta(\mathrm{i}v + w, \mathrm{i}v + w) - \beta(v, v) - \beta(w, w)\big).\end{aligned} \tag{2.2}$$

Aufgabe 2.37 (Orthogonalraum bzgl. einer hermiteschen Form) Sei V ein $\mathbb{K}$-Vektorraum, $\bar{\ }: \mathbb{K} \to \mathbb{K}$ ein involutiver Automorphismus und $\beta \in \operatorname{Herm}(V)$. Für $M \subseteq V$ heißt

$$M_\beta^\perp := M^\perp := \{v \in V \mid \forall w \in M : \beta(v, w) = 0\}$$

(lies: *M senkrecht* oder *M orthogonal*) der *Orthogonalraum* zu M bezüglich β. Die Form β heißt *nicht ausgeartet*, wenn $V^\perp = \{0\}$, und *ausgeartet*, wenn $V^\perp \neq \{0\}$ ist. Man zeige, dass $M^\perp$ immer ein $\mathbb{K}$-Untervektorraum von V ist.

Aufgabe 2.38 (Nichtausgeartete hermitesche Formen) Sei $\beta \in \operatorname{Herm}(V)$ eine hermitesche Form auf einem endlichdimensionalen $\mathbb{K}$-Vektorraum V. Man zeige, dass folgende Aussagen äquivalent sind:

(1) β ist nicht ausgeartet (siehe Aufgabe 2.37).
(2) Zu jedem $v \in V \setminus \{0\}$ gibt es ein $w \in V$ mit $\beta(v, w) \neq 0$.
(3) Die Abbildung $\varphi : V \to \tilde{V}^*$ (siehe Aufgabe 2.26), definiert durch

$$(\varphi(v))(w) := \beta(v, w),$$

ist ein $\mathbb{K}$-Vektorraum-Isomorphismus.
(4) Zu jedem $f \in \tilde{V}^*$ gibt es ein $v \in V$ mit $\beta(v, w) = f(w)$ für alle $w \in V$.

Aufgabe 2.39 (Orthogonale Zerlegung bzgl. hermitescher Formen) Sei V ein endlichdimensionaler $\mathbb{K}$-Vektorraum, $\beta \in \operatorname{Herm}(V)$ und $U \subseteq V$ ein Untervektorraum. Man zeige:

(i) Die Abbildung $\beta_U : U \times U \to \mathbb{K}$ mit $\beta_U(u, u') = \beta(u, u')$ ist eine hermitesche Form auf U (genannt die *Einschränkung* von β auf U).
(ii) Wenn β_U nicht ausgeartet ist, dann gilt $V = U \oplus U^\perp$, wobei $\perp$ bezüglich β genommen wird (siehe Aufgabe 2.37).

Aufgabe 2.40 (Diagonalisierbarkeit hermitescher Formen) Sei $\beta \in \operatorname{Herm}(V)$, $\dim V = n$, und $\mathbb{K} = \mathbb{R}$ oder $\mathbb{C}$. Dann existiert eine Basis $\{v_1, \ldots, v_n\}$ für V, bezüglich der β die darstellende Matrix die Gestalt

$$B^{\mathbf{v}}(\beta) = \begin{pmatrix} \beta(v_1, v_1) & & 0 \\ & \ddots & \\ 0 & & \beta(v_n, v_n) \end{pmatrix}$$

hat.

Hinweis: Induktion über $\dim V$ sowie Aufgaben 2.35 und 2.39.

2.4 Lösungsvorschläge

2.4.1 Lineare Gleichungssysteme

Lösungsvorschlag für Aufgabe 2.1: Der Gauß-Algorithmus [MfA, Algorithmus 2.4] liefert

$$\begin{aligned} x_1 + 2x_2 + 3x_3 + 4x_4 &= 5 \\ 4x_1 + 5x_2 + 6x_3 + 7x_4 &= 8 \\ 3x_1 + 4x_2 + 5x_3 + 6x_4 &= 7 \\ 0x_1 + x_2 + 2x_3 + 3x_4 &= 4 \end{aligned} \quad \rightsquigarrow \quad \begin{aligned} x_1 + 2x_2 + 3x_3 + 4x_4 &= 5 \\ - 3x_2 - 6x_3 - 9x_4 &= -12 \\ - 2x_2 - 4x_3 - 6x_4 &= -8 \\ x_2 + 2x_3 + 3x_4 &= 4 \end{aligned}$$

$$\rightsquigarrow \quad \begin{aligned} x_1 + 2x_2 + 3x_3 + 4x_4 &= 5 \\ x_2 + 2x_3 + 3x_4 &= 4 \\ - 2x_2 - 4x_3 - 6x_4 &= -8 \\ x_2 + 2x_3 + 3x_4 &= 4 \end{aligned} \quad \rightsquigarrow \quad \begin{aligned} x_1 + 2x_2 + 3x_3 + 4x_4 &= 5 \\ x_2 + 2x_3 + 3x_4 &= 4 \\ 0x_2 + 0x_3 + 0x_4 &= 0 \\ 0x_2 + 0x_3 + 0x_4 &= 0 \end{aligned}$$

Also kann man x_3 und x_4 frei wählen und berechnet dann x_2 und x_1 wie folgt:

x_2 berechnen: $x_2 + 2x_3 + 3x_4 = 4$ liefert $x_2 = 4 - 2x_3 - 3x_4$

x_1 berechnen: $x_1 + 2x_2 + 3x_3 + 4x_4 = 5$ liefert $x_1 = -3 + x_3 + 2x_4$

Die Lösungsmenge ist also

$$\{(-3 + x_3 + 2x_4, 4 - 2x_3 - 3x_4, x_3, x_4) \in \mathbb{R}^4 \mid x_3, x_4 \in \mathbb{R}\}.$$

□

Lösungsvorschlag für Aufgabe 2.2:

(i)

$$\left(\begin{array}{cccc|c} 1&2&3&4&5 \\ 4&5&6&7&8 \\ 3&4&5&6&7 \\ 0&1&2&3&4 \end{array}\right) \rightsquigarrow \left(\begin{array}{cccc|c} 1&2&3&4&5 \\ 0&-3&-6&-9&-12 \\ 0&-2&-4&-6&-8 \\ 0&1&2&3&4 \end{array}\right) \rightsquigarrow \left(\begin{array}{cccc|c} 1&2&3&4&5 \\ 0&1&2&3&4 \\ 0&-2&-4&-6&-8 \\ 0&1&2&3&4 \end{array}\right) \rightsquigarrow \left(\begin{array}{cccc|c} 1&2&3&4&5 \\ 0&1&2&3&4 \\ 0&0&0&0&0 \\ 0&0&0&0&0 \end{array}\right)$$

und man fährt fort wie in der Lösung von Aufgabe 2.1.

(ii)

$$\left(\begin{array}{cc|c} i&3&-1 \\ 3&-i&2 \end{array}\right) \rightsquigarrow \left(\begin{array}{cc|c} 1&-3i&i \\ 3&-i&2 \end{array}\right) \rightsquigarrow \left(\begin{array}{cc|c} 1&-3i&i \\ 0&8i&2-3i \end{array}\right) \rightsquigarrow \left(\begin{array}{cc|c} 1&-3i&i \\ 0&1&-\frac{3}{8}-\frac{1}{4}i \end{array}\right)$$

führt auf $x_2 = -\frac{3}{8} - \frac{1}{4}i$ und $x_1 = i + 3ix_2 = \frac{3}{4} - \frac{1}{8}i$. □

Lösungsvorschlag für Aufgabe 2.3: Für die Zeilenstufenform

$$\left(\begin{array}{cccccc|c} 0&1&2&3&4&5&6\\ 0&0&0&1&2&3&4\\ 0&0&0&0&0&1&2\\ 0&0&0&0&0&0&0 \end{array}\right)$$

gilt

Anzahl der Spalten: $n = 6$
Anzahl der Stufen: $k = 3$
Spalten mit Stufe: $s_1 = 2, s_2 = 4, s_3 = 6$

Damit liefert der Algorithmus zur Bestimmung der Lösungsmenge eines linearen Gleichungssystems [MfA, Algorithmus 2.11]:

$$\begin{aligned} x_6 &= 2\\ x_5 &= \text{frei zu wählen}\\ x_4 &= 4 - (2x_5 + 3x_6)\\ x_3 &= \text{frei zu wählen}\\ x_2 &= 6 - (2x_3 + 3x_4 + 4x_5 + 5x_6)\\ x_1 &= \text{frei zu wählen} \end{aligned}$$

□

Lösungsvorschlag für Aufgabe 2.4: Der Gauß-Algorithmus [MfA, Algorithmus 2.8] liefert

$$\left(\begin{array}{ccc|c} 1&1&1&1\\ 1&-1&1&0\\ 1&0&1&\frac{1}{2} \end{array}\right) \rightsquigarrow \left(\begin{array}{ccc|c} 1&1&1&1\\ 0&-2&0&-1\\ 0&-1&0&-\frac{1}{2} \end{array}\right) \rightsquigarrow \left(\begin{array}{ccc|c} 1&1&1&1\\ 0&1&0&\frac{1}{2}\\ 0&-1&0&-\frac{1}{2} \end{array}\right) \rightsquigarrow \left(\begin{array}{ccc|c} 1&1&1&1\\ 0&1&0&\frac{1}{2}\\ 0&0&0&0 \end{array}\right),$$

das heißt, wir erhalten das (LGS)

$$\begin{aligned} x_1 + x_2 + x_3 &= 1\\ x_2 \quad &= \tfrac{1}{2} \end{aligned}$$

Eine Lösung ist durch $x_2 = \frac{1}{2}$, $x_1 = \frac{1}{2}$ und $x_3 = 0$ gegeben. Das resultierende (HLGS)

$$\begin{aligned} x_1 + x_2 + x_3 &= 0\\ x_2 \quad &= 0 \end{aligned}$$

liefert die Bedingungen $x_2 = 0$ und $x_1 + x_3 = 0$. Wählt man $x_3 = r \in \mathbb{R}$ beliebig, so sieht man, dass die Lösungen von (HLGS) alle die Form $(r, 0, -r)$ mit beliebigem

$r \in \mathbb{R}$ haben. Aus der Summe der Lösungen des homogenen Systems und der speziellen Lösung $(\frac{1}{2}, \frac{1}{2}, 0)$ für das inhomogene System ergibt sich die Lösungsmenge des inhomogenen Systems als $\{(\frac{1}{2} + r, \frac{1}{2}, -r) \mid r \in \mathbb{R}\}$. □

Lösungsvorschlag für Aufgabe 2.5**:** Wir bearbeiten die (erweiterten) Koeffizientenmatrizen mit dem Gauß-Algorithmus [MfA, Algorithmus 2.8].

(i)

$$\begin{pmatrix} 1 & -1 & 2 & 1 \\ 2 & 1 & -1 & 0 \\ 3 & 0 & 1 & 2 \end{pmatrix} \rightsquigarrow \begin{pmatrix} 1 & -1 & 2 & 1 \\ 0 & 3 & -5 & -2 \\ 0 & 3 & -5 & -1 \end{pmatrix} \rightsquigarrow \begin{pmatrix} 1 & -1 & 2 & 1 \\ 0 & 3 & -5 & -2 \\ 0 & 0 & 0 & 1 \end{pmatrix}.$$

Das System ist also nicht lösbar (siehe [MfA], Proposition 2.10] zur Lösbarkeit von linearen Gleichungssystemen).

(ii)

$$\begin{pmatrix} 2 & -3 & 2 \\ 1 & 1 & -1 \\ 5 & -5 & 1 \end{pmatrix} \rightsquigarrow \begin{pmatrix} 1 & 1 & -1 \\ 0 & -5 & 4 \\ 0 & -10 & 5 \end{pmatrix} \rightsquigarrow \begin{pmatrix} 1 & 1 & -1 \\ 0 & -5 & 4 \\ 0 & 0 & -3 \end{pmatrix} \rightsquigarrow \begin{pmatrix} 1 & 1 & 0 \\ 0 & -5 & 0 \\ 0 & 0 & 1 \end{pmatrix} \rightsquigarrow \begin{pmatrix} 1 & 0 & 0 \\ 0 & 1 & 0 \\ 0 & 0 & 1 \end{pmatrix}.$$

Also ist $x_1 = x_2 = x_3 = 0$ die einzige Lösung.

(iii)

$$\begin{pmatrix} 1 & 1 & 1 & 1 & 1 & 1 & 4 \\ 1 & 1 & 1 & -1 & -1 & -1 & 2 \\ 1 & -1 & 1 & -1 & 1 & -1 & 2 \end{pmatrix} \rightsquigarrow \begin{pmatrix} 1 & 1 & 1 & 1 & 1 & 1 & 4 \\ 0 & 0 & 0 & -2 & -2 & -2 & -2 \\ 0 & 2 & 0 & 2 & 0 & 2 & 0 \end{pmatrix} \rightsquigarrow \begin{pmatrix} 1 & 1 & 1 & 1 & 1 & 1 & 4 \\ 0 & 2 & 0 & 2 & 0 & 2 & 0 \\ 0 & 0 & 0 & -2 & -2 & -2 & -2 \end{pmatrix}$$

$$\rightsquigarrow \begin{pmatrix} 1 & 1 & 1 & 1 & 1 & 1 & 4 \\ 0 & 1 & 0 & 1 & 0 & 1 & 0 \\ 0 & 0 & 0 & 1 & 1 & 1 & 1 \end{pmatrix} \rightsquigarrow \begin{pmatrix} 1 & 0 & 1 & 0 & 1 & 0 & 4 \\ 0 & 1 & 0 & 0 & 0 & 0 & 0 \\ 0 & 0 & 0 & 1 & 1 & 1 & 1 \end{pmatrix}.$$

Eine Lösung ist durch $x_4 = 1, x_5 = 0, x_6 = 0$ (3. Gleichung), sowie $x_2 = 0$ (2. Gleichung) und $x_1 = 2 = x_3$ (1. Gleichung) gegeben. Das zugehörige HLGS hat die Koeffizientenmatrix

$$\begin{pmatrix} 1 & 0 & 1 & 0 & 1 & 0 \\ 0 & 1 & 0 & 0 & 0 & 0 \\ 0 & 0 & 0 & 1 & 1 & 1 \end{pmatrix},$$

also kann man in den Lösungen des HLGS x_3, x_5, x_6 beliebig wählen und dann gilt

$$x_4 = -x_5 - x_6, x_2 = 0, x_1 = -x_3 - x_5.$$

Zusammen erhält man nach [MfA, Algorithmus 2.11] die Lösungsmenge

$$\{(2 - x_5 - x_3, 0, 2 + x_3, 1 - x_5 - x_6, x_5, x_6) \mid x_3, x_5, x_6 \in \mathbb{R}\}.$$

□

Lösungsvorschlag für Aufgabe 2.6**:** Die Bedingungen für die Zeilen lassen sich durch die folgenden Gleichungen beschreiben:

$$\begin{aligned} x_{11} + 2 + x_{13} + x_{14} &= s, \\ x_{21} + x_{22} + x_{23} + 4 &= s, \\ 1 + x_{32} + x_{33} + x_{34} &= s, \\ x_{41} + x_{42} + 3 + x_{44} &= s. \end{aligned}$$

Die Bedingungen für die Spalten lassen sich durch die folgenden Gleichungen beschreiben:

$$\begin{aligned} x_{11} + x_{21} + 1 + x_{41} &= s, \\ 2 + x_{22} + x_{32} + x_{42} &= s, \\ x_{13} + x_{23} + x_{33} + 3 &= s, \\ x_{14} + 4 + x_{34} + x_{44} &= s. \end{aligned}$$

Die Bedingungen für die Diagonalen lassen sich durch die folgenden Gleichungen beschreiben:

$$\begin{aligned} x_{11} + x_{22} + x_{33} + x_{44} &= s, \\ x_{14} + x_{23} + x_{32} + x_{41} &= s. \end{aligned}$$

Wir haben also 12 Variablen, nämlich

$$x_{11}, x_{13}, x_{14}, x_{21}, x_{22}, x_{23}, x_{32}, x_{33}, x_{34}, x_{41}, x_{42}, x_{44},$$

und 10 (inhomogene) lineare Gleichungen. Das zugehörige LGS ist bzgl. dieser Reihenfolge der Variablen) durch die folgende erweiterte Koeffizientenmatrix beschrieben:

$$\left(\begin{array}{cccccccccccc|c} x_{11} & x_{13} & x_{14} & x_{21} & x_{22} & x_{23} & x_{32} & x_{33} & x_{34} & x_{41} & x_{42} & x_{44} & \\ \hline 1 & 1 & 1 & 0 & 0 & 0 & 0 & 0 & 0 & 0 & 0 & 0 & s-2 \\ 0 & 0 & 0 & 1 & 1 & 1 & 0 & 0 & 0 & 0 & 0 & 0 & s-4 \\ 0 & 0 & 0 & 0 & 0 & 0 & 1 & 1 & 1 & 0 & 0 & 0 & s-1 \\ 0 & 0 & 0 & 0 & 0 & 0 & 0 & 0 & 0 & 1 & 1 & 1 & s-3 \\ 1 & 0 & 0 & 1 & 0 & 0 & 0 & 0 & 0 & 1 & 0 & 0 & s-1 \\ 0 & 0 & 0 & 0 & 1 & 0 & 1 & 0 & 0 & 0 & 1 & 0 & s-2 \\ 0 & 1 & 0 & 0 & 0 & 1 & 0 & 1 & 0 & 0 & 0 & 0 & s-3 \\ 0 & 0 & 1 & 0 & 0 & 0 & 0 & 0 & 1 & 0 & 0 & 1 & s-4 \\ 1 & 0 & 0 & 0 & 1 & 0 & 0 & 1 & 0 & 0 & 0 & 1 & s \\ 0 & 0 & 1 & 0 & 0 & 1 & 1 & 0 & 0 & 1 & 0 & 0 & s \end{array}\right)$$

Wir bringen dies Matrix mithilfe des Gauß-Algorithmus [MfA, Algorithmus 2.8] auf Zeilenstufenform:

$$\left(\begin{array}{cccccccccccc|c}
1&1&1&0&0&0&0&0&0&0&0&0&s-2\\
0&0&0&1&1&1&0&0&0&0&0&0&s-4\\
0&0&0&0&0&0&1&1&1&0&0&0&s-1\\
0&0&0&0&0&0&0&0&0&1&1&1&s-3\\
1&0&0&1&0&0&0&0&0&1&0&0&s-1\\
0&0&0&0&1&0&1&0&0&0&1&0&s-2\\
0&1&0&0&0&1&0&1&0&0&0&0&s-3\\
0&0&1&0&0&0&0&0&1&0&0&1&s-4\\
1&0&0&0&1&0&0&1&0&0&0&1&s\\
0&0&1&0&0&1&1&0&0&1&0&0&s
\end{array}\right) \rightsquigarrow \left(\begin{array}{cccccccccccc|c}
1&1&1&0&0&0&0&0&0&0&0&0&s-2\\
0&0&0&1&1&1&0&0&0&0&0&0&s-4\\
0&0&0&0&0&0&1&1&1&0&0&0&s-1\\
0&0&0&0&0&0&0&0&0&1&1&1&s-3\\
0&-1&-1&1&0&0&0&0&0&1&0&0&1\\
0&0&0&0&1&0&1&0&0&0&1&0&s-2\\
0&1&0&0&0&1&0&1&0&0&0&0&s-3\\
0&0&1&0&0&0&0&0&1&0&0&1&s-4\\
0&-1&-1&0&1&0&0&1&0&0&0&1&2\\
0&0&1&0&0&1&1&0&0&1&0&0&s
\end{array}\right) \rightsquigarrow$$

$$\left(\begin{array}{cccccccccccc|c}
1&1&1&0&0&0&0&0&0&0&0&0&s-2\\
0&0&0&1&1&1&0&0&0&0&0&0&s-4\\
0&0&0&0&0&0&1&1&1&0&0&0&s-1\\
0&0&0&0&0&0&0&0&0&1&1&1&s-3\\
0&-1&-1&1&0&0&0&0&0&1&0&0&1\\
0&0&0&0&1&0&1&0&0&0&1&0&s-2\\
0&0&-1&1&0&1&0&1&0&1&0&0&s-2\\
0&0&1&0&0&0&0&0&1&0&0&1&s-4\\
0&0&0&-1&1&0&0&1&0&-1&0&1&1\\
0&0&1&0&0&1&1&0&0&1&0&0&s
\end{array}\right) \rightsquigarrow \left(\begin{array}{cccccccccccc|c}
1&1&1&0&0&0&0&0&0&0&0&0&s-2\\
0&0&0&1&1&1&0&0&0&0&0&0&s-4\\
0&0&0&0&0&0&1&1&1&0&0&0&s-1\\
0&0&0&0&0&0&0&0&0&1&1&1&s-3\\
0&-1&-1&1&0&0&0&0&0&1&0&0&1\\
0&0&0&0&1&0&1&0&0&0&1&0&s-2\\
0&0&-1&1&0&1&0&1&0&1&0&0&s-2\\
0&0&0&1&0&1&0&1&1&1&0&1&2s-6\\
0&0&0&-1&1&0&0&1&0&-1&0&1&1\\
0&0&0&1&0&2&1&1&0&2&0&0&2s-2
\end{array}\right) \rightsquigarrow$$

$$\left(\begin{array}{cccccccccccc|c}
1&1&1&0&0&0&0&0&0&0&0&0&s-2\\
0&-1&-1&1&0&0&0&0&0&1&0&0&1\\
0&0&-1&1&0&1&0&1&0&1&0&0&s-2\\
0&0&0&1&1&1&0&0&0&0&0&0&s-4\\
0&0&0&0&0&0&1&1&1&0&0&0&s-1\\
0&0&0&0&0&0&0&0&0&1&1&1&s-3\\
0&0&0&0&1&0&1&0&0&0&1&0&s-2\\
0&0&0&1&0&1&0&1&1&1&0&1&2s-6\\
0&0&0&-1&1&0&0&1&0&-1&0&1&1\\
0&0&0&1&0&2&1&1&0&2&0&0&2s-2
\end{array}\right) \rightsquigarrow \left(\begin{array}{cccccccccccc|c}
1&1&1&0&0&0&0&0&0&0&0&0&s-2\\
0&-1&-1&1&0&0&0&0&0&1&0&0&1\\
0&0&-1&1&0&1&0&1&0&1&0&0&s-2\\
0&0&0&1&1&1&0&0&0&0&0&0&s-4\\
0&0&0&0&0&0&1&1&1&0&0&0&s-1\\
0&0&0&0&0&0&0&0&0&1&1&1&s-3\\
0&0&0&0&1&0&1&0&0&0&1&0&s-2\\
0&0&0&0&-1&0&0&1&1&1&0&1&s-2\\
0&0&0&0&2&1&0&1&0&-1&0&1&s-3\\
0&0&0&0&-1&1&1&1&0&2&0&0&s+2
\end{array}\right) \rightsquigarrow$$

$$\left(\begin{array}{cccccccccccc|c}
1&1&1&0&0&0&0&0&0&0&0&0&s-2\\
0&-1&-1&1&0&0&0&0&0&1&0&0&1\\
0&0&-1&1&0&1&0&1&0&1&0&0&s-2\\
0&0&0&1&1&1&0&0&0&0&0&0&s-4\\
0&0&0&0&0&0&1&1&1&0&0&0&s-1\\
0&0&0&0&0&0&0&0&0&1&1&1&s-3\\
0&0&0&0&1&0&1&0&0&0&1&0&s-2\\
0&0&0&0&0&0&1&1&1&1&1&1&2s-4\\
0&0&0&0&0&1&-2&1&0&-1&-2&1&-s+1\\
0&0&0&0&0&1&2&1&0&2&1&0&2s
\end{array}\right) \rightsquigarrow \left(\begin{array}{cccccccccccc|c}
1&1&1&0&0&0&0&0&0&0&0&0&s-2\\
0&-1&-1&1&0&0&0&0&0&1&0&0&1\\
0&0&-1&1&0&1&0&1&0&1&0&0&s-2\\
0&0&0&1&1&1&0&0&0&0&0&0&s-4\\
0&0&0&0&0&0&1&1&1&0&0&0&s-1\\
0&0&0&0&0&0&0&0&0&1&1&1&s-3\\
0&0&0&0&1&0&1&0&0&0&1&0&s-2\\
0&0&0&0&0&0&1&1&1&1&1&1&2s-4\\
0&0&0&0&0&1&-2&1&0&-1&-2&1&-s+\\
0&0&0&0&0&0&4&0&0&3&3&-1&3s-1
\end{array}\right) \rightsquigarrow$$

$$
\left(\begin{array}{cccccccccccc|c}
1 & 1 & 1 & 0 & 0 & 0 & 0 & 0 & 0 & 0 & 0 & 0 & s-2 \\
0 & -1 & -1 & 1 & 0 & 0 & 0 & 0 & 0 & 1 & 0 & 0 & 1 \\
0 & 0 & -1 & 1 & 0 & 1 & 0 & 1 & 0 & 1 & 0 & 0 & s-2 \\
0 & 0 & 0 & 1 & 1 & 1 & 0 & 0 & 0 & 0 & 0 & 0 & s-4 \\
0 & 0 & 0 & 0 & 1 & 0 & 1 & 0 & 0 & 0 & 1 & 0 & s-2 \\
0 & 0 & 0 & 0 & 0 & 1 & -2 & 1 & 0 & -1 & -2 & 1 & -s+1 \\
0 & 0 & 0 & 0 & 0 & 0 & 1 & 1 & 1 & 0 & 0 & 0 & s-1 \\
0 & 0 & 0 & 0 & 0 & 0 & 0 & 0 & 0 & 1 & 1 & 1 & s-3 \\
0 & 0 & 0 & 0 & 0 & 0 & 1 & 1 & 1 & 1 & 1 & 1 & 2s-4 \\
0 & 0 & 0 & 0 & 0 & 0 & 4 & 0 & 0 & 3 & 3 & -1 & 3s-1
\end{array}\right)
\rightsquigarrow
\left(\begin{array}{cccccccccccc|c}
1 & 1 & 1 & 0 & 0 & 0 & 0 & 0 & 0 & 0 & 0 & 0 & s-2 \\
0 & -1 & -1 & 1 & 0 & 0 & 0 & 0 & 0 & 1 & 0 & 0 & 1 \\
0 & 0 & -1 & 1 & 0 & 1 & 0 & 1 & 0 & 1 & 0 & 0 & s-2 \\
0 & 0 & 0 & 1 & 1 & 1 & 0 & 0 & 0 & 0 & 0 & 0 & s-4 \\
0 & 0 & 0 & 0 & 1 & 0 & 1 & 0 & 0 & 0 & 1 & 0 & s-2 \\
0 & 0 & 0 & 0 & 0 & 1 & -2 & 1 & 0 & -1 & -2 & 1 & -s+1 \\
0 & 0 & 0 & 0 & 0 & 0 & 1 & 1 & 1 & 0 & 0 & 0 & s-1 \\
0 & 0 & 0 & 0 & 0 & 0 & 0 & 0 & 0 & 1 & 1 & 1 & s-3 \\
0 & 0 & 0 & 0 & 0 & 0 & 0 & 0 & 0 & 1 & 1 & 1 & s-3 \\
0 & 0 & 0 & 0 & 0 & 0 & 0 & -4 & -4 & 3 & 3 & -1 & -s+3
\end{array}\right)
\rightsquigarrow
$$

$$
\left(\begin{array}{cccccccccccc|c}
1 & 1 & 1 & 0 & 0 & 0 & 0 & 0 & 0 & 0 & 0 & 0 & s-2 \\
0 & -1 & -1 & 1 & 0 & 0 & 0 & 0 & 0 & 1 & 0 & 0 & 1 \\
0 & 0 & -1 & 1 & 0 & 1 & 0 & 1 & 0 & 1 & 0 & 0 & s-2 \\
0 & 0 & 0 & 1 & 1 & 1 & 0 & 0 & 0 & 0 & 0 & 0 & s-4 \\
0 & 0 & 0 & 0 & 1 & 0 & 1 & 0 & 0 & 0 & 1 & 0 & s-2 \\
0 & 0 & 0 & 0 & 0 & 1 & -2 & 1 & 0 & -1 & -2 & 1 & -s+1 \\
0 & 0 & 0 & 0 & 0 & 0 & 1 & 1 & 1 & 0 & 0 & 0 & s-1 \\
0 & 0 & 0 & 0 & 0 & 0 & 0 & -4 & -4 & 3 & 3 & -1 & -s+3 \\
0 & 0 & 0 & 0 & 0 & 0 & 0 & 0 & 0 & 1 & 1 & 1 & s-3 \\
0 & 0 & 0 & 0 & 0 & 0 & 0 & 0 & 0 & 1 & 1 & 1 & s-3
\end{array}\right)
\rightsquigarrow
\left(\begin{array}{cccccccccccc|c}
1 & 1 & 1 & 0 & 0 & 0 & 0 & 0 & 0 & 0 & 0 & 0 & s-2 \\
0 & -1 & -1 & 1 & 0 & 0 & 0 & 0 & 0 & 1 & 0 & 0 & 1 \\
0 & 0 & -1 & 1 & 0 & 1 & 0 & 1 & 0 & 1 & 0 & 0 & s-2 \\
0 & 0 & 0 & 1 & 1 & 1 & 0 & 0 & 0 & 0 & 0 & 0 & s-4 \\
0 & 0 & 0 & 0 & 1 & 0 & 1 & 0 & 0 & 0 & 1 & 0 & s-2 \\
0 & 0 & 0 & 0 & 0 & 1 & -2 & 1 & 0 & -1 & -2 & 1 & -s+1 \\
0 & 0 & 0 & 0 & 0 & 0 & 1 & 1 & 1 & 0 & 0 & 0 & s-1 \\
0 & 0 & 0 & 0 & 0 & 0 & 0 & -4 & -4 & 4 & 4 & 0 & 0 \\
0 & 0 & 0 & 0 & 0 & 0 & 0 & 0 & 0 & 1 & 1 & 1 & s-3
\end{array}\right)
$$

Damit haben wir das folgende System zu lösen:

x_{11}	x_{13}	x_{14}	x_{21}	x_{22}	x_{23}	x_{32}	x_{33}	x_{34}	x_{41}	x_{42}	x_{44}	
1	1	1	0	0	0	0	0	0	0	0	0	$s-2$
0	1	1	−1	0	0	0	0	0	−1	0	0	−1
0	0	1	−1	0	−1	0	−1	0	−1	0	0	$-s+2$
0	0	0	1	1	1	0	0	0	0	0	0	$s-4$
0	0	0	0	1	0	1	0	0	0	1	0	$s-2$
0	0	0	0	0	1	−2	1	0	−1	−2	1	$-s+1$
0	0	0	0	0	0	1	1	1	0	0	0	$s-1$
0	0	0	0	0	0	0	1	1	−1	−1	0	0
0	0	0	0	0	0	0	0	0	1	1	1	$s-3$

Die Spalten 12, 11 und 9 zeigen, dass wir x_{44}, x_{42} und x_{34} beliebig vorgeben können, weil da in der vorliegenden Zeilenstufenform keine Stufen sind. Dann lösen wir die Gleichung von unten her auf:

$$
\begin{aligned}
x_{41} &= s - 3 - x_{42} - x_{44} \\
x_{33} &= -x_{34} + x_{41} + x_{42} \;=\; -x_{34} + (s - 3 - x_{42} - x_{44}) + x_{42} \;=\; s - 3 - x_{34} - x_{44} \\
x_{32} &= s - 1 - x_{33} - x_{34} \;=\; s - 1 - (s - 3 - x_{34} - x_{44}) - x_{34} \;=\; 2 + x_{44} \\
x_{23} &= -s + 1 + 2x_{32} - x_{33} + x_{41} + 2x_{42} - x_{44} \\
&= -s + 1 + 2(2 + x_{44}) - (s - 3 - x_{34} - x_{44}) + (s - 3 - x_{42} - x_{44}) + 2x_{42} - x_{44} \\
&= -s + 5 + x_{34} + x_{42} + x_{44} \\
x_{22} &= s - 2 - x_{32} - x_{42} \;=\; s - 2 - (2 + x_{44}) - x_{42} \;=\; s - 4 - x_{42} - x_{44} \\
x_{21} &= s - 4 - x_{22} - x_{23} \;=\; s - 4 - (s - 4 - x_{42} - x_{44}) - (-s + 5 + x_{34} + x_{42} + x_{44}) \\
&= s - 5 - x_{34} \\
x_{14} &= -s + 2 + x_{21} + x_{23} + x_{33} + x_{41} \\
&= -s + 2 + (s - 5 - x_{34}) + (-s + 5 + x_{34} + x_{42} + x_{44}) + (s - 3 - x_{34} - x_{44}) \\
&\quad + (s - 3 - x_{42} - x_{44}) \\
&= s - 4 - x_{34} - x_{44} \\
x_{13} &= -1 - x_{14} + x_{21} + x_{41} \;=\; -1 - (s - 4 - x_{34} - x_{44}) + (s - 5 - x_{34}) \\
&\quad + (s - 3 - x_{34} - x_{44}) \\
&= s - 5 - x_{42} \\
x_{11} &= s - 2 - x_{13} - x_{14} \;=\; s - 2 - (s - 5 - x_{42}) - (s - 4 - x_{34} - x_{44}) \\
&= -s + 7 + x_{34} + x_{42} + x_{44}
\end{aligned}
$$

Damit haben wir die magischen Quadrate

$-s + 7 + x_{34} + x_{42} + x_{44}$	2	$s - 5 - x_{42}$	$s - 4 - x_{34} - x_{44}$
$s - 5 - x_{34}$	$s - 4 - x_{42} - x_{44}$	$-s + 5 + x_{34} + x_{42} + x_{44}$	4
1	$2 + x_{44}$	$s - 3 - x_{34} - x_{44}$	x_{34}
$s - 3 - x_{42} - x_{44}$	x_{42}	3	x_{44}

Wenn man $s = 34$, $x_{44} = 10$, $x_{42} = 13$ und $x_{34} = 15$ wählt, ergibt sich

$-34 + 7 + 15 + 13 + 10$	2	$34 - 5 - 13$	$34 - 4 - 15 - 10$
$34 - 5 - 15$	$34 - 4 - 13 - 10$	$-34 + 5 + 15 + 13 + 10$	4
1	$2 + 10$	$34 - 3 - 15 - 10$	15
$34 - 3 - 13 - 10$	13	3	10

also

11	2	16	5
14	7	9	4
1	12	6	15
8	13	3	10

Bemerkung: Wenn man in der Ausgangsmatrix die 4 in der zweiten Zeile durch eine 3 ersetzt, kann man das resultierende Gleichungssystem mit den selben Rechenschritten lösen und so magische Quadrate finden. Allerdings stellt sich dann heraus, dass es keine ganzzahligen Lösungen gibt! □

Lösungsvorschlag für Aufgabe 2.7: Wir bringen die erweiterte Koeffizientenmatrix mit dem Gauß-Algorithmus auf Zeilenstufenform:

$$\left(\begin{array}{ccc|c} 1 & 2+i & i & 1 \\ 1-i & 1 & -2i & 2-i \\ -1 & 2+3i & -i & 3 \end{array}\right) \rightsquigarrow \left(\begin{array}{ccc|c} 1 & 2+i & i & 1 \\ 0 & i-2 & -1-3i & 1 \\ 0 & 4+4i & 0 & 4 \end{array}\right) \rightsquigarrow \left(\begin{array}{ccc|c} 1 & 2+i & i & 1 \\ 0 & i-2 & -1-3i & 1 \\ 0 & 1+i & 0 & 1 \end{array}\right) \rightsquigarrow$$

$$\left(\begin{array}{ccc|c} 1 & 2+i & i & 1 \\ 0 & -3 & -1-3i & 0 \\ 0 & 1+i & 0 & 1 \end{array}\right) \rightsquigarrow \left(\begin{array}{ccc|c} 1 & 2+i & i & 1 \\ 0 & 1 & i+\frac{1}{3} & 0 \\ 0 & 1 & 0 & \frac{1-i}{2} \end{array}\right) \rightsquigarrow \left(\begin{array}{ccc|c} 1 & 2+i & i & 1 \\ 0 & 1 & 0 & \frac{1-i}{2} \\ 0 & 1 & i+\frac{1}{3} & 0 \end{array}\right) \rightsquigarrow$$

$$\left(\begin{array}{ccc|c} 1 & 2+i & i & 1 \\ 0 & 1 & 0 & \frac{1-i}{2} \\ 0 & 0 & i+\frac{1}{3} & \frac{i-1}{2} \end{array}\right) \rightsquigarrow \left(\begin{array}{ccc|c} 1 & 2+i & i & 1 \\ 0 & 1 & 0 & \frac{1-i}{2} \\ 0 & 0 & 1 & \frac{3(1+2i)}{10} \end{array}\right)$$

Damit gilt

$$\begin{aligned} z_3 &= \tfrac{3}{10} + i\tfrac{3}{5} \\ z_2 &= \tfrac{1}{2} - i\tfrac{1}{2} \\ z_1 &= 1 - (2+i)z_2 - iz_3 \;=\; 1 - (2+i)(\tfrac{1}{2} - i\tfrac{1}{2}) - i(\tfrac{3}{10} + i\tfrac{3}{5}) \\ &= (1 - 1 + \tfrac{1}{2} + \tfrac{3}{5}) + i(-\tfrac{1}{2} + 1 - \tfrac{3}{10}) \;=\; \tfrac{11}{10} + i\tfrac{1}{5}. \end{aligned}$$

□

2.4.2 Vektorräume

Lösungsvorschlag für Aufgabe 2.8: Seien $a = (a_n)_{n\in\mathbb{N}}$ und $b = (b_n)_{n\in\mathbb{N}}$ Cauchy-Folgen in $\mathbb{Q}$ und $\lambda \in \mathbb{Q}$. Nach der definierenden Bedingung [MfA, (1.9)] für Cauchy-Folgen gibt es zu $0 < \varepsilon \in \mathbb{Q}$ ein $K \in \mathbb{N}$ mit

$$\begin{aligned} \forall n, m \in \mathbb{N}, n > K, m > K: &\quad -\varepsilon < a_m - a_n < \varepsilon, \\ \forall n, m \in \mathbb{N}, n > K, m > K: &\quad -\varepsilon < b_m - b_n < \varepsilon. \end{aligned}$$

Dies impliziert

$$\begin{aligned} \forall n, m \in \mathbb{N}, n > K, m > K: &\quad -2\varepsilon < (a_m + b_m) - (a_n + b_n) < 2\varepsilon, \\ \forall n, m \in \mathbb{N}, n > K, m > K: &\quad -|\lambda|\varepsilon < \lambda a_m - \lambda a_n < |\lambda|\varepsilon \end{aligned}$$

und, weil ε beliebig klein und λ fixiert war, sind $a + b$ und λa ebenfalls Cauchy-Folgen. Mit der Definition eines Untervektorraums [MfA, Definition 2.14] folgt also die Behauptung. □

Lösungsvorschlag für Aufgabe 2.9**:** Wir betrachten wir $\varphi, \psi \in \mathrm{Hom}_{\mathbb{K}}(V, W)$ und $r, s \in \mathbb{K}$. Für $c_1, c_2 \in \mathbb{K}$ und $v_1, v_2 \in V$ zeigt dann die Rechnung

$$\begin{aligned}(r\varphi + s\psi)(c_1v_1 + c_2v_2) - r\varphi(c_1v_1 + c_2v_2) + s\psi(c_1v_1 + c_2v_2)\\ &= rc_1\varphi(v_1) + rc_2\varphi(v_2) + sc_1\psi(v_1) + sc_2\psi(v_2)\\ &= c_1\,(r\varphi(v_1) + s\psi(v_1)) + c_2\,(r\varphi(v_2) + s\psi(v_2))\\ &= c_1(r\varphi + s\psi)(v_1) + c_2(r\varphi + s\psi)(v_2)\end{aligned}$$

die Behauptung. □

Lösungsvorschlag für Aufgabe 2.10**:**

(i) Aus der Definition der linearen Hülle in [MfA, Definition 2.23] folgt, dass $\langle A\rangle_{\mathbb{K}-\mathrm{VR}}$ der kleinste lineare Unterraum von V ist, der A enthält. Damit gilt $A \subseteq \langle A\rangle_{\mathbb{K}-\mathrm{VR}}$ immer und die Inklusion $\supseteq$ kann nur gelten, wenn A ein linearer Unterraum von V ist. Wenn dies der Fall ist, dann ist die Gleichheit aber klar.

(ii) Das folgt sofort aus der Definition der linearen Hülle.

(iii) $\langle A \cup B\rangle_{\mathbb{K}-\mathrm{VR}}$ ist der kleinste lineare Unterraum von V, der A und B enthält. $\langle A\rangle_{\mathbb{K}-\mathrm{VR}} + \langle B\rangle_{\mathbb{K}-\mathrm{VR}}$ ist ein solcher linearer Unterraum, also gilt $\subseteq$. Umgekehrt sind $\langle A\rangle_{\mathbb{K}-\mathrm{VR}}$ und $\langle B\rangle_{\mathbb{K}-\mathrm{VR}}$ in dem linearen Unterraum $\langle A \cup B\rangle_{\mathbb{K}-\mathrm{VR}}$ enthalten, also auch ihre Summe. □

Lösungsvorschlag für Aufgabe 2.11**:** Wenn $U \cap U' = \{0\}$ und $u + u' = w + w'$ mit $u, w \in U$ sowie $u', w' \in U'$, dann gilt

$$u - w = w' - u' \in U \cap U' = \{0\},$$

also $u = w$ und $u' = w'$. Umgekehrt liefert die Bedingung für $v \in U \cap U'$, dass aus $v + 0 = 0 + v$ die Gleichheit $v = 0$ folgt. □

Lösungsvorschlag für Aufgabe 2.12**:** Wenn wir $A' := A \setminus \{a\} \subset A$ setzen, dann gibt es nach Voraussetzung $m \in \mathbb{N}$, $a'_j \in A \setminus \{a\} = A'$ sowie $c_j \in \mathbb{K}$ für $j = 1, \ldots,$ m mit $a = \sum\limits_{j=1}^{m} c_j a'_j$. Damit folgt

$$\begin{aligned}\langle A\rangle_{\mathbb{K}-\mathrm{VR}} &= \left\{ta + \sum_{i=1}^{k} d_i b_i \;\middle|\; b_i \in A', t, d_i \in \mathbb{K}, k \in \mathbb{N}\right\}\\ &= \left\{\sum_{j=1}^{m} tc_j a'_j + \sum_{i=1}^{k} d_i b_i \;\middle|\; a'_j, b_i \in A', c_j, t, d_i \in \mathbb{K}, k \in \mathbb{N}\right\}\\ &\subseteq \langle A'\rangle_{\mathbb{K}-\mathrm{VR}} \subseteq \langle A\rangle_{\mathbb{K}-\mathrm{VR}}\end{aligned}$$

und wir erhalten $\langle A'\rangle_{\mathbb{K}-\mathrm{VR}} = \langle A\rangle_{\mathbb{K}-\mathrm{VR}}$. Nach der in [MfA, Definition 2.23] gegebenen Definition der linearen Abhängigkeit liefert das die linearen Abhängigkeit von A. □

Lösungsvorschlag für Aufgabe 2.13**:**

(i) Diese Aussage ist falsch. Man nehme $V = \mathbb{K}^2$ und $u = \begin{pmatrix}1\\0\end{pmatrix}$, $v = \begin{pmatrix}0\\1\end{pmatrix}$, $w = \begin{pmatrix}1\\1\end{pmatrix}$.

(ii) Diese Aussage ist richtig. Wenn nämlich

$$r(u+v) + s(v+w) + t(u+w) = 0$$

für $(r,s,t) \neq (0,0,0)$ in $\mathbb{K}^3$, dann gilt

$$(r+t)u + (r+s)v + (s+t)w = r(u+v) + s(v+w) + t(u+w) = 0,$$

also $r+t = r+s = s+t = 0$. Dies ist ein HLGS, das nur durch $r = s = t = 0$ gelöst wird ($r+t = r+s$ impliziert $t = s$, was zusammen mit $s+t = 0$ ergibt, dass $t = 0 = s$ und dann $r = 0$). □

Lösungsvorschlag für Aufgabe 2.14**:** Wegen $z_2 - \frac{1}{2}z_1 = z_3$ haben wir

$$\langle z_1, \dots, z_5\rangle_{\mathbb{C}-\mathrm{VR}} = \langle z_1, z_3, z_4, z_5\rangle_{\mathbb{C}-\mathrm{VR}}.$$

Also ist $\langle z_1, \dots, z_5\rangle_{\mathbb{C}-\mathrm{VR}} = \mathbb{C}^4$ genau dann, wenn $\{z_1, z_3, z_4, z_5\}$ linear unabhängig ist. Mit dem Test auf lineare Unabhängigkeit aus [MfA, Satz 2.24] ist das genau dann der Fall, wenn das HLGS mit Koeffizientenmatrix

$$\begin{pmatrix} 0 & \lambda\mathrm{i} & 3 & 0 \\ 0 & \lambda & 0 & -1 \\ 2 & 0 & \mathrm{i} & 1 \\ 2\mathrm{i} & 0 & -1+3\mathrm{i} & \lambda \end{pmatrix}$$

nur die triviale Lösung $(0,0,0,0)$ hat. Wir lösen das System mit dem Gauß-Algorithmus:,

$$\begin{pmatrix} 0 & \lambda\mathrm{i} & 3 & 0 \\ 0 & \lambda & 0 & -1 \\ 2 & 0 & \mathrm{i} & 1 \\ 2\mathrm{i} & 0 & -1+3\mathrm{i} & \lambda \end{pmatrix} \rightsquigarrow \begin{pmatrix} 0 & \lambda\mathrm{i} & 3 & 0 \\ 0 & \lambda & 0 & -1 \\ 2 & 0 & \mathrm{i} & 1 \\ 0 & 0 & 3\mathrm{i} & \lambda-\mathrm{i} \end{pmatrix} \rightsquigarrow \begin{pmatrix} 2 & 0 & \mathrm{i} & 1 \\ 0 & \lambda & 0 & -1 \\ 0 & \lambda\mathrm{i} & 3 & 0 \\ 0 & 0 & 3\mathrm{i} & \lambda-\mathrm{i} \end{pmatrix} \rightsquigarrow \begin{pmatrix} 2 & 0 & \mathrm{i} & 1 \\ 0 & \lambda & 0 & -1 \\ 0 & 0 & 3 & \mathrm{i} \\ 0 & 0 & 3\mathrm{i} & \lambda-\mathrm{i} \end{pmatrix}$$

$$\rightsquigarrow \begin{pmatrix} 2 & 0 & \mathrm{i} & 1 \\ 0 & \lambda & 0 & -1 \\ 0 & 0 & 3 & \mathrm{i} \\ 0 & 0 & 0 & \lambda-\mathrm{i}+1 \end{pmatrix}$$

Dieses System hat genau dann nur die Null-Lösung, wenn $\lambda \neq 0 \neq \lambda - \mathrm{i} + 1$. Damit gilt $M = \{0, \mathrm{i} - 1\}$. □

Lösungsvorschlag für Aufgabe 2.15**:** Das System ist genau dann lösbar, wenn es $x_1, \dots, x_n \in \mathbb{K}$ mit

$$x_1 \begin{pmatrix} a_{11} \\ \vdots \\ a_{m1} \end{pmatrix} + \dots + x_n \begin{pmatrix} a_{1n} \\ \vdots \\ a_{mn} \end{pmatrix} = \begin{pmatrix} b_1 \\ \vdots \\ b_m \end{pmatrix}$$

gibt. Aber dann gilt

$$\begin{pmatrix} b_1 \\ \vdots \\ b_m \end{pmatrix} \in \operatorname{span}(A),$$

also $\operatorname{span}(B) \subseteq \operatorname{span}(A) \subseteq \operatorname{span}(B)$. □

Lösungsvorschlag für Aufgabe 2.16**:** Wenn $0 = \sum_{j=1}^n c_j u_j$, dann gilt

$$0 = \varphi(0) = \varphi\Big(\sum_{j=1}^n c_j u_j\Big) = \sum_{j=1}^n c_j \varphi(u_j) = \sum_{j=1}^n c_j v_j,$$

also $c_1 = \dots = c_n = 0$ (siehe [MfA, Satz 2.24]). □

Lösungsvorschlag für Aufgabe 2.17**:** Für die Monome verwenden wir den Test auf lineare Unabhängigkeit aus [MfA, Satz 2.24]. Sei $\sum_{j=1}^k c_j X^{n_j} = 0$ mit $n_1 < \dots < n_k = 0$. Wenn man die Monome als Folgen schreibt, wird die Summe zu einer Folge, die an der n_j-ten Stelle die Zahl c_j stehen hat. Also sind alle c_j gleich 0.

Wenn der Körper $\mathbb{K}$ unendlich viele Elemente hat, ist $\Phi : \mathbb{K}[X] \to \operatorname{Pol}(\mathbb{K})$ für den Raum $\operatorname{Pol}(\mathbb{K})$ aller $\mathbb{K}$-wertigen Polynomfunktionen auf $\mathbb{K}$ ein linearer Isomorphismus (siehe [MfA, Bemerkung 2.41]), also sind nach [MfA, Lemma 2.30] (isomorphe Bilder linear unabhängiger Mengen) auch die $\Phi(X^j)$ linear unabhängig.

Wenn der Körper $\mathbb{K}$ endlich ist, dann bilden die Indikatorfunktionen $\chi_\lambda : \mathbb{K} \to \mathbb{K}$ mit

$$\chi_\lambda(\mu) = \begin{cases} 1 & \text{für } \mu = \lambda, \\ 0 & \text{für } \mu \neq \lambda, \end{cases}$$

eine endliche Basis für den Raum aller Funktionen $\mathbb{K} \to \mathbb{K}$. Also ist dann der lineare Unterraum $\operatorname{Pol}(\mathbb{K})$ nach [MfA, Proposition 2.34] (Dimensionsformel für Unterräume) endlichdimensional und es kann nach [MfA, Satz 2.31] (Charakterisierung endlicher Dimension) keine unendliche linear unabhängige Teilmenge geben. Insbesondere sind die $\Phi(X^j)$ linear abhängig. □

Lösungsvorschlag für Aufgabe 2.18: Wir wenden [MfA, Satz 2.24] (Test auf lineare Unabhängigkeit) an und nehmen dafür an, dass gilt

$$\sum_{j=1}^{k} c_j v_j = 0.$$

Zu zeigen ist also, dass alle c_j Null sind. Seien $s_1 < \ldots < s_k$ die Spaltennummern, in denen Stufen auftauchen. Dann gilt für den Koeffizienten v_{i,s_1} von v_i in der s_1-ten Spalte

$$v_{i,s_1} = \begin{cases} 1 & i = 1 \\ 0 & i = 2, \ldots, k \end{cases}$$

und es folgt $c_1 = 0$ sowie $\sum_{i=2}^{k} c_i v_i = 0$. Genauso finden wir

$$v_{i,s_2} = \begin{cases} 1 & i = 2 \\ 0 & i = 3, \ldots, k, \end{cases}$$

was dann $c_2 = 0$ und $\sum_{i=3}^{k} c_i v_i = 0$ zeigt. Wir fahren so fort und finden sukzessive $c_1 = \ldots = c_k = 0$. □

Lösungsvorschlag für Aufgabe 2.19:

(2) ⇒ (1): Wenn $\varphi(x) = \varphi(x')$, dann gilt wegen der Linearität $\varphi(x - x') = 0$ und (2) auch $x - x' = 0$. Also ist φ injektiv.

(1) ⇒ (3): Aus

$$0 = \sum_{j=1}^{n} c_j \varphi(v_j) = \varphi\Big(\sum_{j=1}^{n} c_j v_j\Big)$$

folgt $0 = \sum_{j=1}^{n} c_j v_j$ und damit $c_1 = \ldots = c_n = 0$.

(3) ⇒ (4): Offensichtlich.

(4) ⇒ (2): Sei $v \in \varphi^{-1}(\{0\})$ und $\{v_1, \ldots, v_n\}$ eine Basis für $\mathbb{K}^n$, die (4) erfüllt. Dann kann man v wegen [MfA, Satz 2.25] (Koordinatendarstellung von Vektoren bzgl. einer Basis) in der Form $v = \sum_{j=1}^{n} c_j v_j$ schreiben. Aus $\varphi(\sum_{j=1}^{n} c_j v_j) = 0$ folgt dann $\sum_{j=1}^{n} c_j \varphi(v_j) = 0$, und wegen (4) mit [MfA, Satz 2.24] auch $c_1 = \ldots = c_n = 0$ und schließlich $v = \sum_{j=1}^{n} c_j v_j = 0$. □

Lösungsvorschlag für Aufgabe 2.20: Das ist nach [MfA, Satz 2.38] (Basis für den Lösungsraum eines HLGS) klar für Zeilenstufenformen, die die Voraussetzungen dieses Satzes (Nullen oberhalb der Stufeneinsen) erfüllen. Da aber jede Zeilenstufenform durch elementare Zeilenumformungen in eine solche umgewandelt werden kann, ohne dabei die Anzahl der Stufen zu verändern (vgl. die Bemerkungen im

Anschluss an den Beweis von [MfA, Satz 2.38]), gilt die Formel nach [MfA, Proposition 2.7] (Äquivalenz von Gleichungssystemen unter elementaren Zeilenumformungen) auch für alle anderen Zeilenstufenformen. □

Lösungsvorschlag für Aufgabe 2.21**:** Wir bringen die zugehörige Matrix in Zeilenstufenform mit Nullen über den Stufeneinsen

$$\begin{pmatrix} 2 & -3 & 2 & 4 & 5 & 0 & 2 \\ 4 & -6 & 4 & 10 & 8 & 0 & -7 \\ 2 & -3 & 2 & 5 & 4 & 3 & -1 \end{pmatrix} \rightsquigarrow \begin{pmatrix} 2 & -3 & 2 & 4 & 5 & 0 & 2 \\ 0 & 0 & 0 & 2 & -2 & 0 & -5 \\ 0 & 0 & 0 & 1 & -1 & 3 & -3 \end{pmatrix} \rightsquigarrow \begin{pmatrix} 2 & -3 & 2 & 4 & 5 & 0 & 2 \\ 0 & 0 & 0 & 1 & -1 & 3 & -3 \\ 0 & 0 & 0 & 0 & 0 & -6 & 1 \end{pmatrix}$$

$$\rightsquigarrow \begin{pmatrix} 2 & -3 & 2 & 0 & 9 & 0 & 12 \\ 0 & 0 & 0 & 1 & -1 & 3 & -3 \\ 0 & 0 & 0 & 0 & 0 & 1 & \frac{1}{6} \end{pmatrix} \rightsquigarrow \begin{pmatrix} 1 & -\frac{3}{2} & 1 & 0 & \frac{9}{2} & 0 & 6 \\ 0 & 0 & 0 & 1 & -1 & 0 & -\frac{5}{2} \\ 0 & 0 & 0 & 0 & 0 & 1 & \frac{1}{6} \end{pmatrix}.$$

Jetzt wenden wir [MfA, Satz 2.38] an und erhalten die folgende Basis für den Lösungsraum:

$$\begin{aligned} v_2 &= e_2 + \frac{3}{2} e_1 \\ v_3 &= e_3 - e_1 \\ v_5 &= e_5 - \frac{9}{2} e_1 + e_4 \\ v_7 &= e_7 - 6 e_1 + \frac{5}{2} e_4 + \frac{1}{6} e_6 \end{aligned}$$

□

Lösungsvorschlag für Aufgabe 2.22**:**

(1) $\Rightarrow$ (2): Sei $\{e_1, \ldots, e_n\}$ die Standardbasis für $\mathbb{K}^n$. Nach Aufgabe 2.19 ist die Menge $\{\varphi(e_1), \ldots, \varphi(e_n)\}$ linear unabhängig. Wegen $\dim_{\mathbb{K}}(\mathbb{K}^n) = n$ ist also $\{\varphi(e_1), \ldots, \varphi(e_n)\}$ eine Basis für $\mathbb{K}^n$. Wenn jetzt $x \in \mathbb{K}^n$ beliebig ist, können wir schreiben

$$x = \sum_{j=1}^{n} d_j \varphi(e_j) = \varphi\Big(\sum_{j=1}^{n} d_j e_j\Big)$$

und sehen die Surjektivität von φ.

(2) $\Rightarrow$ (1): Wegen der Surjektivität gibt es $v_j \in \mathbb{K}^n$ mit $\varphi(v_j) = e_j$. Nach Aufgabe 2.16 ist $\{v_1, \ldots, v_n\} \subseteq \mathbb{K}^n$ linear unabhängig, also eine Basis für $\mathbb{K}^n$. Damit folgt die Behauptung aus Aufgabe 2.19.

Damit haben wir die Äquivalenz der ersten drei Aussagen.

(3) ⇔ (4): Die Implikation (4) ⇒ (3) ist klar und wenn (3) gilt, wissen wir, dass φ eine eindeutig bestimmte Umkehrabbildung ψ hat. Zu zeigen ist dann nur noch, dass ψ auch linear ist. Dazu:

$$\begin{aligned}\psi(ry_1 + sy_2) &= \psi\big(r\varphi(\psi(y_1)) + s\varphi(\psi(y_2))\big) = (\psi \circ \varphi)(r\psi(y_1) + s\psi(y_2))\\ &= r\psi(y_1) + s\psi(y_2).\end{aligned}$$

□

Lösungsvorschlag für Aufgabe 2.23**:** Wir zeigen zunächst die Abhängigkeit von der Basis für ein Beispiel der Dimension 2. Seien $\mathbf{v} = (v_1, v_2)$ und $\mathbf{v}' = (v_1, 2v_2)$ angeordnete Basen für V. Dann gilt für $\phi \in \mathrm{Hom}_{\mathbb{K}}(V, \mathbb{K})$ mit $\phi(v_2) \neq 0$

$$\begin{aligned}\pi_{\mathbf{v}'}(\phi(v_1), \phi(2v_2)) &= \phi(v_1)v_1 + \phi(2v_2)2v_2 = \phi(v_1)v_1 + 4\phi(v_2)v_2\\ &\neq \phi(v_1)v_1 + \phi(v_2)v_2 = \pi_{\mathbf{v}}(\phi(v_1), \phi(v_2)).\end{aligned}$$

Wenn dagegen $\mathbf{v} = (v_1, \ldots, v_n)$ und $\mathbf{v}' = (v_{\sigma(1)}, \ldots, v_{\sigma(n)})$ mit einer Permutation σ von $\{1, \ldots, n\}$, dann gilt

$$\begin{aligned}\pi_{\mathbf{v}'}(\phi(v_{\sigma(1)}), \ldots, \phi(v_{\sigma(n)})) &= \sum_{j=1}^{n} \phi(v_{\sigma(j)})v_{\sigma(j)} = \sum_{j=1}^{n} \phi(v_1, \ldots, v_n)\\ &= \pi_{\mathbf{v}}(\phi(v_1), \ldots, \phi(v_n)).\end{aligned}$$

□

Lösungsvorschlag für Aufgabe 2.24**:**

(i) Sei $f(x) = \sum_{j=0}^{N} c_j x^j$ und $g(x) = \sum_{k=0}^{M} d_k x^k$ mit $c_N \neq 0 \neq d_M$. Wenn

$$0 = f(x)g(x) = \Big(\sum_{j=0}^{N} c_j x^j\Big)\Big(\sum_{k=0}^{M} d_k x^k\Big) = \sum_{j=0}^{N}\sum_{k=0}^{M} c_j d_k x^{j+k} = \sum_{\ell=0}^{N+M} \sum_{j+k=\ell} c_j d_k x^{\ell}$$

für alle $x \in \mathbb{K}$ gilt, dann ist der Koeffizient $c_N d_M$ von x^{N+M} gleich Null, weil die Monome x^j nach Aufgabe 2.17 linear unabhängig sind. Dies steht im Widerspruch zur Nullteilerfreiheit von $\mathbb{K}$.

(ii) Der Spezialfall von $0 \in Q$ ist klar. Für von Null verschiedene Elemente von Q kann man nach dem [MfA, Lemma 2.42] zur Polynomdivision jede gemeinsame Nullstelle von f und g in $\frac{f}{g}$ in Zähler und Nenner abspalten und wegkürzen.

(iii) Wenn $\frac{f}{g} = \frac{\tilde{f}}{\tilde{g}}$, dann gilt

$$\forall x \in \mathbb{K}: \quad f(x)\tilde{g}(x) = \tilde{f}(x)g(x).$$

Da $\frac{f}{g}$ gekürzt ist, folgt aus $g(x) = 0$, dass $f(x) \neq 0$ und somit $\tilde{g}(x) = 0$. Die Umkehrung folgt, weil auch $\frac{\tilde{f}}{\tilde{g}}$ gekürzt ist.

(iv) Wenn $\frac{f}{g} = \frac{\tilde{f}}{\tilde{g}}$, dann gilt mit dem Argument aus (iii), dass für $x \notin \mathrm{Sing}(\frac{f}{g})$

$$\frac{f(x)}{g(x)} = \frac{\tilde{f}(x)}{\tilde{g}(x)}$$

gilt.

(v) Wenn $\frac{f}{g}$ und $\frac{\tilde{f}}{\tilde{g}}$ die gleiche rationale Funktion definieren, dann gilt $\mathrm{Sing}(\frac{f}{g}) = \mathrm{Sing}(\frac{\tilde{f}}{\tilde{g}})$. Für $x \in \mathrm{Sing}(\frac{f}{g})$ gilt $f(x)\tilde{g}(x) = 0 = \tilde{f}(x)g(x)$. Für $x \notin \mathrm{Sing}(\frac{f}{g})$ gilt

$$\frac{f(x)}{g(x)} = \frac{\tilde{f}(x)}{\tilde{g}(x)}$$

und daher ebenfalls $f(x)\tilde{g}(x) = \tilde{f}(x)g(x)$. Zusammen haben wir $f\tilde{g} = \tilde{f}g$, also $\frac{f}{g} = \frac{\tilde{f}}{\tilde{g}}$. □

2.4.3 Rechnen mit linearen Abbildungen

Lösungsvorschlag für Aufgabe 2.25:

(i) Nach [MfA, Proposition 2.44] (darstellende Matrizen für lineare Abbildungen) ist V^* isomorph zu $\mathrm{Mat}(1 \times n, \mathbb{K})$, also gilt $\dim_{\mathbb{K}}(V^*) = n$. Es genügt daher zu zeigen, dass die $\lambda_1, \ldots, \lambda_n$ linear unabhängig sind. Sei also $\sum_{j=1}^{n} d_j\lambda_j = 0$. Dann gilt

$$\forall i \in \{1, \ldots, n\}: \quad 0 = \sum_{j=1}^{n} d_j\lambda_j(v_i) = d_i.$$

(ii) Die erste Aussage folgt aus der Rechnung

$$\begin{aligned} \iota_V(c_1v_1 + c_2v_2)(\lambda) &= \lambda(c_1v_1 + c_2v_2) = c_1\lambda(v_1) + c_2\lambda(v_2) \\ &= c_1\iota_V(v_1)(\lambda) + c_2\iota_V(v_2)(\lambda) = (c_1\iota_V(v_1) + c_2\iota_V(v_2))(\lambda). \end{aligned}$$

Für endlichdimensionales V ist $(V^*)^*$ nach (i) ebenfalls endlichdimensional und es gilt $\dim_{\mathbb{K}}(V^*)^* = \dim_{\mathbb{K}} V$. Für die zweite Aussage genügt es daher zu zeigen, dass ι_V injektiv ist. Sei also $\iota_V(v) = 0$. Dann gilt $\lambda(v) = 0$ für alle $\lambda \in V^*$. Wenn $v \neq 0$ ist, dann kann man v zu einer Basis für V ergänzen und eine lineare Abbildung $\lambda : V \to \mathbb{K}$ mit $\lambda(v) = 1$ finden. Also muss $v = 0$ sein.

(iii) Die erste Aussage folgt durch elementares Nachrechnen direkt aus den Definitionen. Für die zweite Aussage rechnen wir mit $v \in V$ und $\mu \in W^*$

$$\begin{aligned}((\varphi^*)^* \circ \iota_V(v))(\mu) &= (\iota_V(v) \circ \varphi^*)(\mu) = (\iota_V(v))(\mu \circ \varphi) = (\mu \circ \varphi)(v)\\ &= \mu(\varphi(v)) = (\iota_W(\varphi(v)))(\mu) = ((\iota_W \circ \varphi)(v))(\mu).\end{aligned}$$

(iv) Sei φ injektiv und $v_1, \ldots, v_n$ eine Basis für V. Dann ist $\varphi(v_1), \ldots, \varphi(v_n)$ nach Aufgabe 2.19 linear unabhängig und kann zu einer Basis für W ergänzt werden. Für $\lambda \in V^*$ kann man also nach [MfA, Proposition 2.28] (lineare Fortsetzung von Abbildungen) eine lineare Abbildung $\mu : W \to \mathbb{K}$ finden, die

$$\forall i = 1, \ldots, n : \quad \mu(\varphi(v_j)) = \lambda(v_j)$$

erfüllt. Aber dann gilt $\varphi^*(\mu) = \mu \circ \varphi = \lambda$, das heißt λ ist im Bild von φ^*. Also ist φ^* surjektiv.
Sei umgekehrt φ^* surjektiv und $\lambda_1, \ldots, \lambda_n$ die duale Basis einer Basis $v_1, \ldots, v_n$ für V. Dann gibt es $\mu_1, \ldots, \mu_n \in W^*$ mit

$$\forall i \in \{1, \ldots, n\} : \quad \varphi^*(\mu_i) = \lambda_i.$$

Sei jetzt $v \in \text{Kern}(\varphi)$. Dann gilt

$$\forall i \in \{1, \ldots, n\} : \quad \lambda_i(v) = \varphi^*(\mu_i)(v) = \mu_i(\varphi(v)) = 0,$$

also gilt $\lambda(v) = 0$ für alle $\lambda \in V^*$. Indem man den ersten Teil des Arguments auf die injektive Inklusionsabbildung $\mathbb{K}v \to V$ oder das Argument aus (i) anwendet, sieht man, dass das nur für $v = 0$ möglich ist. Also ist φ injektiv.
Um die zweite Äquivalenz zu zeigen, beachten wir, dass nach (ii) und (iii) φ genau dann surjektiv ist, wenn $(\varphi^*)^*$ surjektiv ist. Nach dem ersten Teil von (iv) ist das genau dann der Fall, wenn φ^* injektiv ist.

(v) Wegen

$$(\varphi^*(\mu_j))(v_i) = \mu_j(\varphi(v_i)) = \mu_j\Big(\sum_{\ell=1}^{m} a_{i\ell} w_\ell\Big) = \sum_{\ell=1}^{m} a_{i\ell}\mu_j(w_\ell) = a_{ij}$$

ergibt sich für $v = \sum_{i=1}^n c_i v_i \in V$

$$(\varphi^*(\mu_j))(v) = \sum_{i=1}^{n} c_i a_{ij} = \sum_{i=1}^{n} a_{ij}\lambda_i(v) = \Big(\sum_{i=1}^{n} a_{ij}\lambda_i\Big)(v),$$

das heißt $\varphi^*(\mu_j) = \sum_{i=1}^n a_{ij}\lambda_i$. Das beweist die Behauptung.

(vi) Es ist einfach zu verifizieren, dass $U^\perp$ ein Untervektorraum von V^* ist. Sei $v_1, \dots, v_k$ eine Basis für U, die wir mit dem Basisergänzungssatz [MfA, Satz 2.33] zu einer Basis $v_1, \dots, v_n$ für V ergänzen. Weiter sei $\lambda_1, \dots, \lambda_n$ die dazu duale Basis für V^*. Dann gilt $\lambda_{k+1}, \dots, \lambda_n \subset U^\perp$, das heißt, der von diesen Elementen aufgespannte Unterraum $\langle \lambda_{k+1}, \dots, \lambda_n \rangle_{\mathbb{K}-\mathrm{VR}}$ ist in $U^\perp$ enthalten. Umgekehrt, wenn $\lambda = \sum_{j=1}^n c_j \lambda_j \in U^\perp$, dann gilt

$$\forall i = 1, \dots, k : \quad 0 = \lambda(v_i) = \sum_{j=1}^n c_j \lambda_j(v_i) = c_i,$$

also $\lambda \in \langle \lambda_{k+1}, \dots, \lambda_n \rangle_{\mathbb{K}-\mathrm{VR}}$. Zusammen erhalten wir $U^\perp = \langle \lambda_{k+1}, \dots, \lambda_n \rangle_{\mathbb{K}-\mathrm{VR}}$ und damit

$$\dim_{\mathbb{K}}(U^\perp) = n - k = \dim_{\mathbb{K}}(V) - \dim_{\mathbb{K}}(U).$$

(vii) Dazu rechnen wir

$$\begin{aligned}(\mathrm{Bild}\,\varphi)^\perp &= \{\mu \in W^* \mid \forall w \in \mathrm{Bild}\,\varphi : \ \mu(w) = 0\} \\ &= \{\mu \in W^* \mid \forall v \in V : \ \mu \circ \varphi(v) = 0\} = \{\mu \in W^* \mid \mu \circ \varphi = 0\} \\ &= \{\mu \in W^* \mid \varphi^*(\mu) = 0\} = \mathrm{Kern}\,\varphi^*.\end{aligned}$$

(viii) Wegen (i), (vi) und (vii) können wir mit der Dimensionsformel für lineare Abbildungen aus [MfA, Proposition 2.37] wie folgt rechnen:

$$\begin{aligned}\mathrm{Rang}\,(\varphi) &= \dim_{\mathbb{K}}(\mathrm{Bild}\,\varphi) = \dim_{\mathbb{K}}(W) - \dim_{\mathbb{K}}((\mathrm{Bild}\,\varphi)^\perp) \\ &= \dim_{\mathbb{K}}(W) - \dim_{\mathbb{K}}(\mathrm{Kern}\,\varphi^*) = \dim_{\mathbb{K}}(W^*) - \dim_{\mathbb{K}}(\mathrm{Kern}\,\varphi^*) \\ &= \dim_{\mathbb{K}}(\mathrm{Bild}\,\varphi^*) = \mathrm{Rang}\,(\varphi^*).\end{aligned}$$

(xi) Wir betrachten die zu A gehörigen lineare Abbildung $\phi_A \in \mathrm{Hom}_{\mathbb{K}}(\mathbb{K}^n, \mathbb{K}^m)$ mit $\phi_A(x) = Ax$ (siehe [MfA, Beispiel 2.18]). Dann ist der Spaltenrang von A gerade $\mathrm{Rang}\,(\phi_A)$. Da $A \mapsto A^\top$ Zeilen und Spalten vertauscht, ist der Zeilenrang von A gleich dem Spaltenrang von $A^\top$. Da A die darstellende Matrix von ϕ_A bzgl. der Standardbasen ist, sagt (v), dass $(\phi_A)^* = \phi_{A^\top}$ gilt. Aber dann haben wir mit (viii)

$$\mathrm{Rang}\,(\phi_{A^\top}) = \mathrm{Rang}\,((\phi_A)^*) = \mathrm{Rang}\,(\phi_A),$$

was die Gleichheit von Zeilenrang und Spaltenrang von A zeigt. □

Lösungsvorschlag für Aufgabe 2.26:

(i) Siehe Aufgabe 1.77.
(ii) Das ist wie für Linearformen (siehe Aufgabe 2.25) eine leichte Rechnung auf der Basis von [MfA, Beispiel 2.15].

(iii) Das folgt sofort aus den Definitionen. □

Lösungsvorschlag für Aufgabe 2.27**:** Siehe das Argument in [MfA, Bemerkung 2.47]. Die Abbildung $\mathrm{Mat}(m \times n, \mathbb{K}) \to \mathrm{Hom}_{\mathbb{K}}(\mathbb{K}^n, \mathbb{K}^m)$, $A \mapsto \phi_A$ mit

$$\phi_A : \mathbb{K}^n \to \mathbb{K}^m, \quad (x_1, \ldots, x_n) \mapsto \Big(\sum_{j=1}^n a_{1j}x_j, \ldots, \sum_{j=1}^n a_{mj}x_j\Big)$$

aus [MfA] [(2.3)] ist ein Vektorraum-Isomorphismus, insbesondere also bijektiv (siehe [MfA, Bemerkung 2.18]). Nach Definition der Matrizenmultiplikation gilt $\phi_A\phi_B = \phi_{AB} = \phi_{\mathbf{1}_n} = \mathrm{id}_{\mathbb{R}^n}$. Daraus folgt, dass ϕ_A surjektiv ist. Nach Aufgabe 2.22 ist ϕ_A bijektiv, hat also ein Inverses. Es gilt dann

$$\phi_A^{-1} = \phi_A^{-1}\phi_A\phi_B = \phi_B \text{ und } \phi_{BA} = \phi_B\phi_A = \phi_A^{-1}\phi_A = \mathrm{id}_{\mathbb{R}^n} = \phi_{\mathbf{1}_n}$$

also auch $BA = \mathbf{1}_n$. □

Lösungsvorschlag für Aufgabe 2.28**:**

(i) Die Formeln

$$\begin{pmatrix} x_1 & -y_1 \\ y_1 & x_1 \end{pmatrix} + \begin{pmatrix} x_2 & -y_2 \\ y_2 & x_2 \end{pmatrix} = \begin{pmatrix} x_1 + x_2 & -y_1 - y_2 \\ y_1 + y_2 & x_1 + x_2 \end{pmatrix}$$

und

$$\begin{pmatrix} x_1 & -y_1 \\ y_1 & x_1 \end{pmatrix} \begin{pmatrix} x_2 & -y_2 \\ y_2 & x_2 \end{pmatrix} = \begin{pmatrix} x_1x_2 - y_1y_2 & -x_1y_2 - y_1x_2 \\ y_1x_2 + x_1y_2 & x_1x_2 - y_1y_2 \end{pmatrix}$$

zeigen, dass $\mathcal{M}$ unter Matrizenaddition und Matrizenmultiplikation abgeschlossen ist. Die Gruppeneigenschaft bezüglich der Addition folgt, weil $\mathrm{Mat}(2 \times 2, \mathbb{R})$ ein Vektorraum ist und mit $\begin{pmatrix} x & -y \\ y & x \end{pmatrix}$ auch $\begin{pmatrix} -x & y \\ -y & -x \end{pmatrix}$ in $\mathcal{M}$ liegt. Die Assoziativität der Multiplikation und das Distributivgesetz folgt aus [MfA, Bemerkung 2.46] (Eigenschaften der Matrizenmultiplikation). Die Kommutativität der Multiplikation auf $\mathcal{M}$ folgt sofort aus der obigen Formel. Es bleibt zu zeigen, dass $\mathcal{M} \setminus \{0\}$ bezüglich der Multiplikation eine abelsche Gruppe ist. Assoziativität und Kommutativität haben wir schon gezeigt. Die Matrix $\mathbf{1}_2 = \begin{pmatrix} 1 & 0 \\ 0 & 1 \end{pmatrix}$ ist ein neutrales Element bezüglich der Multiplikation. Wenn aber $\begin{pmatrix} x & -y \\ y & x \end{pmatrix} \neq 0$, dann gilt $x^2 + y^2 \neq 0$ und die Rechnung

$$\begin{pmatrix} x & y \\ -y & x \end{pmatrix} \begin{pmatrix} x & -y \\ y & x \end{pmatrix} = \begin{pmatrix} x^2 + y^2 & 0 \\ 0 & x^2 + y^2 \end{pmatrix}$$

zeigt, dass

$$\begin{pmatrix} x & -y \\ y & x \end{pmatrix}^{-1} = \frac{1}{x^2+y^2}\begin{pmatrix} x & y \\ -y & x \end{pmatrix} \subset \mathcal{M}.$$

Damit ist die Behauptung bewiesen.

(ii) Wir setzen $\phi\Big(\begin{pmatrix} x & -y \\ y & x \end{pmatrix}\Big) = x + \mathrm{i}y$. Dann sieht man die geforderten Eigenschaften sofort aus den Formeln für Addition und Multiplikation auf $\mathcal{M}$ und $\mathbb{C}$. □

Lösungsvorschlag für Aufgabe 2.29**:** Wir multiplizieren mit $x - y$ und sammeln die Koeffizienten von x^k, dann wenden wir die Rekursion an:

$$\begin{aligned}
&(x-y)\cdot(b_0x^{n-1}+b_1x^{n-2}+\ldots+b_{n-1}) \\
&= (b_0x^n+b_1x^{n-1}+\ldots+b_{n-1}x)-(b_0yx^{n-1}+\ldots+b_{n-1}y) \\
&= b_0x^n+(b_1-b_0y)x^{n-1}+\ldots+(b_{n-1}-b_{n-2}y)x-b_{n-1}y \\
&= a_nx^n+a_{n-1}x^{n-1}+\ldots+a_1x+a_0-b_n \\
&= p(x)-b_n.
\end{aligned}$$

Für diese Rechnung brauchen wir nicht vorauszusetzen, dass $y \neq x$. Für $x = y$, erhalten wir also $0 = p(y) - b_n$, und somit

$$(x-y)\cdot(b_0x^{n-1}+b_1x^{n-2}+\ldots+b_{n-1}) = p(x)-b_n = p(x)-p(y).$$

□

Lösungsvorschlag für Aufgabe 2.30**:** Für

$$B = \begin{pmatrix} b_{11} & \ldots & b_{1n} \\ \vdots & & \vdots \\ b_{n1} & \ldots & b_{nn} \end{pmatrix}$$

gilt

$$AB = \begin{pmatrix} \alpha_1 b_{11} & \ldots & \alpha_1 b_{1n} \\ \vdots & & \vdots \\ \alpha_n b_{n1} & \ldots & \alpha_n b_{nn} \end{pmatrix} \quad \text{und} \quad BA = \begin{pmatrix} \alpha_1 b_{11} & \ldots & \alpha_n b_{1n} \\ \vdots & & \vdots \\ \alpha_1 b_{n1} & \ldots & \alpha_n b_{nn} \end{pmatrix}.$$

Wegen $\alpha_i \neq \alpha_j$ für $i \neq j$ ergibt sich aus $AB = BA$ sofort $b_{ij} = 0$ für $i \neq j$. □

Lösungsvorschlag für Aufgabe 2.31**:** Die Verifikationen der definierenden Bedingungen eines Vektorraums sind einfache Routinerechnungen. □

Lösungsvorschlag für Aufgabe 2.32**:**

(i) Die Abbildung $\overline{}$ ist ihr eigenes Inverses. Das zeigt die erste Behauptung. Für die zweite Behauptung rechnen wir

$$\begin{aligned}\overline{cA + c'A} &= \overline{(ca_{ij} + c'a'_{ij})}_{\substack{i=1,\ldots,n\\ j=1,\ldots,m}} = \overline{c}(\overline{a_{ij}})_{\substack{i=1,\ldots,n\\ j=1,\ldots,m}} + \overline{c'}(\overline{a'_{ij}})_{\substack{i=1,\ldots,n\\ j=1,\ldots,m}}\\ &= \overline{c}\overline{A} + \overline{c'}\,\overline{A'}.\end{aligned}$$

(ii) Wir rechnen

$$\begin{aligned}\beta(v, w) &= \beta\Big(\sum_{i=1}^{n} x_i v_i, \sum_{j=1}^{n} y_j v_j\Big) = \sum_{i=1}^{n} x_i \beta\Big(v_i, \sum_{j=1}^{n} y_j v_j\Big)\\ &= \sum_{i=1}^{n} x_i\Big(\sum_{j=1}^{n} \overline{y_j}\beta(v_i, v_j)\Big) = \sum_{i,j=1}^{n} x_i b_{ij}\overline{y_j}\\ &= (x_1, \ldots, x_n) B^{\mathrm{v}}(\beta)\begin{pmatrix}\overline{y_1}\\ \vdots\\ \overline{y_n}\end{pmatrix}.\end{aligned}$$

□

Lösungsvorschlag für Aufgabe 2.33**:** Wir überprüfen zuerst die Linearität von B^{v}, das heißt

$$\forall k, l \in \mathbb{K},\ \forall \beta, \beta' \in \operatorname{Ses} V: \quad B^{\mathrm{v}}(k\beta + l\beta') = k\, B^{\mathrm{v}}(\beta) + l B^{\mathrm{v}}(\beta').$$

Sei dazu

$$B^{\mathrm{v}}(\beta) = \big(b_{ij}\big), \quad B^{\mathrm{v}}(\beta') = \big(b'_{ij}\big), \quad \text{und} \quad B^{\mathrm{v}}(k\beta + l\beta') = \big(d_{ij}\big).$$

Dann gilt

$$\begin{aligned}d_{ij} &= (k\beta + l\beta')(v_i, v_j) = (k\beta)(v_i, v_j) + (l\beta')(v_i, v_j) = k\beta(v_i, v_j) + l\beta'(v_i, v_j)\\ &= kb_{ij} + lb'_{ij},\end{aligned}$$

also

$$B^{\mathrm{v}}(k\beta + l\beta') = k\, B^{\mathrm{v}}(\beta) + l\, B^{\mathrm{v}}(\beta').$$

Für die Invertierbarkeit von B^{v} reicht es aus, $B^{\mathrm{v}} \circ \psi = \mathrm{id}_{\mathrm{Mat}(n\times n,\mathbb{K})}$ und $\psi \circ B^{\mathrm{v}} = \mathrm{id}_{\mathrm{Ses}(V)}$ zu zeigen, wobei $\psi\colon \mathrm{Mat}(n \times n, \mathbb{K}) \to \mathrm{Ses}(V)$ durch

$$\psi(B)(v, w) := \sum_{\substack{i=1\\ j=1}}^{n} x_i b_{ij}\overline{y_j} = (x_1, \ldots, x_n) B\begin{pmatrix}\overline{y_1}\\ \vdots\\ \overline{y_n}\end{pmatrix}$$

für $v = \sum_{i=1}^n x_i v_i$ und $w = \sum_{j=1}^n y_j v_j$ gegeben ist. Sei also $(b_{ij}) = B \in \mathrm{Mat}(n \times n, \mathbb{K})$. Dann gilt $\psi(B)(v_l, v_k) = b_{lk}$, also $B^{\mathbf{v}}(\psi(B)) = B$. Umgekehrt rechnen wir für $\beta \in \mathrm{Ses}(V)$

$$\psi\big(B^{\mathbf{v}}(\beta)\big)(v, w) = \sum_{i,j=1}^n x_i \beta(v_i, v_j)\overline{y_j} = \sum_{j=1}^n \beta\Big(\sum_{i=1}^n x_i v_i, v_j\Big)\overline{y_j}$$
$$= \beta\Big(v, \sum_{j=1}^n y_j v_j\Big) = \beta(v, w),$$

woraus $\psi\big(B^{\mathbf{v}}(\beta)\big) = \beta$ folgt. □

Lösungsvorschlag für Aufgabe 2.34**:** Die darstellenden Matrizen $B^{\mathbf{v}}(\beta) = (b_{ij})$ und $B^{\mathbf{v}'}(\beta) = (b'_{ij})$ sind durch $b_{ij} = \beta(v_i, v_j)$ und $b'_{ij} = \beta(v'_i, v'_j)$ gegeben. Dann rechnet man für $T_{\mathbf{v}}^{\mathbf{v}'} = (t_{ij})$

$$b'_{ij} = \beta(v'_i, v'_j) = \beta\Big(\sum_{r=1}^n t_{ri} v_r, \sum_{s=1}^n t_{sj} v_s\Big) = \sum_{r=1}^n t_{ri}\beta\Big(v_r, \sum_{s=1}^n t_{sj} v_s\Big)$$
$$= \sum_{r=1}^n t_{ri}\Big(\sum_{s=1}^n \overline{t_{sj}}\beta(v_r, v_s)\Big) = \sum_{r=1}^n t_{ri}\Big(\sum_{s=1}^n b_{rs}\overline{t_{sj}}\Big)$$

und erhält

$$B^{\mathbf{v}'}(\beta) = (T_{\mathbf{v}}^{\mathbf{v}'})^\top B^{\mathbf{v}}(\beta)\, \overline{T_{\mathbf{v}}^{\mathbf{v}'}}.$$

□

Lösungsvorschlag für Aufgabe 2.35**:** Für $\beta \in \mathrm{Herm}(V)$ rechnen wir

$$\begin{aligned}\beta(v+w, v+w) &= \beta(v, v+w) + \beta(w, v+w)\\ &= \beta(v, v) + \beta(v, w) + \beta(w, v) + \beta(w, w)\\ &= \beta(v, v) + \beta(v, w) + \overline{\beta(v, w)} + \beta(w, w).\end{aligned}$$

Die Menge $\mathbb{K}_0 := \{k \in \mathbb{K} \mid \overline{k} = k\}$ ist ein Körper, weil $k \mapsto \overline{k}$ ein Körperautomorphismus ist. Wenn $\mathbb{K}_0 = \mathbb{K}$, das heißt, im Falle symmetrischer Bilinearformen, dann liefert die obige Rechnung

$$\beta(v, w) = \frac{1}{2}\big(\beta(v+w, v+w) - \beta(v, v) - \beta(w, w)\big). \tag{2.3}$$

Wenn $\mathbb{K}_0 \neq \mathbb{K}$, dann wählen wir ein $k \in \mathbb{K}$ mit $\overline{k} - k \neq 0$ und führen die obige Rechnung mit kv statt v noch einmal durch. Es ergibt sich die folgende Matrizengleichung für $a = \beta(v, w)$

$$\begin{pmatrix} 1 & 1 \\ k & \overline{k} \end{pmatrix}\begin{pmatrix} a \\ \overline{a} \end{pmatrix} = \begin{pmatrix} c \\ d \end{pmatrix}$$

mit

$$\begin{aligned} c &= \beta(v+w, v+w) - \beta(v,v) - \beta(w,w), \\ d &= \beta(kv+w, kv+w) - \beta(kv,kv) - \beta(w,w). \end{aligned}$$

Die Matrix $\begin{pmatrix} 1 & 1 \\ k & \overline{k} \end{pmatrix}$ ist invertierbar, wie man aus der Rechnung

$$\begin{pmatrix} 1 & 1 \\ k & \overline{k} \end{pmatrix} \begin{pmatrix} \overline{k} & -1 \\ -k & 1 \end{pmatrix} = \begin{pmatrix} \overline{k}-k & 0 \\ 0 & \overline{k}-k \end{pmatrix}$$

mit $\overline{k} - k \neq 0$ sieht. Also lässt sich a aus c und d berechnen. Die konkrete Formel ergibt sich mit

$$\begin{pmatrix} 1 & 1 \\ k & \overline{k} \end{pmatrix}^{-1} = \frac{1}{\overline{k}-k} \begin{pmatrix} \overline{k} & -1 \\ -k & 1 \end{pmatrix}$$

zu

$$a = \frac{1}{\overline{k}-k}(\overline{k}c - d). \tag{2.4}$$

□

Lösungsvorschlag für Aufgabe 2.35**:** Das folgt aus (2.4) für $k = i$. □

Lösungsvorschlag für Aufgabe 2.37**:** Für $v, v' \in M^\perp$ und $k, l \in \mathbb{K}$ gilt

$$\forall w \in M: \quad \beta(w, kv + lv') = \overline{k}\beta(w,v) + \overline{l}\beta(w,v') = \overline{k}\,0 + \overline{l}\,0 = 0,$$

also $kv + lv' \in M^\perp$. □

Lösungsvorschlag für Aufgabe 2.38**:**

(1) ⇒ (2): Sei $v \in V \setminus \{0\}$, dann ist v nicht orthogonal zu V, also gibt es ein $w \in V$ mit $\beta(v,w) \neq 0$.

(2) ⇒ (1): Wenn β ausgeartet ist, gibt es ein $0 \neq v \in V^\perp$, für das dann gilt

$$\forall w \in V: \quad \beta(v,w) = 0.$$

Also gilt (2) nicht.

(1) ⇒ (3): Eine Routinerechnung zeigt, dass φ wohldefiniert und $\mathbb{K}$-linear ist.

$$\begin{aligned} \operatorname{Kern}\varphi &= \{v \in V \mid \varphi(v) = 0 \in \tilde{V}^*\} = \{v \in V \mid \forall w \in V: \ (\varphi(v))(w) = 0\} \\ &= V^\perp. \end{aligned}$$

Wegen (1) gilt dann aber $\operatorname{Kern}\varphi = \{0\}$, das heißt, φ ist injektiv. Andererseits haben wir nach [MfA, Proposition 2.44] (oder Aufgabe 2.25) $\dim V = \dim V^*$.

Indem man die Linearformen aus V^* mit der Involution $\overline{} : \mathbb{K} \to \mathbb{K}$ verknüpft, erhält man einen Isomorphismus $V^* \to \tilde{V}^*$ von $\mathbb{K}$-Vektorräumen, das heißt, es gilt auch $\dim V^* = \dim \tilde{V}^*$. Wegen der Dimensionsformel aus [MfA, Satz 2.37] folgt dann

$$\dim(\text{Bild}\,\varphi) = \dim V - \dim(\text{Kern}\,\varphi) = \dim V. \tag{2.5}$$

Also gilt $\text{Bild}\,\varphi = \tilde{V}^*$, das heißt, φ ist auch surjektiv.

(3) $\Rightarrow$ (4): Die Surjektivität von φ zeigt sofort, dass zu jedem $f \in \tilde{V}^*$ ein $v \in V$ mit $\varphi(v) = f$ existiert. Dann gilt

$$\forall\, w \in V : \quad \beta(v, w) = (\varphi(v))(w) = f(w).$$

(4) $\Rightarrow$ (1): Wenn (4) gilt, dann ist $\varphi : V \to \tilde{V}^*$ surjektiv. Mit der Dimensionsformel (2.5) folgt, dass φ injektiv ist, das heißt $V^\perp = \text{Kern}(\varphi) = \{0\}$. Also ist β nicht ausgeartet.

□

Lösungsvorschlag für Aufgabe 2.39**:**

(i) Dies ist eine Routinerechnung.

(ii) Sei $v \in V$. Definiere eine Abbildung $\tilde{f}_v : U \to \mathbb{K}$ durch

$$\tilde{f}_v(u) = \beta(v, u).$$

$\tilde{f}_v$ ist semilinear, weil $\beta(v, \cdot)$ semilinear ist. Da β_U nicht ausgeartet ist, können wir Aufgabe 2.38 auf β_U anwenden, so dass die Bedingung (4) uns Folgendes liefert: Es existiert ein $u_v \in U$ mit

$$\forall u \in U : \qquad \beta(v, u) = \tilde{f}_v(u) = \beta_U(u_v, u) = \beta(u_v, u).$$

Mit der Sesquilinearität sehen wir, dass

$$\forall u \in U : \qquad \beta(v - u_v, u) = 0.$$

Also haben wir

$$v - u_v \in U^\perp$$

und $v = u_v + (v - u_v)$, so dass $V = U + U^\perp$. Es bleibt also nur zu zeigen, dass die Zerlegung eindeutig ist, das heißt, es gilt $U \cap U^\perp = \{0\}$. Sei dafür $v \in U \cap U^\perp$. Dann gilt für alle $u \in U$

$$0 = \beta(v, u) = \beta_U(v, u),$$

und da β_U nicht ausgeartet ist, erhalten wir

$$v \in \{u' \in U \mid \forall u \in U : \beta_U(u', u) = 0\} = U^{\perp_{\beta_U}} = \{0\}.$$

□

Lösungsvorschlag für Aufgabe 2.40: Wir führen eine Induktion über $\dim V = n$ durch:

$n = 1$: Für $n = 1$ ist nichts zu zeigen.
$n > 1$: Für $n > 1$ unterscheiden wir zwei Fälle:

1. Fall: $\beta(v, w) = 0$ für alle $v, w \in V$, das heißt $\beta = 0$ und $B^{\mathbf{v}}(\beta) = 0$ für jede angeordnete Basis $\mathbf{v}$.
2. Fall: Wenn $\beta \neq 0$ ist, dann gibt es nach Aufgabe 2.35 ein $v_1 \in V$ mit $\beta(v_1, v_1) \neq 0$. Setze nun $V_1 = \mathbb{K}v_1$. Daraus folgt, dass β eingeschränkt auf V_1 nicht ausgeartet ist. Nach Aufgabe 2.39 gilt dann

$$V = V_1 \oplus V_1^{\perp}.$$

Wende nun Induktion auf die Einschränkung $\beta_{V_1^{\perp}}$ von β auf $V_1^{\perp}$ an. Es existiert eine Basis $\{v_2, \ldots, v_n\}$ für $V_1^{\perp}$, so dass die darstellende Matrix von $\beta_{V_1^{\perp}}$ gerade die Diagonalmatrix

$$\begin{pmatrix} \beta(v_2, v_2) & & \\ & \ddots & \\ & & \beta(v_n, v_n) \end{pmatrix}$$

ist. Beachte nun, dass $\{v_1, v_2, \ldots, v_n\}$ eine Basis für V ist. Die darstellende Matrix von β bezüglich dieser Basis ist

$$\left(\begin{array}{c|ccc} \beta(v_1, v_1) & & 0 & \\ \hline & \beta(v_2, v_2) & & 0 \\ 0 & & \ddots & \\ & 0 & & \beta(v_n, v_n) \end{array}\right),$$

weil $\beta(v_1, v_j) = 0$ für $j = 2, \ldots, n$. □

Aufgaben zum Thema „Abstände und Umgebungen" 3

Die Aufgaben dieses Kapitels sind motiviert durch die Diskussion von Abständen, wie sie im Konzept einer Metrik vorkommen. Neben etlichen Beispielen solcher Metriken geht es auch um weitere Konzepte, die man im Kontext von Metriken einführt, zum Beispiel Stetigkeit, Grenzwerte, Umgebungen, offene und abgeschlossene Mengen, Häufungspunkte und so fort. In einem letzten Abschnitt geht es um besonders wichtige Spezialfälle, nämlich Vektorräume und Abstände darauf, die unter Translationen invariant bleiben.

3.1 Metrische Räume

In den Aufgaben dieses Abschnitts geht es hauptsächlich um Beispiele von Metriken und ihre Eigenschaften.

Aufgabe 3.1 (Metrik auf Funktionenräumen) Sei M eine endliche Menge und $F(M, \mathbb{R})$ die Menge aller Funktionen $f : M \to \mathbb{R}$. Man zeige, dass durch

$$\forall f_1, f_2 \in F(M, \mathbb{R}) : \quad d(f_1, f_2) = \sum_{m \in M} |f_1(m) - f_2(m)|$$

eine Metrik d auf $F(M, \mathbb{R})$ definiert wird.

Aufgabe 3.2 (Metrik auf Funktionenräumen) Sei M eine Menge und $F_b(M, \mathbb{R})$ die Menge aller beschränkten Funktionen $f : M \to \mathbb{R}$. Man zeige, dass durch

$$\forall f_1, f_2 \in F(M, \mathbb{R}) : \quad d(f_1, f_2) = \sup_{m \in M} |f_1(m) - f_2(m)|$$

eine Metrik d auf $F_b(M, \mathbb{R})$ definiert wird.

J. Hilgert, *Übungsbuch Mathematik für Ambitionierte*,
https://doi.org/10.1007/978-3-662-73421-6_3

Aufgabe 3.3 (p-adische Kugeln in $\mathbb{Q}$) Sei p eine Primzahl, $x, y \in \mathbb{Q}$ und $r, s \in \mathbb{R}_{>0}$. Man betrachte auf $\mathbb{Q}$ die p-adische Metrik d_p aus [MfA, Beispiel 3.8] und zeige die folgenden Eigenschaften für Kugeln bzgl. dieser Metrik

(i) $y \in B(x; r) \quad \Rightarrow \quad B(y; r) = B(x; r)$.
(ii) $B(x; r) \cap B(y; s) \neq \emptyset \quad \Leftrightarrow \quad B(y; s) \subseteq B(x; r)$ oder $B(x; r) \subseteq B(y; s)$.

Aufgabe 3.4 (Dreiecksungleichung mit Beträgen) Sei (M, d) ein metrischer Raum. Man zeige

(M3') $\forall x, y, z \in M: \quad d(x, y) \geq |d(x, z) - d(y, z)|$.

Aufgabe 3.5 (Charakterisierung von Metriken) Sei M eine (nicht-leere) Menge und $d\colon M \times M \to \mathbb{R}$ eine Funktion, die für alle $x, y, z \in M$ die beiden folgenden Bedingungen erfüllt:

(i) $d(x, y) = 0 \quad \Leftrightarrow \quad x = y$.
(ii) $d(x, z) \leq d(x, y) + d(z, y)$.

Man zeige, dass d eine Metrik ist.

Aufgabe 3.6 (Dreiecksungleichung für die euklidische Metrik auf $\mathbb{R}^2$) Für die Paare $(a, b), (c, d), (e, f) \in \mathbb{R}^2$ seien $\|(a, b)\| := \sqrt{a^2 + b^2}$ und $\big((a, b) \mid (c, d)\big) := ac + bd$ sowie $\delta\big((a, b), (e, f)\big) = \|(a, b) - (e, f)\|$. Man zeige:

(i) $\big|\big((a, b) \mid (c, d)\big)\big| \leq \|(a, b)\| \cdot \|(c, d)\|$
(ii) $\|(a, b) + (c, d)\| \leq \|(a, b)\| + \|(c, d)\|$
(iii) $\delta\big((a, b), (e, f)\big) \leq \delta\big((a, b), (c, d)\big) + \delta\big((c, d), (e, f)\big)$.

3.2 Stetigkeit und Grenzwerte

Die Aufgaben dieses Abschnitts drehen sich alle um Abbildungen zwischen metrischen Räumen und ihre Stetigkeitseigenschaften in der ε-δ-Formulierung (siehe [MfA, Definition 3.10]).

Aufgabe 3.7 (Verknüpfung stetiger Abbildungen) Seien (X, d_X), (Y, d_Y) und (Z, d_Z) metrische Räume und $f : X \to Y$ sowie $g : Y \to Z$ stetige Abbildungen. Man zeige, dass $g \circ f : X \to Z, \ x \mapsto g(f(x))$ stetig ist.

Aufgabe 3.8 (Negation der Stetigkeit)

(i) Seien A und B zwei Aussagen. Man zeige die logische Äquivalenz der folgenden Aussagen

$$\neg(A \Rightarrow B), \ \neg((\neg A) \vee B), \ \neg(\neg A) \wedge \neg B, \ A \wedge \neg B,$$

(ii) Seien (M, d_M) und (N, d_N) metrische Räume, $f\colon M \to N$ eine Funktion und $x_0 \in M$. Man gebe eine ε-δ-Formulierung der Negation der Aussage „f ist stetig in x_0" an .

Aufgabe 3.9 ($\bar{\mathbb{N}} = \mathbb{N} \cup \{\infty\}$) Wir betrachten die Funktion $F\colon \bar{\mathbb{N}} \to \mathbb{R}$, die durch

$$F(m) = \begin{cases} \frac{m}{1+m} & m \in \mathbb{N} \\ 1 & m = \infty \end{cases}$$

definiert ist, und setzen

$$\forall m, m' \in \bar{\mathbb{N}}: \quad d_{\bar{\mathbb{N}}}(m, m') := |F(m) - F(m')|.$$

Man zeige:

(i) Die Abbildung $F\colon \bar{\mathbb{N}} \to \mathbb{R}$ ist injektiv.
(ii) $d_{\bar{\mathbb{N}}}$ ist eine Metrik auf $\bar{\mathbb{N}}$.
(iii) Mit $(\bar{\mathbb{N}}, d_{\bar{\mathbb{N}}})$ als metrischem Raum ist die Bedingung [MfA, (3.14)]

$$\forall\, \varepsilon > 0\, \exists\, \delta > 0: \quad \big(m \in \mathbb{N}, d_{\bar{\mathbb{N}}}(m, \infty) < \delta \ \Rightarrow \ |(F(m) - x| < \varepsilon\big),$$

die besagt, dass $F(m)$ für $m \to \infty$ in $\bar{\mathbb{N}}$ gegen $x \in \mathbb{R}$ konvergiert, äquivalent zur Bedingung [MfA, (3.15)]

$$\forall \varepsilon > 0\, \exists k \in \mathbb{N}: \quad \big(k < m \in \mathbb{N} \Rightarrow |F(m) - x| < \varepsilon\big).$$

Aufgabe 3.10 (Umkehrabbildung monotoner Funktionen) Sei $M \subseteq \mathbb{R}$. Eine Funktion $f\colon M \to \mathbb{R}$ heißt *monoton steigend,* wenn

$$x_1 \leq x_2 \quad \Rightarrow \quad f(x_1) \leq f(x_2)$$

für alle $x_1, x_2 \in M$. Wenn

$$x_1 < x_2 \quad \Rightarrow \quad f(x_1) < f(x_2)$$

für alle $x_1, x_2 \in M$, heißt f *strikt* oder *streng monoton steigend.* Analog sagt man, dass eine Funktion $f\colon M \to \mathbb{R}$ *monoton fallend* ist, wenn

$$x_1 \leq x_2 \quad \Rightarrow \quad f(x_1) \geq f(x_2)$$

für alle $x_1, x_2 \in M$. Entsprechend, wenn

$$x_1 < x_2 \quad \Rightarrow \quad f(x_1) > f(x_2)$$

für alle $x_1, x_2 \in M$, heißt f *strikt* oder *streng monoton fallend.* Schließlich heißt f *monoton*, wenn es monoton fallend *oder* monoton steigend ist.

Sei I ein Intervall in $\mathbb{R}$ und $f\colon I \to \mathbb{R}$ eine strikt monoton steigende (fallende) stetige Funktion. Man zeige:

(i) $f(I) = \{f(x) \mid x \in I\}$ ist ein Intervall.
(ii) $f\colon I \to f(I)$ ist bijektiv.
(iii) $f^{-1}\colon f(I) \to I$ ist eine strikt monoton steigende (fallende) stetige Funktion.

Hinweis: Mit dem Zwischenwertsatz [MfA, Satz 3.13] zeigt man, dass $f(I)$ ein Intervall mit den Endpunkten $\inf f(I)$ und $\sup f(I)$ ist. Teil (ii) und die strikte Monotonie in Teil (iii) folgen sofort aus der strikten Monotonie. Die Stetigkeit der Umkehrfunktion zeigt man anhand folgender Skizze zeigen:

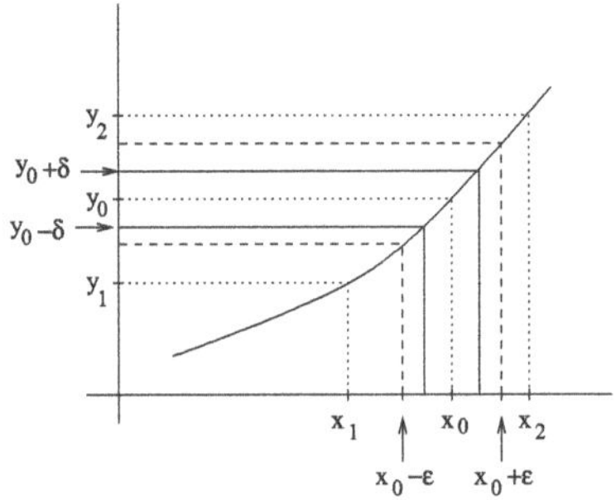

Aufgabe 3.11 (Höhere Wurzeln) Für $n \in \mathbb{N}$ sei $f_n\colon [0, \infty[\to [0, \infty[,\ x \to x^n$. Man zeige:

(i) f_n ist strikt monoton steigend, also insbesondere injektiv.
(ii) f_n ist stetig.
(iii) f_n ist bijektiv, hat also eine Umkehrfunktion $[0, \infty[\to [0, \infty[,\ x \mapsto \sqrt[n]{x}$. Man nennt $\sqrt[n]{x}$ die *n-te Wurzel* von x.
(iv) $\sqrt[n]{\bullet}$ ist strikt monoton steigend.
(v) $\sqrt[n]{\bullet}$ ist stetig.
Hinweis: Man kann mit der Beobachtung starten, dass für $x_0 \in]0, \infty[$ und hinreichend kleines $\varepsilon > 0$ die Abschätzungen

$$(x_0 + \varepsilon)^n = x_0^n + n x_0^{n-1}\varepsilon + \sum_{k=2}^{n} \binom{n}{k} x_0^{n-k}\varepsilon^k > x_0^n + \frac{n x_0^{n-1}}{2}\varepsilon$$

und

$$(x_0 - \varepsilon)^n = x_0^n - nx_0^{n-1}\varepsilon + \sum_{k=2}^{n} \binom{n}{k} x_0^{n-k}(-\varepsilon)^k < x_0^n - \frac{nx_0^{n-1}}{2}\varepsilon$$

gelten. Für $x_0 = 0$ hat man nur die erste der beiden Abschätzung und muss das Argument etwas modifizieren.

Aufgabe 3.12 (Grenzwerte) Sei (M, d) ein metrischer Raum, $M' \subseteq M$ und $x_0 \in M$ ein Häufungspunkt von M'. Weiter seien f und g reellwertige Funktionen, die auf M' definiert sind, und Grenzwerte in x_0 haben. Wir schreiben einfach lim für $\lim_{x \to x_0}$. Dann gilt

(i) $\lim(f + g)(x) = \lim f(x) + \lim g(x)$.
(ii) $\lim(f - g)(x) = \lim f(x) - \lim g(x)$.
(iii) $\lim(fg)(x) = \lim f(x) \lim g(x)$.
(iv) Wenn $\lim g(x) \neq 0$, dann gilt $\lim \frac{f}{g}(x) = \frac{\lim f(x)}{\lim g(x)}$.

Aufgabe 3.13 (Grenzwerte) Sei (M, d) ein metrischer Raum, $M' \subseteq M$ und $x_0 \in M$ ein Häufungspunkt von M'. Weiter seien f und g reellwertige Funktionen, die auf M' definiert sind, und Grenzwerte in x_0 haben. Wenn $f(x) \leq g(x)$ für alle x, für die f und g definiert sind, dann gilt $\lim_{x \to x_0} f(x) \leq \lim_{x \to x_0} g(x)$.

3.3 Topologie metrischer Räume

In den Aufgaben dieses Abschnitts geht es in erster Linie um die topologischen Konzepte Umgebung, offene und abgeschlossene Mengen, Stetigkeit, Vollständigkeit und Kompaktheit, die im Kontext metrischer Räume größtenteils sehr intuitiv sind. Nimmt man ihre für metrische Räume bewiesenen Eigenschaften als abstrakte Axiome, bilden sie die Grundlage der „Topologie" als mathematischer Disziplin. Sie stellt eine konzeptionelle Erweiterung der Theorie der metrischen Räume dar, die viele neue Beispiele ermöglicht und gleichzeitig erlaubt, zu erkennen, dass in vielen Aussagen über metrische Räume die genaue Form der Metrik keine Rolle spielt. Der letzte Teil der Aufgabensammlung dieses Abschnitts kann als eine Anleitung zu ersten Schritten in der „Topologie" gesehen werden. Ihn durchzuarbeiten bedeutet aber natürlich auch, die topologischen Konzepte metrischer Räume begrifflich zu durchdringen.

Aufgabe 3.14 (Unbeschränkte Intervalle in $\mathbb{R}$) Für $a, b \in \mathbb{R}$ definiert man

$$\begin{aligned}
[a, \infty[&:= \{x \in \mathbb{R} \mid a \leq x\}, \\
]a, \infty[&:= \{x \in \mathbb{R} \mid a < x\}, \\
]-\infty, b] &:= \{x \in \mathbb{R} \mid x \leq b\}, \\
]-\infty, b[&:= \{x \in \mathbb{R} \mid a \leq x < b\}.
\end{aligned}$$

Man zeige:

(i) $]a, \infty[$ und $]-\infty, b[$ sind offen.
(ii) $[a, \infty[$ und $]-\infty, b]$ sind abgeschlossen.
(iii) $]a, \infty[$ ist das Innere von $[a, \infty[$ und $]-\infty, b[$ ist das Innere von $]-\infty, b]$.
(iv) $[a, \infty[$ ist der Abschluss von $]a, \infty[$ und $]-\infty, b]$ ist der Abschluss von $]-\infty, b[$.

Aufgabe 3.15 (p-adische Zahlen) Sei $p \in \mathbb{N}$ eine Primzahl und $\mathbb{Q}$ versehen mit dem p-adischen Metrik $d_p(x, y) = |x - y|_p$ aus [MfA, Beispiel 3.8]. Wir versehen die Produktmenge $\mathbb{Q} \times \mathbb{Q}$ mit der durch die Formel

$$d_p^{(2)}((x, y), (x', y')) := \max(d(x, x')_p, d(y, y')_p)$$

definierten Metrik. Man zeige:

(i) Die Addition und die Multiplikation auf $\mathbb{Q}$ sind bezüglich dieser Metriken stetige Abbildungen $\mathbb{Q} \times \mathbb{Q} \to \mathbb{Q}$.
(ii) Die Addition und die Multiplikation auf $\mathbb{Q}$ lassen sich in eindeutiger Weise zu stetigen Abbildungen $\mathbb{Q}_p \times \mathbb{Q}_p \to \mathbb{Q}_p$ fortsetzen, wobei $(\mathbb{Q}_p, d_p)$ die Vervollständigung von $\mathbb{Q}$ bezüglich d_p aus [MfA, Satz 3.33] ist und die Metrik $d_p^{(2)}$ auf $\mathbb{Q}_p \times \mathbb{Q}_p$ mit der Formel von oben definiert wird.
(iii) $\mathbb{Q}_p$ ist bezüglich der Addition und der Multiplikation aus (ii) ein Körper.

Aufgabe 3.16 (Untervektorraum) Sei X ein metrischer Raum. Man zeige, dass die Menge $C(X, \mathbb{R})$ aller stetigen Abbildungen $f : X \to \mathbb{R}$ ein Untervektorraum des $\mathbb{R}$-Vektorraums aller Abbildungen $f : X \to \mathbb{R}$ (siehe [MfA, Beispiel 2.15]) ist.

Aufgabe 3.17 (Vollständigkeit) Seien X und X' metrische Räume. Man zeige:

(i) Ist X vollständig und $Y \subseteq X$ abgeschlossen, so ist auch Y vollständig (bzgl. der eingeschränkten Metrik).
(ii) Ist $Y \subseteq X$ vollständig, so ist Y abgeschlossen.
(iii) Ist X vollständig und $f : X \to X'$ stetig, so ist $f(X) \subseteq X'$ nicht immer vollständig.
(iv) Ist X vollständig sowie $f : X \to X'$ stetig und bijektiv, so ist die Umkehrabbildung $f^{-1} : X' \to X$ nicht immer stetig.

Aufgabe 3.18 (Inverse Quadratzahlen) Man zeige, dass die durch

$$\forall n \in \mathbb{N} : \quad a_n := \sum_{k=1}^{n} \frac{1}{k^2}$$

definierte Folge in $\mathbb{R}$ konvergiert.
Hinweis: Aufgabe 1.47

Aufgabe 3.19 (Lineare Unabhängigkeit von Exponentialfunktionen) Man zeige, dass die Funktionen $\mathbb{R} \to \mathbb{R}$, $x \mapsto e^{\lambda x}$ mit $\lambda \in \mathbb{R}$ (siehe [MfA, Beispiel 3.28]) linear unabhängig über $\mathbb{R}$ sind.

Aufgabe 3.20 (Exponentialfunktion) Seien $a, b > 0$ und $\lambda \in]0, 1[$. Man zeige, dass

$$a^\lambda b^{1-\lambda} \leq \lambda a + (1-\lambda)b$$

gilt und man Gleichheit genau dann hat, wenn $a = b$.
Hinweis: Betrachte die Beispiele [MfA, 3.28 und 3.65] zur Exponentialfunktion.

Die restlichen Aufgaben dieses Abschnitts kann man als die angekündigten ersten Schritte im Gebiet der „Topologie" verstehen. Die Definition eines topologischen Raumes in der folgenden Übung basiert auf der Festlegung von Umgebungssystemen für alle Punkte des Raumes. Sie unterscheidet sich damit von der Definition über die „offenen Mengen", die üblicherweise in einschlägigen Büchern gegeben wird. Dass beide Zugänge äquivalent sind, werden wir in Aufgabe 3.27 sehen.

Aufgabe 3.21 (Topologischer Raum) Sei M eine Menge und $\mathcal{P}(M)$ die Potenzmenge von M. Ein Paar $(M, \mathcal{U})$, für das

$$\mathcal{U}\colon M \to \mathcal{P}\big(\mathcal{P}(M)\big) = \{\mathcal{N} \subseteq \mathcal{P}(M)\}, \quad x \mapsto \mathcal{U}(x)$$

jedem $x \in M$ eine Menge von Teilmengen von M zuordnet, heißt ein *topologischer Raum*, wenn für jedes $x \in M$ das System $\mathcal{U}(x)$ die Eigenschaften (U1)–(U5) aus [MfA, Proposition 3.35] (Umgebungssystem eines metrischen Raums) erfüllt. Das heißt, es soll gelten:

(U1) $x \in U$ für alle $U \in \mathcal{U}(x)$.
(U2) $M \in \mathcal{U}(x)$.
(U3) Aus $U_1 \in \mathcal{U}(x)$ und $U_1 \subseteq U_2 \subseteq M$ folgt $U_2 \in \mathcal{U}(x)$.
(U4) Aus $U_1, U_2 \in \mathcal{U}(x)$ folgt $U_1 \cap U_2 \in \mathcal{U}(x)$.
(U5) Wenn $U_1 \in \mathcal{U}(x)$ ist, dann gibt es ein $U_2 \in \mathcal{U}(x)$ mit $U_1 \in \mathcal{U}(y)$ für alle $y \in U_2$.

Wir nennen die Elemente von $\mathcal{U}(x)$ wieder *Umgebungen* von x in M und die Abbildung $\mathcal{U}$ ein *Umgebungssystem*. Wenn zusätzlich die Bedingung

$$\forall x_1, x_2 \in M \;:\; \big(x_1 \neq x_2 \;\Rightarrow\; \exists U_1 \in \mathcal{U}(x_1)\, \exists U_2 \in \mathcal{U}(x_2) : \quad U_1 \cap U_2 = \emptyset\big)$$

gilt (siehe Abb. 3.1), dann heißt der topologische Raum nach Felix Hausdorff ein *Hausdorff-Raum*.

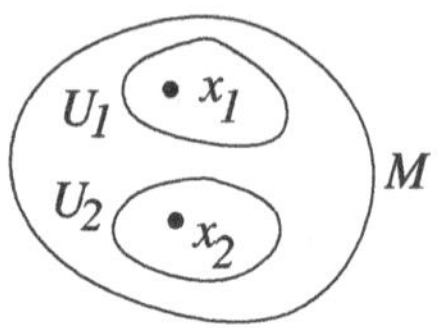

Abb. 3.1 Trennung von Punkten durch Umgebungen in einem Hausdorff-Raum

Man zeige, dass jeder metrische Raum (M, d), zusammen mit der durch

$$\mathcal{U}(x) := \{U \subseteq M \mid \exists r > 0 : B(x; r) \subseteq U\} \tag{3.1}$$

gegebenen Abbildung, ein hausdorffscher topologischer Raum ist. Wir betrachten damit jeden metrischen Raum auch als topologischen Raum.

Aufgabe 3.22 (Diskrete und indiskrete topologische Räume) In dieser Aufgabe beschreiben wir zwei Extremfälle von topologischen Räumen. Die diskreten Räume, in denen jede Obermenge eines Punktes eine Umgebung dieses Punktes ist, und die indiskrete Räume, in denen einzig der ganze Raum eine Umgebung eines vorgegebenen Punktes ist.

(i) Sei M eine beliebige Menge mit der in [MfA, Beispiel 3.4] gegebenen trivialen Metrik

$$d(x, y) = \begin{cases} 1 & \text{für } x \neq y, \\ 0 & \text{für } x = y. \end{cases}$$

Man zeige, dass jede Teilmenge von M, die x enthält, ist eine Umgebung von x. Man nennt topologische Räume mit dieser Eigenschaft *diskret.*

(ii) Sei M eine beliebige Mengen M mit dem konstanten Umgebungssystemen $\mathcal{U}(x) = M$ für alle $x \in M$ (solche topologischen Räume nennt man *indiskret.*). Zeige, dass dieses Umgebungssystem nicht durch eine Metrik gegeben sein kann, wenn M mehr als ein Element hat.

Aufgabe 3.23 (Offene und abgeschlossene Mengen in topologischen Räumen) Sei $(M, \mathcal{U})$ ein topologischer Raum. Eine Teilmenge $U \subseteq M$ heißt *offen*, wenn sie Umgebung jedes Punktes ist, den sie enthält, das heißt

$$\forall x \in U : \quad U \in \mathcal{U}(x).$$

Eine Teilmenge $A \subseteq M$ heißt *abgeschlossen*, wenn ihr *Komplement* $\complement A := M \setminus A$ offen ist. Man zeige:

(i) In diskreten topologischen Räumen ist jede Teilmenge offen und abgeschlossen.

(ii) In indiskreten Räumen gibt es gibt es überhaupt nur zwei offene Mengen, nämlich die leere Menge und den ganzen Raum. Diese beiden Mengen sind auch die einzigen abgeschlossenen Mengen.

Aufgabe 3.24 (Offene und abgeschlossene Mengen in topologischen Räumen) Sei $(M, \mathcal{U})$ ein topologischer Raum. Dann gilt:

(T1) Vereinigungen offener Mengen in M sind offen.
(T2) Endliche Schnitte offener Mengen in M sind offen.
(T3) $\emptyset$ und M sind sowohl abgeschlossen als auch offen.
(T1') Schnitte abgeschlossener Mengen in M sind abgeschlossen.
(T2') Endliche Vereinigungen abgeschlossener Mengen in M sind abgeschlossen.

Aufgabe 3.25 (Stetigkeit für topologische Räume) Seien $(M, \mathcal{U})$ und $(N, \mathcal{V})$ topologische Räume und $f\colon M \to N$ eine Abbildung. Die Abbildung f heißt *stetig in* $x_0 \in M$, wenn (siehe Eigenschaft (2) aus [MfA, Proposition 3.36] über die Charakterisierung der Stetigkeit für metrische Räume)

$$\forall V \in \mathcal{V}(f(x_0))\ \exists U \in \mathcal{U}(x_0): \quad f(U) \subseteq V.$$

Wenn f in jedem Punkt von M stetig ist, dann nennt man f *stetig*. Man zeige:

(i) Wenn M die diskrete Topologie trägt, ist jede Abbildung $f : M \to N$ stetig.
(ii) Wenn N die diskrete Topologie trägt und M die indiskrete Topologie, dann sind nur konstante Abbildungen stetig.

Aufgabe 3.26 (Abschluss, Inneres und Rand) Sei $(M, \mathcal{U})$ ein topologischer Raum und $B \subseteq M$ beliebig. Die Menge

$$\overline{B} := \bigcap\{A \mid A \supseteq B,\, A \text{ abgeschlossen}\} := \bigcap_{A \supseteq B,\ A \text{ abgeschlossen}} A$$

ist die kleinste abgeschlossene Menge, die B enthält. $\overline{B}$ heißt der *Abschluss* von B. Die Menge

$$B^\circ := \bigcup\{U \mid U \subseteq B,\, U \text{ offen}\} := \bigcup_{U \subseteq B,\ U \text{ offen}} U$$

ist die größte offene Menge, die in B enthalten ist. B° heißt das *Innere* von B. Die Differenz $\overline{B} \setminus B^\circ$ heißt der *Rand* von B und wird mit ∂B bezeichnet. Man zeige:

(i) Wenn M diskret ist, ist jede Teilmenge ihr eigenes Inneres und ihr eigener Abschluss. Der Rand dagegen ist leer.
(ii) Wenn M indiskret ist und $\emptyset \neq A \neq M$, dann gilt $A^\circ = \emptyset$ und $\overline{A} = M$, also insbesondere $\partial A = M$.

Aufgabe 3.27 (Charakterisierung des Umgebungssystems durch die offenen Mengen) Wenn man für einen topologischen Raum $(M, \mathcal{U})$ die Menge

$$\mathcal{T} := \{V \subseteq M \mid V \text{ offen}\}$$

aller offenen Teilmengen kennt, kann man die Funktion $\mathcal{U}$ rekonstruieren:

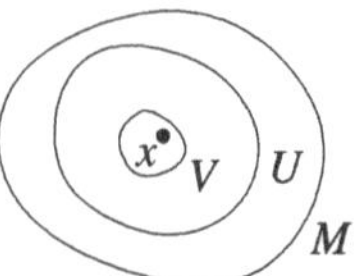

$$\mathcal{U}(x) = \{U \subseteq M \mid \exists V \in \mathcal{T} : x \in V \subseteq U\}. \tag{3.2}$$

Hinweis: Die Inklusion $\supseteq$ folgt sofort aus den Definitionen. Für die andere Inklusion zeige man, dass für $U \in \mathcal{U}(x)$ das Innere U° von U (siehe Aufgabe 3.26) durch $\{y \in U \mid U \in \mathcal{U}(y)\}$ gegeben ist.

Aufgabe 3.28 (Topologie) Sei M eine Menge. Eine *Topologie* auf M ist eine Familie $\mathcal{T}$ von Teilmengen von M, die die Eigenschaften (T1), (T2) und (T3) aus [MfA, Proposition 3.38] erfüllen, das heißt:

(T1) $\{U_\alpha \mid \alpha \in A\} \subset \mathcal{T} \Rightarrow (\bigcup_{\alpha \in A} U_\alpha) \in \mathcal{T}$.

(T2) $U_1, \ldots, U_n \in \mathcal{T} \Rightarrow (\bigcap_{i=1}^{n} U_i) \in \mathcal{T}$.

(T3) $\emptyset \in \mathcal{T},\ M \in \mathcal{T}$.

Man zeige:

(i) Sei $(M, \mathcal{U})$ ein topologischer Raum. Dann ist die Menge der offenen Teilmengen von M eine Topologie.
(ii) Wenn $\mathcal{T}$ eine Topologie auf einer Menge M ist, so ist das durch (3.2) definierte Paar $(M, \mathcal{U})$ ein topologischer Raum und $\mathcal{T}$ gerade die Menge der offenen Teilmengen von $(M, \mathcal{U})$.

Aufgabe 3.29 ($\mathbb{N} \cup \{\infty\}$) Man zeige:

(i) Auf $\bar{\mathbb{N}} = \mathbb{N} \cup \{\infty\}$ (siehe Aufgabe 3.9) wird durch

$$\mathcal{U}(x) := \begin{cases} \{U \subseteq \bar{\mathbb{N}} \mid x \in U\} & \text{für } x \in \mathbb{N} \\ \{U \subseteq \bar{\mathbb{N}} \mid \infty \in U, \complement U \text{ endlich}\} & \text{für } x = \infty \end{cases}$$

ein Umgebungssystem definiert.

(ii) Die zu den $\mathcal{U}(x)$ gehörige Topologie ist

$$\mathcal{T} = \mathcal{P}(\mathbb{N}) \cup \mathcal{U}(\infty)$$

und die abgeschlossenen Teilmengen von $\bar{\mathbb{N}}$ bezüglich dieser Topologie sind die endlichen Teilmengen sowie alle Teilmengen, die ∞ enthalten.

(iii) Die offenen Mengen des metrischen Raumes $(\bar{\mathbb{N}}, d_{\bar{\mathbb{N}}})$ aus Aufgabe 3.9 sind gerade die Elemente von $\mathcal{T}$.

Hinweis: Dazu überlegt man sich, dass für $m \in \mathbb{N}$ gilt $B_{d_{\bar{\mathbb{N}}}}(m; \frac{1}{2(1+m)^2}) = \{m\}$, während $B_{d_{\bar{\mathbb{N}}}}(\infty; \delta) = \{m \in \mathbb{N} \mid \frac{1}{\delta} < m+1\} \cup \{\infty\}$.

Aufgabe 3.30 (Grenzwerte von Folgen) Sei $(M, \mathcal{U})$ ein topologischer Raum und $(x_n)_{n\in\mathbb{N}}$ eine Folge in $\mathbb{N}$. Wir versehen $\bar{\mathbb{N}}$ mit der Topologie aus Aufgabe 3.29. Man zeige, dass für $x \in M$ folgende Aussagen äquivalent sind:

(1) x ist ein Grenzwert von $(x_n)_{n\in\mathbb{N}}$.
(2) x ein Grenzwert von $f(n)$ für $n \to \infty$, wobei $f: \mathbb{N} \to M$ durch $f(n) = x_n$ gegeben ist.

Aufgabe 3.31 (Produkttopologie) Seien $(M_1, \mathcal{U}_1)$ und $(M_2, \mathcal{U}_2)$ topologische Räume. Für $(x, y) \in M_1 \times M_2$ definiere

$$\mathcal{B}(x, y) := \{U_1 \times U_2 \mid U_1 \in \mathcal{U}_1(x), U_2 \in \mathcal{U}_2(y)\}$$

sowie

$$\mathcal{U}(x, y) := \{V \subset M_1 \times M_2 \mid \exists B \in \mathcal{B}(x, y) \text{ mit } B \subset V\}.$$

Man zeige, dass $(M_1 \times M_2, \mathcal{U})$ ein topologischer Raum (Aufgabe 3.21) ist. Man nennt diesen Raum das *topologische Produkt* von $(M_1, \mathcal{U}_1)$ und $(M_2, \mathcal{U}_2)$ und $\mathcal{U}$ die *Produkttopologie* auf $M_1 \times M_2$.

Aufgabe 3.32 (Folgen in abgeschlossenen Mengen) Sei $(M, \mathcal{U})$ ein topologischer Raum und $(x_n)_{n\in\mathbb{N}}$ eine Folge in M. Dann heißt x ein *Häufungspunkt der Folge*, wenn für jede Umgebung U von x gilt: Es gibt unendlich viele $n \in \mathbb{N}$ mit $x_n \in U$. Man zeige:

(i) In diskreten Räumen ist ein Punkt x genau dann Häufungspunkt einer Folge, wenn unendlich viele Folgenglieder gleich x sind.
(ii) In indiskreten Räumen ist jeder Punkt Häufungspunkt jeder Folge.
(iii) Wenn $(x_n)_{n\in\mathbb{N}}$ eine Folge in einer abgeschlossenen Teilmenge $A \subseteq M$ ist, dann enthält A alle Häufungspunkte der Folge $(x_n)_{n\in\mathbb{N}}$.

Aufgabe 3.33 (Häufungspunkte von Mengen) Sei $(M, \mathcal{U})$ ein topologischer Raum und $N \subseteq M$ eine Teilmenge. Dann heißt $x \in M$ ein *Häufungspunkt* von N, wenn

$$\forall\, U \in \mathcal{U}(x)\, \exists\, y \neq x : \quad y \in U \cap N.$$

Anders ausgedrückt, wenn

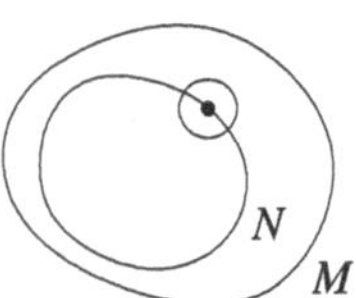

$$\forall\, U \in \mathcal{U}(x) : \quad N \cap U \setminus \{x\} \neq \emptyset.$$

Wir bezeichnen die Menge der Häufungspunkte von N in M mit $\mathrm{HP}(N)$.

Man zeige, dass es in diskreten topologischen Räumen keine Häufungspunkte gibt, während in indiskreten Räumen jeder Punkt, der nicht zu einer nichtleeren Teilmenge gehört, Häufungspunkt dieser Teilmenge ist.

Aufgabe 3.34 (Charakterisierung des Abschlusses) Sei $(M, \mathcal{U})$ ein topologischer Raum und $A \subseteq M$. Man zeige:

(i) $\overline{A} = A \cup \mathrm{HP}(A)$.
(ii) A ist genau dann abgeschlossen, wenn $\mathrm{HP}(A) \subseteq A$.

Aufgabe 3.35 (Grenzwerte in topologischen Räumen) Sei $(M, \mathcal{U})$ ein topologischer Raum

(i) Sei $(y_n)_{n \in \mathbb{N}}$ eine Folge in M. Dann heißt $y \in M$ ein *Grenzwert* von $(y_n)_{n \in \mathbb{N}}$, falls

$$\forall\, U \in \mathcal{U}(y)\, \exists\, n_0 \in \mathbb{N} : \quad (n \geq n_0 \Rightarrow y_n \in U).$$

(ii) Sei $(N, \mathcal{V})$ ein weiterer topologischer Raum und $x_0 \in N$ ein Häufungspunkt von N. Weiter sei $f : N \setminus \{x_0\} \to M$ eine Abbildung. Ein Punkt $y \in M$ heißt *Grenzwert* von $f(x)$ für $x \to x_0$, falls

$$\forall\, U \in \mathcal{U}(y)\, \exists\, V \in \mathcal{V}(x_0) : \quad (x \in V \Rightarrow f(x) \in U).$$

Man zeige, dass die Grenzwerte eindeutig bestimmt sind, wenn $(M, \mathcal{U})$ hausdorffsch ist.

Aufgabe 3.36 (Charakterisierung der Stetigkeit für topologische Räume) Seien $(M, \mathcal{U})$ und $(N, \mathcal{V})$ topologische Räume, $x_0 \in M$ und $f : M \to N$ eine Abbildung. Man zeige, dass die folgenden Aussagen äquivalent sind:

(1) f ist stetig in x_0 (siehe Aufgabe 3.25).
(2) Wenn $V \in \mathcal{V}(f(x_0))$, dann ist $f^{-1}(V) = \{x \in M \mid f(x) \in V\} \in \mathcal{U}(x_0)$.

Aufgabe 3.37 (Charakterisierung der Stetigkeit für topologische Räume) Seien $(M, \mathcal{U})$ und $(N, \mathcal{V})$ topologische Räume sowie $f\colon M \to N$ eine Abbildung. Man zeige, dass die folgenden Aussagen äquivalent sind:

(1) f ist stetig.
(2) Wenn $V \subseteq N$ offen ist, dann ist $f^{-1}(V) \subseteq M$ offen.
(3) Wenn $V \subseteq N$ abgeschlossen ist, dann ist $f^{-1}(V) \subseteq M$ abgeschlossen.

Hinweis: [MfA, Proposition 3.43] und Aufgabe 3.36.

Aufgabe 3.38 (Quasikompaktheit) Eine Teilmenge Y eines topologischen Raums $(X, \mathcal{U})$ heißt *quasikompakt*, wenn jede Überdeckung $\mathcal{F}$ von Y durch offene Mengen (*offene Überdeckung*) eine endliche *Teilüberdeckung* hat, das heißt, wenn es eine endliche Teilmenge $\mathcal{F}'$ von $\mathcal{F}$ gibt, die selbst eine Überdeckung von Y ist. Man zeige, dass die Menge $\overline{\mathbb{N}}$, versehen mit der Topologie aus Aufgabe 3.29, quasikompakt ist.

Aufgabe 3.39 (Quasikompaktheit) Seien $(X, \mathcal{U})$ und $(X', \mathcal{U}')$ topologische Räume. Man zeige

(i) Ist X quasikompakt und $Y \subseteq X$ abgeschlossen, so ist auch Y quasikompakt.
(ii) Ist X hausdorffsch und $Y \subseteq X$ quasikompakt, so ist Y abgeschlossen.
(iii) Ist X quasikompakt und $f\colon X \to X'$ stetig, so ist $f(X) \subseteq X'$ quasikompakt.
(iv) Ist X quasikompakt, X' hausdorffsch sowie $f\colon X \to X'$ stetig und bijektiv, so ist auch die Umkehrabbildung $f^{-1}\colon X' \to X$ stetig.

Hinweis: [MfA, Proposition 3.53].

Aufgabe 3.40 (Extremwerte stetiger Funktionen) Sei $(M, \mathcal{U})$ ein topologischer Raum und $f\colon M \to \mathbb{R}$ eine stetige Funktion. Man zeige, dass f auf jeder quasikompakten Teilmenge von M sein Minimum und sein Maximum annimmt. Insbesondere ist f auf jeder quasikompakten Teilmenge beschränkt.

Aufgabe 3.41 (Lokal gleichmäßige Konvergenz) Sei $(A, \mathcal{U})$ ein topologischer Raum und (M, d) ein metrischer Raum. Eine Folge $(f_n)_{n \in \mathbb{N}}$ von Abbildungen $f_n\colon A \to M$ heißt *gleichmäßig konvergent* gegen eine Abbildung $f\colon A \to M$, wenn es zu jedem $\varepsilon > 0$ ein $n_0 \in \mathbb{N}$ gibt mit

$$\forall a \in A, \forall n > n_0 : \quad d\big(f_n(a), f(a)\big) < \varepsilon.$$

Die Folge $(f_n)_{n \in \mathbb{N}}$ heißt *lokal gleichmäßig konvergent* gegen f, wenn es zu jedem $a \in A$ eine Umgebung $U \in \mathcal{U}(a)$ gibt, für die die Folge $(f_n|_U)_{n \in \mathbb{N}}$ der Einschränkungen $f_n|_U$ der f_n auf U gleichmäßig gegen $f|_U$ konvergiert.

Man zeige, dass für eine lokal gleichmäßig konvergierende Folge $(f_n)_{n\in\mathbb{N}}$ von stetigen Abbildungen $f_n : A \to M$, die Grenzwertfunktion $f : A \to M$ stetig ist.

Aufgabe 3.42 (Banachsches Fixpunktprinzip mit Parametern) Sei $(A, \mathcal{U})$ ein topologischer Raum und (M, d) ein vollständiger metrischer Raum. Weiter sei $q \in [0, 1[$ und $f : A \times M \to M$ stetig mit

$$\forall a \in A, y_1, y_2 \in M \ : \quad d\big(f(a, y_1), f(a, y_2)\big) \leq q\, d(y_1, y_2).$$

Man zeige: Wenn $g_\infty(a) \in M$ den vom Banachschen Fixpunktsatz [MfA, Satz 3.30] garantierten Fixpunkt von $y \mapsto f(a, y)$ bezeichnet, dann ist die Abbildung

$$g_\infty : A \to M, \quad a \mapsto g_\infty(a)$$

stetig.

3.4 Normierte Vektorräume

Wir beginnen diesen Abschnitt mit einigen allgemeinen Aufgaben, in denen allgemeine normierte Vektorräume vorkommen. In der Mehrzahl der Aufgaben geht es jedoch um endlichdimensionale $\mathbb{K}$-Vektorräume mit inneren Produkten ($\mathbb{K}$ gleich $\mathbb{R}$ und $\mathbb{C}$) und um die zugehörigen linearen Abbildungen. Die Aufgabensequenz kulminiert in einem Beweis des Spektralsatzes für normale Endomorphismen solcher Vektorräume, der in der mathematischen Modellierung von Quanten-Computern eine zentrale Rolle spielt (siehe [Sc19]).

Aufgabe 3.43 (Summen und Produkte stetiger Funktionen) Sei X ein metrischer Raum und $(V, \|\cdot\|)$ ein normierter Vektorraum. Man zeige, dass die punktweise Summe stetiger Funktionen $X \to V$ wieder stetig ist.

Aufgabe 3.44 (Produkte stetiger Funktionen) Sei X ein metrischer Raum. Man zeige, dass punktweise Produkte stetiger Funktionen $X \to \mathbb{C}$ wieder stetig sind.

Aufgabe 3.45 (Reihen und Folgen) Man zeige: Wenn eine Reihe $\sum_{k=1}^{\infty} a_k$ in einem normierten Vektorraum konvergiert, dann konvergiert die Folge $(a_n)_{n\in\mathbb{N}}$ gegen Null.

Aufgabe 3.46 (Orthonormalbasen (ONB)) Sei $\mathbb{K}$ gleich $\mathbb{R}$ oder $\mathbb{C}$ und V ein $\mathbb{K}$-Vektorraum mit *innerem Produkt* $\beta := (\cdot \mid \cdot)$, das heißt β ist eine positiv definite Sesquilinearform auf V (siehe Aufgabe 2.31). Eine Folge $\{v_1, v_2, \ldots\}$ von Vektoren in V heißt ein *Orthogonalsystem*, wenn

$$\forall i \neq j : \qquad (v_i \mid v_j) = 0,$$

und ein *Orthonormalsystem (ONS)*, wenn zusätzlich

$$\forall j: \qquad \left(v_j \mid v_j\right) = 1$$

gilt. Wenn ein Orthonormalsystem eine Basis für V ist, nennt man es eine *Orthonormalbasis (ONB)*.

Sei V endlichdimensional. Man zeige:

(i) Eine endliche Basis $\{v_1, \ldots, v_n\}$ für V ist genau dann ein Orthonormalsystem, wenn für $\mathbf{v} = (v_1, \ldots, v_n)$ die darstellende Matrix $B^{\mathbf{v}}(\beta) = \mathbf{1}_n$ ist.
(ii) V hat eine Orthonormalbasis.
Hinweis: Aufgabe 2.40.

Aufgabe 3.47 (Adjungierte Abbildung) Seien V und W $\mathbb{K}$-Vektorräume mit inneren Produkten $(\cdot \mid \cdot)_V$ und $(\cdot \mid \cdot)_W$. Betrachte zwei lineare Abbildungen $\varphi \in \operatorname{Hom}_{\mathbb{K}}(V, W)$, $\psi \in \operatorname{Hom}_{\mathbb{K}}(W, V)$. Dann heißt ψ zu φ *adjungiert*, wenn gilt:

$$\forall v \in V, w \in W: \quad \big(\varphi(v) \mid w\big)_W = \big(v \mid \psi(w)\big)_V.$$

Man zeige:

(i) Seien $V = \mathbb{R}^n$, und $W = \mathbb{R}^m$ jeweils mit dem euklidischen Skalarprodukt versehen. Man betrachtet $A \in \operatorname{Mat}(m \times n, \mathbb{R})$ über die Matrizenmultiplikation als eine lineare Abbildung

$$\varphi\colon \mathbb{R}^n \to \mathbb{R}^m, \quad v \mapsto Av$$

und setzt

$$\psi\colon \mathbb{R}^m \to \mathbb{R}^n, \quad w \mapsto A^\top w.$$

Dann ist ψ zu φ adjungiert, das heißt, die transponierte Matrix ist, als Abbildung betrachtet, zu A adjungiert.

(ii) Seien $V = \mathbb{C}^n$ und $W = \mathbb{C}^m$ jeweils mit dem euklidischen Skalarprodukt versehen und $A \in \operatorname{Mat}(m \times n, \mathbb{C})$ als lineare Abbildung

$$\varphi\colon \mathbb{C}^n \to \mathbb{C}^m, \quad v \mapsto Av$$

aufgefasst. Dann ist

$$\psi\colon \mathbb{C}^m \to \mathbb{C}^n, \quad w \mapsto A^* w$$

mit $A^* = \overline{A}^\top \in \operatorname{Mat}(n \times m, \mathbb{C})$ zu φ adjungiert.

Aufgabe 3.48 (Adjungierte Abbildung) Seien V und W zwei $\mathbb{K}$-Vektorräume mit inneren Produkten $(\cdot \mid \cdot)_V$ und $(\cdot \mid \cdot)_W$, sowie $\varphi\colon V \to W$ linear. Man zeige:

(i) Es existiert höchstens eine zu φ adjungierte Abbildung $\psi: W \to V$.
(ii) Wenn ψ zu φ adjungiert ist, dann ist auch φ zu ψ adjungiert.

Aufgabe 3.49 (Existenz adjungierter Abbildungen) Seien V und W zwei endlichdimensionale $\mathbb{K}$-Vektorräume mit inneren Produkten $(\cdot \mid \cdot)_V$ und $(\cdot \mid \cdot)_W$ sowie $\varphi: V \to W$ linear. Man zeige:

(i) Es gibt eine eindeutig bestimmte adjungierte Abbildung zu φ. Wir bezeichnen sie mit φ^*.
(ii) Es gilt $(\varphi^*)^* = \varphi$.

Hinweis: Aufgaben 3.46 und 3.48.

Aufgabe 3.50 (Normale Endomorphismen) Sei V ein endlichdimensionaler $\mathbb{K}$-Vektorraum mit innerem Produkt $(\cdot \mid \cdot)$ und $\varphi \in \mathrm{End}_{\mathbb{K}}(V)$ *normal*, das heißt, erfülle $\varphi \circ \varphi^* = \varphi^* \circ \varphi$, wobei $\varphi^* \in \mathrm{End}_{\mathbb{K}}(V)$ die durch die in Aufgabe 3.49 erklärte adjungierte Abbildung zu φ ist. Man zeige:

(i) $\varphi(v) = \lambda v \iff \varphi^*(v) = \overline{\lambda} v$.
(ii) Sei $U \subseteq V$ ein Unterraum. Dann gilt die Implikation

$$\varphi(U) \subseteq U \quad \Rightarrow \quad \varphi^*(U^\perp) \subseteq U^\perp.$$

(iii) Sei $V = V_1 \oplus V_2$ eine *orthogonale* direkte Summe, das heißt

$$\forall v_1 \in V_1, v_2 \in V_2: \quad (v_1 \mid v_2) = 0.$$

Wenn $\varphi(V_1) \subseteq V_1$ und $\varphi(V_2) \subseteq V_2$ gilt, dann gelten auch $\varphi^*(V_1) \subseteq V_1$ und $\varphi^*(V_2) \subseteq V_2$. Weiter folgt, dass $\varphi|_{V_i}: V_i \to V_i$ $(i = 1, 2)$ normal ist und $(\varphi|_{V_i})^* = \varphi^*|_{V_i}$ erfüllt.

Hinweis: Für (i) zeige $\|\varphi(v)\| = \|\varphi^*(v)\|$ und schließe $\mathrm{Kern}(\varphi - \lambda\,\mathrm{id}) = \mathrm{Kern}(\varphi^* - \overline{\lambda}\,\mathrm{id})$. Teil (ii) ist ein einfacher Orthogonalitätstest und für (iii) benutzt man die Aufgaben 2.11 und 2.39 sowie die Dimensionsformel aus [MfA, Satz 2.34] um $V_1^\perp = V_2$ zu zeigen.

Aufgabe 3.51 (Spektralsatz) Sei V ein endlichdimensionaler $\mathbb{C}$-Vektorraum mit innerem Produkt $(\cdot \mid \cdot)$. Man zeige, dass die folgenden Aussagen äquivalent sind:

(1) $\varphi \in \mathrm{End}_{\mathbb{C}}(V)$ ist normal.
(2) Es gibt eine ONB von V, bezüglich der die darstellende Matrix von φ diagonal ist.

Hinweis: Induktion über $\dim V$.

3.5 Lösungsvorschläge

3.5.1 Metrische Räume

Lösungsvorschlag für Aufgabe 3.1**:** Die Eigenschaften M1 (Abstand 0) und M2 (Symmetrie) aus der [MfA, Definition 3.1] einer Metrik folgen sofort aus den Eigenschaften

$$|x| = |-x| = 0 \Leftrightarrow x = 0$$

des Absolutbetrags auf $\mathbb{R}$. Seien $f_1, f_2, f_3 \in F(M, \mathbb{R})$. Dann gilt wegen der Dreiecksungleichung für den Absolutbetrag auf $\mathbb{R}$ (siehe [MfA, Beispiel 3.2])

$$\begin{aligned} d(f_1, f_3) &= \sum_{m \in M} |f_1(m) - f_3(m)| \leq \sum_{m \in M} (|f_1(m) - f_2(m)| + |f_2(m) - f_3(m)|) \\ &= \sum_{m \in M} |f_1(m) - f_2(m)| + \sum_{m \in M} |f_2(m) - f_3(m)| = d(f_1, f_2) + d(f_2, f_3), \end{aligned}$$

also die Bedingung M3 (Dreiecksungleichung).

Lösungsvorschlag für Aufgabe 3.2**:** Es gilt $f \in F_b(M, \mathbb{R})$ genau dann, wenn gilt $\sup_{m \in M} |f(m)| < \infty$. Die Eigenschaften M1 (Abstand 0) und M2 (Symmetrie) aus der [MfA, Definition 3.1] einer Metrik folgen sofort aus den Eigenschaften

$$|x| = |-x| = 0 \Leftrightarrow x = 0$$

des Absolutbetrags auf $\mathbb{R}$. Seien $f_1, f_2, f_3 \in F_b(M, \mathbb{R})$. Dann gilt wegen der Dreiecksungleichung für den Absolutbetrag auf $\mathbb{R}$ (siehe [MfA, Beispiel 3.2])

$$\begin{aligned} d(f_1, f_3) &= \sup_{m \in M} |f_1(m) - f_3(m)| \leq \sup_{m \in M} (|f_1(m) - f_2(m)| + |f_2(m) - f_3(m)|) \\ &\leq \sup_{m \in M} |f_1(m) - f_2(m)| + \sup_{m \in M} |f_2(m) - f_3(m)| = d(f_1, f_2) + d(f_2, f_3), \end{aligned}$$

also die Bedingung M3 (Dreiecksungleichung). □

Lösungsvorschlag für Aufgabe 3.3**:**

(i) Nach Voraussetzung haben wir für $z \in B(y; r)$

$$d_p(z, x) \leq \max(d_b(x, y), d_p(y, z)) < r,$$

also $B(y; r) \subseteq B(x; r)$. Wegen

$$y \in B(x; r) \quad \Leftrightarrow \quad x \in B(y; r)$$

folgt die umgekehrte Inklusion durch Vertauschung der Rollen von x und y.

(ii) Die Implikation $\Leftarrow$ ist klar. Sei umgekehrt $z \in B(x;r) \cap B(y;s)$. Wir können annehmen, dass $r \leq s$. Mit (i) erhalten wir

$$B(x;r) = B(z;r) \subseteq B(z;s) = B(y;s)$$

und das beweist die Behauptung. □

Lösungsvorschlag für Aufgabe 3.4: Aus $d(x,z) \leq d(x,y) + d(y,z)$ und $d(y,z) \leq d(y,x) + d(x,z)$ folgt $d(x,y) \geq d(x,z) - d(y,z)$ und $d(x,y) = d(y,x) \geq d(y,z) - d(x,z)$, also

$$d(x,y) \geq |d(x,z) - d(y,z)|.$$

□

Lösungsvorschlag für Aufgabe 3.5: Die Ungleichung

$$0 \overset{\text{(i)}}{=} d(x,x) \overset{\text{(ii)}}{\leq} d(x,y) + d(x,y)$$

zeigt, dass die Werte von d alle in $\mathbb{R}_{\geq 0}$ liegen. Wir weisen die drei Eigenschaften (M1), (M2) und (M3) nach, die in [MfA, Definition 3.1] für eine Metrik gefordert sind:

(M1) Dies ist klar mit (i).

(M2) $d(y,x) \overset{\text{(ii)}}{\leq} d(y,y) + d(x,y) \overset{\text{(i)}}{=} d(x,y)$ und die Behauptung folgt, indem man in diesem Argument die Rollen von x und y vertauscht.

(M3) $d(x,z) \overset{\text{(ii)}}{\leq} d(x,y) + d(z,y) \overset{\text{(M2)}}{=} d(x,y) + d(y,z)$. □

Lösungsvorschlag für Aufgabe 3.6:

(i) Mit $\left|\big((a,b) \mid (c,d)\big)\right|^2 = a^2c^2 + 2acbd + b^2d^2$ und

$$\|(a,b)\|^2\|(c,d)\|^2 = (a^2+b^2)(c^2+d^2) = a^2c^2 + b^2c^2 + a^2d^2 + b^2d^2$$

finden wir wegen $b^2c^2 - 2acbd + a^2d^2 = (bc-ad)^2 \geq 0$, dass

$$\left|\big((a,b) \mid (c,d)\big)\right|^2 \leq \|(a,b)\|^2\|(c,d)\|^2.$$

Nach Aufgabe 1.73 folgt damit die Behauptung, indem wir die Wurzeln ziehen.

(ii) Man erhält die Behauptung durch Ausmultiplizieren

$$\begin{aligned}\|(a,b)+(c,d)\|^2 &= \big((a,b)+(c,d) \mid (a,b)+(c,d)\big)\\ &= \big((a,b) \mid (a,b)\big) + \big((c,d) \mid (a,b)\big) + \big((a,b) \mid (c,d)\big)\\ &\quad +\big((c,d) \mid (c,d)\big)\\ &= \|(a,b)\|^2 + 2\big((c,d) \mid (a,b)\big) + \|(c,d)\|^2\\ &\leq \|(a,b)\|^2 + 2\,\big|\big((c,d) \mid (a,b)\big)\big| + \|(c,d)\|^2\\ &\overset{(i)}{\leq} \|(a,b)\|^2 + 2\,\|(a,b)\|\,\|(c,d)\| + \|(c,d)\|^2\\ &= (\|(a,b)\| + \|(c,d)\|)^2\end{aligned}$$

und anschließendes Wurzelziehen.

(iii) Das folgt aus der Rechnung

$$\begin{aligned}\delta\big((a,b),(e,f)\big) &= \|(a,b)-(e,f)\| = \|(a,b)-(c,d)+(c,d)-(e,f)\|\\ &\overset{(ii)}{\leq} \|(a,b)-(c,d)\| + \|(c,d)-(e,f)\|\\ &= \delta\big((a,b),(c,d)\big) + \delta\big((c,d),(e,f)\big).\end{aligned}$$

□

3.5.2 Stetigkeit und Grenzwerte

Lösungsvorschlag für Aufgabe 3.7: Sei $x_0 \in X$ und $\varepsilon > 0$. Weil g in $f(x_0)$ stetig ist, gibt es ein $\delta_1 > 0$ mit

$$\forall y \in Y: \quad d_Y(y, f(x_0)) < \delta_2 \quad \Rightarrow \quad d_Z(g(y), g(f(x_0))) < \varepsilon.$$

Da aber auch f in x_0 stetig ist gibt es ein $\delta_2 > 0$ mit

$$\forall x \in X: \quad d_X(x, x_0) < \delta_2 \quad \Rightarrow \quad d_Y(f(x), f(x_0)) < \delta_1.$$

Zusammen haben wir

$$\begin{aligned}&\forall x \in X : d_X(x, x_0) < \delta_1 \quad \Rightarrow \quad d_Y(g \circ f(x), g \circ f(x_0))\\ &= d_Y(g(f(x)), g(f(x_0))) < \varepsilon,\end{aligned}$$

also die Stetigkeit von $g \circ f$ in x_0. Da $x_0 \in X$ beliebig gewählt war, folgt die Behauptung. □

Lösungsvorschlag für Aufgabe 3.8:

(i) Das lässt sich sofort mit den zugehörigen Wahrheitstafeln verifizieren.

(ii) Die Aussage „f ist stetig in x_0“ hat nach [MfA, (3.12)] die Form

$$\forall \varepsilon > 0 \, \exists \delta > 0 \, \forall x \in M : \quad A \Rightarrow B$$

mit $A =$ „$d_M(x, x_0) < \delta$“ und $B =$ „$d_N\big(f(x), f(x_0)\big) < \varepsilon$“. Mit Aufgabe 1.31 sieht man, dass die Negation von „f ist stetig in x_0“ durch

$$\exists \varepsilon > 0 \, \forall \delta > 0 \, \exists x \in M : \quad \neg(A \Rightarrow B)$$

gegeben ist. Mit (i) ergibt sich die Aussage

$$\exists \varepsilon > 0 \, \forall \delta > 0 \, \exists x \in M : \quad d_M(x, x_0) < \delta \text{ und } d_N\big(f(x), f(x_0)\big) \geq \varepsilon.$$

□

Lösungsvorschlag für Aufgabe 3.9:

(i) Weil $\frac{m}{1+m} \neq 1$ für alle $m \in \mathbb{N}$ gilt, genügt es zu zeigen, dass aus $\frac{m}{1+m} = \frac{m'}{1+m'}$ für $m, m' \in \mathbb{N}$ die Gleichheit $m = m'$ folgt. Wir nehmen also an, dass

$$m + mm' = m(1 + m') = m'(1 + m) = m' + m'm$$

gilt. Damit ist $m = m'$ klar.

(ii) Wegen (i) ist die Bedingung (M1) für den Abstand 0 aus der Definition einer Metrik [MfA, Definition 3.1] eine Konsequenz der Eigenschaften des Absolutbetrags auf $\mathbb{R}$. Die Symmetrie-Bedingung (M2) ist nach Definition von $d_{\bar{\mathbb{N}}}$ offensichtlich. Für die Dreiecksungleichung nehmen wir an, dass $m, m', m'' \in \bar{\mathbb{N}}$. Dann gilt, wieder wegen der Eigenschaften des Absolutbetrags auf $\mathbb{R}$,

$$\begin{aligned} d_{\bar{\mathbb{N}}}(m, m'') &= |F(m) - F(m'')| \leq |F(m) - F(m')| + |F(m') - F(m'')| \\ &= d_{\bar{\mathbb{N}}}(m, m') + d_{\bar{\mathbb{N}}}(m', m''). \end{aligned}$$

(iii) Wir nehmen zunächst an, dass [MfA, (3.14)] in der Form

$$\forall \varepsilon > 0 \, \exists \delta > 0 : \quad \big(m \in \mathbb{N}, d_{\bar{\mathbb{N}}}(m, \infty) < \delta \Rightarrow |F(m) - x| < \varepsilon\big)$$

gilt und wählen ein $\varepsilon > 0$. Die Bedingung $d_{\bar{\mathbb{N}}}(m, \infty) < \delta$ ist äquivalent zu

$$\frac{1}{1+m} = 1 - \frac{m}{1+m} < \delta.$$

Wenn $\delta > 0$ so gewählt ist, dass $|F(m) - x| < \varepsilon$ für $d_{\bar{\mathbb{N}}}(m, \infty) < \delta$, dann wählen wir ein $k \in \mathbb{N}$ mit $\frac{1}{\delta} < k$. Für $k < m \in \mathbb{N}$ gilt dann $\frac{1}{\delta} < m + 1$ und daher

$|F(m) - x| < \varepsilon$. Damit haben wir [MfA, (3.15)] nachgewiesen.

Sei umgekehrt [MfA, (3.15)] gültig und $\varepsilon > 0$. Wenn $k \in \mathbb{N}$ so gewählt ist, dass $|F(m) - x| < \varepsilon$ für $m > k$, dann wählen wir $\delta = \frac{1}{k+1}$. Für $d_{\bar{\mathbb{N}}}(m, \infty) < \delta = \frac{1}{k+1}$ gilt $m > k$ und daher $|F(m) - x| < \varepsilon$. Damit haben wir [MfA, (3.14)] nachgewiesen. □

Lösungsvorschlag für Aufgabe 3.10**:** Wir führen den Beweis für strikt monoton steigende Funktionen, der andere Fall geht analog.

(i) Nach dem Zwischenwertsatz [MfA, Satz 3.13] ist mit $y_1 = f(x_1)$ und $y_2 = f(x_2)$ auch jedes y zwischen y_1 und y_2 von der Form $f(x)$. Daraus folgt die Behauptung.

(ii) Wegen der strikten Monotonie ist $f: I \to \mathbb{R}$ injektiv, also $f: I \to f(I)$ bijektiv.

(iii) Wenn $f^{-1}(y_1) = x_1 \geq x_2 = f^{-1}(y_2)$, dann gilt nach Voraussetzung $y_1 = f(x_1) \geq f(x_2) = y_2$, das heißt, $y_1 < y_2$ impliziert $x_1 < x_2$. Also ist f^{-1} strikt monoton steigend.
Bleibt noch die Stetigkeit von f^{-1} zu zeigen. Sei zunächst $y_0 = f(x_0) \in f(I)$ kein Randpunkt des Intervalls $f(I)$ und $\varepsilon > 0$. Dann gibt es $y_1, y_2 \in f(I)$ mit $f(x_1) = y_1 < y_0 < y_2 = f(x_2)$, also $x_0 \in]x_1, x_2[\subseteq I$. Wir können also auch $x_1', x_2' \in I$ mit

$$x_0 - \varepsilon < x_1' < x_0 < x_2' < x_0 + \varepsilon$$

finden. Für $y_1' := f(x_1')$ und $y_2' := f(x_2')$ gilt dann $y_0 \in]y_1', y_2'[$ und wir finden ein $\delta > 0$ mit

$$y_1' < y_0 - \delta < y_0 < y_0 + \delta < y_2'.$$

Wenn also $|y - y_0| < \delta$, dann gilt $y_1' < y < y_2'$ und somit

$$\begin{aligned} -\varepsilon + f^{-1}(y_0) = x_0 - \varepsilon < x_1' = f^{-1}(y_1') < f^{-1}(y) < f^{-1}(y_2') = x_2' \\ < x_0 + \varepsilon = f^{-1}(y_0) + \varepsilon, \end{aligned}$$

was wiederum

$$|f^{-1}(y) - f^{-1}(y_0)| < \varepsilon$$

impliziert. Damit folgt die Stetigkeit von f^{-1} in allen Punkten von $f(I)$ außer den Randpunkten. Falls ein Randpunkt von $f(I)$ zu $f(I)$ gehört, kann man das obige Argument leicht modifizieren und die Stetigkeit auch am Rand zeigen. □

Lösungsvorschlag für Aufgabe 3.11:

(i) Sei $0 \leq x < x'$ und $x' = x + \varepsilon$. Dann gilt nach der binomischen Formel

$$f_n(x') = f_n(x+\varepsilon) = (x+\varepsilon)^n = x^n + \sum_{k=1}^{n} \binom{n}{k} x^{n-k}\varepsilon^k > x^n = f_n(x)$$

und das beweist die Behauptung.

(ii) Wir benutzen Induktion über n. Für $n = 1$ ist die Stetigkeit nach der Definition der Stetigkeit [MfA, Definition 3.10] klar. Es gilt

$$\begin{aligned} |f_n(x_0+t) - f_n(x_0)| &\leq |(x_0+t)f_{n-1}(x_0+t) - (x_0+t)f_{n-1}(x_0)| \\ &\quad + |(x_0+t)f_{n-1}(x_0) - x_0 f_{n-1}(x_0)| \\ &= (x_0+t)|f_{n-1}(x_0+t) - f_{n-1}(x_0)| + |t| \cdot |f_{n-1}(x_0)|. \end{aligned}$$

Wegen der Stetigkeit von f_{n-1} finden wir für festes $x_0 \in [0, \infty[$ zu $\varepsilon > 0$ ein $\delta > 0$ mit

$$|t| < \delta \quad \Rightarrow \quad |f_{n-1}(x_0+t) - f_{n-1}(x_0)| < \varepsilon.$$

Wir können $\delta < \min\{1, \varepsilon\}$ wählen. Dann gilt für $|t| < \delta$

$$|f_n(x_0+t) - f_n(x_0)| < \varepsilon(|x_0+1| + f_{n-1}(x_0))$$

und die Stetigkeit von f_n in x_0 folgt.

(iii) Wegen $x^n \geq x$ für $x > 1$ nimmt f_n beliebig große Werte an und nach dem Zwischenwertsatz [MfA, Satz 3.13] ist f_n wegen (ii) dann auch surjektiv.

(iv) Da f_n strikt monoton steigend und bijektiv ist, folgt das direkt aus der Trichotomie für $\mathbb{R}$ in [MfA, Satz 1.87].

(v) Sei $x_0 \in]0, \infty[$ fest gewählt. Dann gilt für hinreichend kleines $\varepsilon > 0$, dass

$$(x_0+\varepsilon)^n = x_0^n + nx_0^{n-1}\varepsilon + \sum_{k=2}^{n} \binom{n}{k} x_0^{n-k}\varepsilon^k > x_0^n + \frac{nx_0^{n-1}}{2}\varepsilon$$

und

$$(x_0-\varepsilon)^n = x_0^n - nx_0^{n-1}\varepsilon + \sum_{k=2}^{n} \binom{n}{k} x_0^{n-k}(-\varepsilon)^k < x_0^n - \frac{nx_0^{n-1}}{2}\varepsilon.$$

Das überlegt man sich am einfachsten zuerst in der abstrakten Version

$$a + b\varepsilon + c\varepsilon^2 > a + \frac{b}{2}\varepsilon$$

für $b > 0$. Für $x_0 = \sqrt[n]{y_0}$ ergibt sich mit (iv), dass

$$\sqrt[n]{y_0} + \varepsilon > \sqrt[n]{y_0 + \frac{nx_0^{n-1}}{2}\varepsilon} \geq \sqrt[n]{y_0}$$

$$\text{und} \quad \sqrt[n]{y_0} - \varepsilon < \sqrt[n]{y_0 - \frac{nx_0^{n-1}}{2}\varepsilon} \leq \sqrt[n]{y_0},$$

also

$$0 < \sqrt[n]{y_0 + \frac{nx_0^{n-1}}{2}\varepsilon} - \sqrt[n]{y_0} < \varepsilon \quad \text{und} \quad 0 < \sqrt[n]{y_0} - \sqrt[n]{y_0 - \frac{nx_0^{n-1}}{2}\varepsilon} < \varepsilon.$$

Wegen der Monotonie haben wir also

$$\forall |s| < \frac{nx_0^{n-1}}{2}\varepsilon : \quad |\sqrt[n]{y_0 + s} - \sqrt[n]{y_0}| < \varepsilon$$

und das liefert die Stetigkeit von $\sqrt[n]{\bullet}$ in y_0. Für $x_0 = 0$ ergibt sich $y_0 = 0$ und wir haben jeweils nur die Abschätzungen rechts von x_0 und y_0. Damit ergibt sich

$$\forall 0 \leq s < \frac{nx_0^{n-1}}{2}\varepsilon : \quad |\sqrt[n]{y_0 + s} - \sqrt[n]{y_0}| < \varepsilon$$

und das liefert wieder die Stetigkeit von $\sqrt[n]{\bullet}$ in $y_0 = 0$. □

Lösungsvorschlag für Aufgabe 3.12**:** Wir setzen $\alpha := \lim f(x)$ sowie $\beta := \lim g(x)$ und schreiben

$$B_d(a; r) := \{x \in M \mid d(a; x) < r\}$$

für die offene *Kugel* mit Radius r um $a \subset M$ in M. Nach Voraussetzung existieren zu $\varepsilon > 0$ Zahlen $\delta_1, \delta_2 > 0$ mit

$$\begin{aligned} \forall\, x \in B_d(x_0; \delta_1) \cap M' &: \quad |f(x) - \alpha| < \varepsilon \\ \forall\, x \in B_d(x_0; \delta_2) \cap M' &: \quad |g(x) - \beta| < \varepsilon \end{aligned}$$

(i) Wenn $\delta := \min\{\delta_1, \delta_2\}$, dann finden wir mit der Dreiecksungleichung

$$|f(x) + g(x) - (\alpha + \beta)| \leq |f(x) - \alpha| + |g(x) - \beta| < 2\varepsilon$$

für $x \in B_d(x_0; \delta) \cap M$. Wenn man dieses Argument auf $\frac{\varepsilon}{2}$ statt ε anwendet, sieht man, dass $\lim(f + g)(x) = \lim f(x) + \lim g(x)$.

(ii) Ganz analog zu (i).

(iii) Wir stellen zunächst fest, dass

$$\begin{aligned}|f(x)g(x)-\alpha\beta| &= |(f(x)-\alpha)g(x)+\alpha(g(x)-\beta)|\\ &\le |f(x)-\alpha|\,|g(x)|+|\alpha|\,|g(x)-\beta|.\end{aligned}$$

Nach Voraussetzung existiert eine Zahl δ_0 mit

$$\forall\, x \in B_d(x_0;\delta_0)\cap M: \quad |g(x)-\beta|<1,$$

also $|g(x)| \le |g(x)-\beta|+|\beta| < 1+|\beta|$. Wenn jetzt $\delta := \min\{\delta_0,\delta_1,\delta_2\}$, dann finden wir

$$|f(x)g(x)-\alpha\beta| \le (1+|\beta|+|\alpha|)\varepsilon$$

für $x \in B_d(x_0;\delta)\cap M$. Wenn wir diesmal in obigem Argument ε durch $\frac{\varepsilon}{1+|\beta|+|\alpha|}$ ersetzen, finden wir $\lim(fg)(x) = \lim f(x)\lim g(x)$.

(iv) An dieser Stelle müssen wir zunächst nachweisen, dass die Funktion $\frac{f}{g}$ überhaupt auf einer Menge der Form $B_d(x_0;\delta_0)\cap M'$ definiert ist. Zu diesem Zweck wählt man δ_0 mit

$$\forall\, x \in B_d(x_0;\delta_0)\cap M': \quad |g(x)-\beta| < \frac{|\beta|}{2}$$

so, dass wegen

$$|g(x)| = |(-\beta)-(g(x)-\beta)| \ge |\beta|-|g(x)-\beta|$$

gilt

$$\forall\, x \in B_d(x_0;\delta_0)\cap M': \quad |g(x)| \ge \frac{|\beta|}{2} > 0.$$

Also ist $\frac{f}{g}$ in der Tat auf $B_d(x_0;\delta_0)\cap M'$ definiert.
Jetzt wählt man $\delta := \min\{\delta_0,\delta_1,\delta_2\}$ und findet

$$\left|\frac{f(x)}{g(x)}-\frac{\alpha}{\beta}\right| = \left|\frac{\beta(f(x)-\alpha)-\alpha(g(x)-\beta)}{\beta g(x)}\right| < \frac{|\beta|\varepsilon+|\alpha|\varepsilon}{\frac{1}{2}\beta^2} = \frac{2(|\beta|+|\alpha|)}{\beta^2}\varepsilon$$

für $x \in B_d(x_0;\delta)\cap M'$, was wiederum $\lim \frac{f}{g}(x) = \frac{\lim f(x)}{\lim g(x)}$ impliziert. □

Lösungsvorschlag für Aufgabe 3.13: Wenn $\lim_{x\to x_0} f(x) > \lim_{x\to x_0} g(x)$, dann zeigt Aufgabe 3.12(ii), dass $y := \lim_{x\to x_0}(f-g)(x) > 0$. Dann gibt es ein $\delta > 0$ mit $|f(x)-g(x)-y| < \frac{y}{2}$ für $x \in B_d(x_0;\delta)\cap M'$. Es folgt

$$\forall\, x_0 \ne x \in B_d(x_0;\delta)\cap M' : \quad 0 < \frac{y}{2} < f(x)-g(x) < \frac{3y}{2}$$

im Widerspruch zur Voraussetzung.

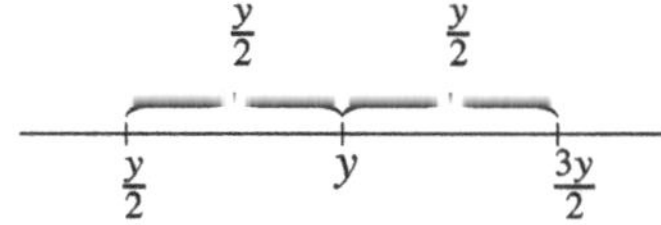

Also haben wir $\lim_{x\to x_0} f(x) \leq \lim_{x\to x_0} g(x)$. □

3.5.3 Topologie metrischer Räume

Lösungsvorschlag für Aufgabe 3.14:

(i) $]a,\infty[= \bigcup_{n\in\mathbb{N}}]a, a+n[$ und $]-\infty, b[= \bigcup_{n\in\mathbb{N}}]b-n, b[$ sind Vereinigungen offener Mengen, also offen.
(ii) $[a,\infty[= \mathbb{R}\setminus]-\infty, a[$ und $]-\infty, b] = \mathbb{R}\setminus]b,\infty[$ sind Komplemente offener Mengen, also abgeschlossen.
(iii) Da $]a,\infty[$ offen ist, $[a,\infty[$ aber nicht (kein $a-\varepsilon$ mit $\varepsilon > 0$ ist in $[a,\infty[$), ist $]a,\infty[$ die größte offene Teilmenge von $[a,\infty[$, also das Innere von $[a,\infty[$. Für $]-\infty, b[$ argumentiert man analog.
(iv) Da $[a,\infty[$ abgeschlossen ist, $]a,\infty[$ aber nicht (a ist Grenzwert der $a+\frac{1}{n} \in]a,\infty[$), ist $[a,\infty[$ die kleinste abgeschlossene Teilmenge von $\mathbb{R}$ die $]a,\infty[$ enthält, also der Abschluss von $]a,\infty[$. Für $]-\infty, b]$ argumentiert man analog.

□

Lösungsvorschlag für Aufgabe 3.15:

(i) In [MfA, Beispiel 3.8] wurde gezeigt, dass $|\cdot|_p$ die folgenden Eigenschaften erfüllt

(1) $|x|_p = 0 \Leftrightarrow x = 0$.
(2) $|x \cdot y|_p = |x|_p \cdot |y|_p$.
(3) $|x+y|_p \leq \max(|x|_p, |y|_p)$, wobei für $|x|_p \neq |y|_p$ immer „=“ gilt.

Wenn $\varepsilon > 0$ und $\max(d(x,x')_p, d(y,y')_p) \leq \varepsilon$, dann haben wir wegen (3)

$$\begin{aligned}|(x+y)-(x'+y')|_p &= |(x-x')+(y-y')|_p \leq \max(|x-x'|_p, |y-y'|_p)\\ &\leq \varepsilon\end{aligned}$$

und das zeigt die Stetigkeit der Addition. Für die Multiplikation rechnen wir mit (3) und (2)

$$\begin{aligned}|xy - x'y'|_p &= |xx' - yx' + yx' - yy'|_p = |(x-y)x' - y(x'-y')|_p \\ &\leq \max(|(x-y)x'|_p, |y(x'-y')|_p) \\ &= \max(|x-y|_p|x'|_p, |y|_p|x'-y'|_p) \\ &\leq \max(|x'|_p, |y|_p)\max(|x-y|_p, |x'-y'|_p) \\ &= \max(|x'|_p, |y|_p)\varepsilon.\end{aligned}$$

Damit folgt die Stetigkeit der Multiplikation, weil man in dem Argument (x, y) fest hält und die (x', y') nahe bei (x, y) liegen, sodass es eine Konstante $c > 0$ gibt mit $\max(|x'|_p, |y|_p) < c$ für alle betrachteten (x, y) und (x', y').

(ii) Seien $x, y \in \mathbb{Q}_p$ und $(x_n)_{n\in\mathbb{N}}$, $(y_n)_{n\in\mathbb{N}}$ Folgen in $\mathbb{Q}$, die gegen x bzw. y konvergieren. Die Abschätzung

$$\begin{aligned}|x_ny_n - x_my_m|_p &= |x_ny_n - x_ny_m + x_ny_m - x_my_m|_p \\ &\leq |x_n|_p|y_n - y_m|_p + |x_n - x_m|_p|y_m|_p\end{aligned}$$

zeigt wegen $|y_m|_p \leq |y|_p + 1$ für große m, dass $(x_ny_n)_{n\in\mathbb{N}}$ eine Cauchy-Folge ist. Sei xy der Grenzwert dieser Cauchy-Folge. Wir behaupten, dass dieser Grenzwert nicht von der Wahl der Folgen abhängt, die gegen x und y konvergieren. Um das einzusehen, betrachten wir zwei weitere Folgen $(x'_n)_{n\in\mathbb{N}}$, $(y'_n)_{n\in\mathbb{N}}$ in $\mathbb{Q}$, die gegen x bzw. y konvergieren. Dann zeigt die Abschätzung

$$\begin{aligned}|x_ny_n - x'_ny'_n|_p &= |x_ny_n - x_ny'_n + x_ny'_m - x'_ny'_n|_p \\ &\leq |x_n|_p|y_n - y'_n|_p + |x_n - x'_n|_p|y'_n|_p,\end{aligned}$$

dass auch $(x'_ny'_n)_{n\in\mathbb{N}}$ gegen xy konvergiert. Damit ist die Multiplikation auf $\mathbb{Q}_p$ wohldefiniert. Die Stetigkeit der Multiplikation folgt aus einer weiteren Variante der obigen Abschätzung:

$$|x_ny_n - xy|_p = |x_ny_n - x_ny + x_ny - xy|_p \leq |x_n|_p|y_n - y|_p + |x_n - x|_p|y|_p,$$

Die Argumente für die Addition gehen analog, beruhen aber auf der etwas einfacheren Abschätzung

$$\begin{aligned}|(x_n + y_n) - (x_m + y_m)|_p &= |(x_n + y_n) - (x_n + y_m) + (x_n + y_m) - (x_m + y_m)|_p \\ &\leq |y_n - y_m|_p + |x_n - x_m|_p\end{aligned}$$

und seinen entsprechenden Varianten.

(iii) Die Rechenregeln übertragen sich per Grenzwert von $\mathbb{Q}$ auf $\mathbb{Q}_p$, $0 \in \mathbb{Q}$ ist ein additives neutrales Element für $\mathbb{Q}_p$ und $1 \in \mathbb{Q}$ ist ein multiplikatives neutrales Element für $\mathbb{Q}_p$. Es bleibt nur zu zeigen, dass jedes Element $0 \neq x \in \mathbb{Q}_p$ ein multiplikatives Inverses hat. Sei also x ein solches Element. Dann gibt es eine Folge $(x_n)_{n\in\mathbb{N}}$ in $\mathbb{Q}$, die gegen x konvergiert. Dann können wir annehmen, dass für alle $n \in \mathbb{N}$ die Ungleichung $|x_n|_p > \frac{|x|_p}{2}$ gilt. Es folgt $\frac{1}{|x_n|_p} < \frac{2}{|x|_p}$ und wegen der Abschätzung

$$\left|\frac{1}{x_n} - \frac{1}{x_m}\right|_p = \left|\frac{x_m - x_n}{x_n x_m}\right|_p \leq |x_m - x_n|_p \frac{1}{|x_n|_p |x_m|_p} \leq |x_m - x_n|_p \frac{4}{|x|_p^2}$$

ist $(x_n^{-1})_{n\in\mathbb{N}}$ eine Cauchy-Folge, die wegen $|x_n^{-1}|_p = |x_n|_p^{-1} \to |x|_p^{-1} \neq 0$ nicht gegen 0 konvergiert. Der Grenzwert $y \in \mathbb{Q}_p$ dieser Cauchy-Folge erfüllt $yx = \lim_{n\to\infty} x_n^{-1} x_n = 1$, ist also das gesuchte multiplikative Inverse von x.

□

Lösungsvorschlag für Aufgabe 3.16**:** Da die konstanten Funktionen stetig sind (was sofort aus den Definitionen folgt), ist dies eine direkte Konsequenz der [MfA, Definition 2.14] eines Untervektorraums und [MfA, Korollar 3.45] (Summen und Produkte stetiger Funktionen). □

Lösungsvorschlag für Aufgabe 3.17**:**

(i) Jede Cauchy-Folge in Y ist auch eine Cauchy-Folge in X und hat daher, weil X vollständig ist, einen (eindeutig bestimmten, siehe [MfA, Bemerkung 3.16]) Grenzwert $x \in X$. Da Y abgeschlossen ist, liefert [MfA, Proposition 3.42] (Folgen in abgeschlossenen Mengen), dass $x \in Y$. Also ist Y vollständig.

(ii) Angenommen, Y ist nicht abgeschlossen. Dann ist $X \setminus Y$ nicht offen. Insbesondere ist $X \setminus Y$ nicht leer und es gibt ein $x \in X \setminus Y$, für das $X \setminus Y$ keine Umgebung von x. Folglich gibt es in jeder offenen Kugel $B(x; \frac{1}{n})$ ein $y_n \in Y$. Dann gilt $\lim_{n\to\infty} y_n = x$, also ist $(y_n)_{n\in\mathbb{N}}$ insbesondere eine Cauchy-Folge. Wegen der Vollständigkeit von Y hat sie einen Grenzwert y in Y. Dann gilt $y = x \in Y \cap (X \setminus Y) = \emptyset$. Dieser Widerspruch beweist, dass Y abgeschlossen ist.

(iii) Sei $X = X' = \mathbb{R}$ und $f(x) = \mathrm{e}^x$ (siehe [MfA, Beispiel 3.28]). Die Exponentialfunktion ist nach [MfA, Beispiel 3.65] stetig und hat $\mathbb{R}_{>0}$ als Bild. Aber $\mathbb{R}_{>0}$ ist nicht vollständig, weil die Cauchy-Folge $(\frac{1}{n})_{n\in\mathbb{N}}$ in $\mathbb{R}_{>0}$ keinen Grenzwert in $\mathbb{R}_{>0}$ hat (der Grenzwert in $\mathbb{R}$ ist 0).

(iv) Seien $X :=]-\infty, -1] \cup \{0\} \cup [1, \infty[$ und $X' := [-1, 1]$ jeweils mit den von $\mathbb{R}$ geerbten Metriken versehen. Dann ist X nach (i) vollständig und die Funktion

$$f : X \to X', \quad x \mapsto \begin{cases} \frac{1}{x} & \text{für } |x| \geq 1 \\ 0 & \text{für } x = 0 \end{cases}$$

stetig und bijektiv. Die Umkehrung ist durch

$$f^{-1} : X' \to X, \quad x \mapsto \begin{cases} \frac{1}{x} & \text{für } x \neq 0 \\ 0 & \text{für } x = 0 \end{cases}$$

gegeben und in 0 nicht stetig. □

Lösungsvorschlag für Aufgabe 3.18**:** Nach Aufgabe 2.24 ist die Folge beschränkt. Weil sie auch monoton ist, ist sie nach [MfA, Lemma 1.91] (monotone beschränkte Folgen in $\mathbb{Q}$) eine Cauchy-Folge in $\mathbb{R}$ und damit nach [MfA, Satz 1.37] über die Vollständigkeit von $\mathbb{R}$ konvergent. □

Lösungsvorschlag für Aufgabe 3.19**:** Wir verwenden den Test auf lineare Unabhängigkeit aus [MfA, Satz 2.24]. Seien $\lambda_1 < \ldots < \lambda_k$ reelle Zahlen und $\sum_{j=1}^{k} c_j \mathrm{e}^{\lambda_j x} = 0$ für alle $x \in \mathbb{R}$. Wir dividieren beide Seiten der Gleichung durch $\mathrm{e}^{\lambda_k x}$ und erhalten

$$\forall x \in \mathbb{R} : \quad c_k + \sum_{j=1}^{k-1} c_j \mathrm{e}^{-(\lambda_k - \lambda_j)x} = 0.$$

Weil aber nach [MfA, Beispiel 3.28(ii)] gilt, dass e^{-a} für $a \to \infty$ gegen 0 konvergiert, konvergiert die Summe in der obigen Gleichung für $x \to \infty$ gegen 0 und es muss daher $c_k = 0$ gelten. Jetzt folgt mit Induktion die Behauptung. □

Lösungsvorschlag für Aufgabe 3.20**:** Mit [MfA, Beispiel 3.65] finden wir Zahlen $x, y \in \mathbb{R}$ mit $a = \mathrm{e}^x$ und $b = \mathrm{e}^y$. Da die Exponentialfunktion nach [MfA, Beispiel 3.28] konvex ist, gilt wegen [MfA, (3.21)] die Abschätzung

$$a^\lambda b^{1-\lambda} = \mathrm{e}^{\lambda x + (1-\lambda)y} = \mathrm{e}^{y + \lambda(x-y)} \leq \mathrm{e}^y + \lambda(\mathrm{e}^x - \mathrm{e}^y) = \lambda a + (1-\lambda)b.$$

□

Lösungsvorschlag für Aufgabe 3.21**:** Nach [MfA, Proposition 3.35] ist jeder metrische Raum (M, d), zusammen mit der durch (3.1) gegebenen Abbildung, ein topologischer Raum. Wenn $x \neq y$ ist und $r \in \mathbb{R}$ die Ungleichung $0 < 2r < d(x, y)$ erfüllt, dann gilt für $z \in B(x; r)$

$$d(y, z) \geq d(y, x) - d(z, x) > 2r - r = r.$$

Das zeigt $B(x; r) \cap B(y; r) = \emptyset$. Also ist jeder metrische Raum, betrachtet als topologischer Raum, hausdorffsch. □

Lösungsvorschlag für Aufgabe 3.22:

(i) Es genügt festzustellen, dass $B_d(x; \frac{1}{2}) = \{x\}$.
(ii) In diesem Fall folgen die Eigenschaften (U1)–(U5) aus Aufgabe 3.21 sofort aus den Definitionen. Es bleibt noch festzustellen, dass zwei Punkte keine disjunkten Umgebungen haben können. □

Lösungsvorschlag für Aufgabe 3.23: Diese Aussagen folgen alle sofort aus den Definitionen. □

Lösungsvorschlag für Aufgabe 3.24: Der Beweis von [MfA, Proposition 3.38] (Eigenschaften offener und abgeschlossener Teilmengen eines metrischen Raums) benutzt nur Eigenschaften des Umgebungssystems des gegebenen metrischen Raums und kann daher wörtlich übernommen werden. □

Lösungsvorschlag für Aufgabe 3.25:

(i) Das ist klar, weil $\{x_0\}$ eine Umgebung von x_0 ist.
(ii) $x_0 \in M$ hat nur eine Umgebung, nämlich ganz M. Wenn also $f : N \to M$ stetig ist, muss f ganz M in jede Umgebung von $f(x_0)$ abbilden. Weil N diskret ist, ist $\{f(x_0)\}$ eine solche Umgebung, also ist f konstant. □

Lösungsvorschlag für Aufgabe 3.26: Diese Aussagen folgen alle sofort aus den Definitionen. □

Lösungsvorschlag für Aufgabe 3.27:

$\supseteq$: Bezeichne die rechte Seite der Gleichung (3.2) mit $\mathcal{U}'(x)$. Wenn $U \in \mathcal{U}'(x)$ und $V \in \mathcal{T}$ mit $x \in V \subseteq U$, dann gilt nach der Definition einer offenen Menge in Aufgabe 3.23 $V \in \mathcal{U}(x)$ und nach (U3) dann auch $U \in \mathcal{U}(x)$.

$\subseteq$: Für $U \in \mathcal{U}(x)$ betrachte dass Innere U° von U. Wir wollen zeigen, dass

$$U^\circ = \{y \in M \mid U \in \mathcal{U}(y)\}. \tag{3.3}$$

Da U° eine offene Teilmenge von U ist, ist die Inklusion $U^\circ \subseteq \{y \in M \mid U \in \mathcal{U}(y)\}$ klar. Für die umgekehrte Inklusion beachte man zuerst, dass wegen (U1) in [MfA, Proposition 3.35] (siehe auch Aufgabe 3.21) gilt $\{y \in M \mid U \in \mathcal{U}(y)\} \subseteq U$. Es genügt also zu zeigen, dass $\{y \in M \mid U \in \mathcal{U}(y)\}$ offen ist. Wenn aber y in dieser Menge liegt, dann gibt es nach der Eigenschaft (U5) ein $V \in \mathcal{U}(y)$ derart, dass für alle $z \in V$ gilt $U \in \mathcal{U}(z)$. Dann gilt $V \subseteq \{y \in M \mid U \in \mathcal{U}(y)\}$, das heißt $\{y \in M \mid U \in \mathcal{U}(y)\}$ ist offen und (3.3) ist bewiesen. Wegen (3.3) gilt $x \in U^\circ \subseteq U$ und das beweist die Inklusion $\subseteq$ in (3.2). □

Lösungsvorschlag für Aufgabe 3.28:

(i) Das folgt sofort aus Aufgabe 3.24.
(ii) Wir leiten zunächst die fünf Umgebungseigenschaften aus [MfA, Proposition 3.35] für die Mengensysteme $\mathcal{U}(x)$ mit $x \in M$ aus den Eigenschaften (T1)-(T3) von $\mathcal{T}$ ab.

(U1) Folgt sofort aus der Definition von $\mathcal{U}(x)$.
(U2) Folgt aus $M \in \mathcal{T}$.
(U3) Zu $U_1 \in \mathcal{U}(x)$ gibt es ein $V \in \mathcal{T}$ mit $x \in V \subseteq U_1$. Wenn $U_1 \subseteq U_2$, folgt $V \subseteq U_2$, also gilt $U_2 \in \mathcal{U}(x)$.
(U4) Sei $i = 1, 2$. Zu $U_i \in \mathcal{U}(x)$ gibt es ein $V_i \in \mathcal{T}$ mit $x \in V_i \subseteq U_i$. Dann gilt $x \in V_1 \cap V_2 \subseteq U_1 \cap U_2$ und wegen $V_1 \cap V_2 \in \mathcal{T}$ folgt $U_1 \cap U_2 \in \mathcal{U}(x)$.
(U5) Zu $U_1 \in \mathcal{U}(x)$ wähle ein $V \in \mathcal{T}$ mit $x \in V \subseteq U_1$ und setze $U_2 := V$. Dann gilt für jedes $y \in U_2$, dass $y \in V \subseteq U_2$, also ist $U_2 \in \mathcal{U}(y)$.
Damit ist gezeigt, dass $(M, \mathcal{U})$ ein topologischer Raum ist. Sei jetzt $U \subseteq M$ offen in diesem topologischen Raum (siehe die Aufgaben 3.21 und 3.23). Dann gilt für jedes $x \in U$, dass $U \in \mathcal{U}(x)$. Also gibt es Elemente $V_x \in \mathcal{T}$ mit $x \in V_x \subseteq U$. Aber dann ist $U = \bigcup_{x \in U} V_x$ ein Element von $\mathcal{T}$. Umgekehrt, wenn $V \in \mathcal{T}$, dann gilt für jedes Element $x \in V$, dass $V \in \mathcal{U}(x)$ ist, das heißt, V ist offen in M. □

Lösungsvorschlag für Aufgabe 3.29:

(i) & (ii) Diese Eigenschaften folgen sofort aus den Definitionen.
(ii) Wir weisen zunächst nach, dass jeder Punkt in $\mathbb{N}$ bezüglich der von der Metrik induzierten Topologie offen ist. Dazu genügt es, zu jedem Punkt $x \in \mathbb{N}$ einen Abstand $r_x > 0$ zu finden, für den $B_{d_{\bar{\mathbb{N}}}}(x; r_x) = \{x\}$ ist. Eine einfache Verifikation ergibt

$$|F(m) - F(m \pm 1)| = \frac{1}{(1+m)^2 \pm (1+m)},$$

also kann man für $x = m$ den Abstand $r_x := \frac{1}{(1+m)^2+(2+m)}$ wählen. Also ist jede Teilmenge von $\bar{\mathbb{N}}$, die x enthält, auch eine Umgebung von x. Für $\varepsilon > 0$ gilt

$$B_{d_{\bar{\mathbb{N}}}}(\infty; \varepsilon) = \{m \in \mathbb{N} \mid (1+m)^{-1} < \varepsilon\} \cup \{\infty\},$$

also enthält jede Umgebung von ∞ alle bis auf endlich viele Elemente von $\mathbb{N}$. Damit ist gezeigt, dass die Umgebungssysteme in $\bar{\mathbb{N}}$, die sich aus der Metrik ergeben, genau die in (i) angegebenen sind. Damit stimmen dann aber auch die Topologien überein (siehe Aufgabe 3.27). □

Lösungsvorschlag für Aufgabe 3.30**:** Das folgt sofort aus den Definitionen. □

Lösungsvorschlag für Aufgabe 3.31**:** Zu überprüfen sind nach Aufgabe 3.21 die Eigenschaften (U1)–(U5) aus [MfA, Proposition 3.35].

(U1) Wenn $V \in \mathcal{U}(x, y)$, dann gibt es ein $B \in \mathcal{B}(x, y)$ mit $B \subseteq V$. Weil aber $(x, y) \in B$ für jedes $B \in \mathcal{B}(x, y)$ gilt, haben wir $(x, y) \in V$.
(U2) $M_1 \times M_2 \in \mathcal{B}(x, y)$ für jedes $(x, y) \in M_1 \times M_2$.
(U3) Weil zu $V_1 \in \mathcal{U}(x, y)$ ein $B \in \mathcal{B}(x, y)$ mit $B \subseteq V_1 \subseteq V_2$ existiert, ist auch $V_2 \in \mathcal{U}(x, y)$.
(U4) Wenn für $B_1, B_2 \in \mathcal{B}(x, y)$ gilt $B_1 \subseteq V_1$ und $B_2 \subseteq V_2$, dann ist $B_1 \cap B_2 \in \mathcal{B}(x, y)$ und es gilt $B_1 \cap B_2 \subseteq V_1 \cap V_2$.
(U5) Zu $V_1 \in \mathcal{U}(x, y)$ wählen wir mithilfe von (3.2) ein $B = U_1 \times U_2 \in \mathcal{B}(x, y)$ mit $B \subseteq V_1$ und U_1, U_2 offenen Umgebungen von x bzw. y. Dann ist $U_1 \times U_2 \in \mathcal{B}(x', y')$ für alle $(x', y') \in U_1 \times U_2$. Dementsprechend gilt für $V_2 := U_1 \times U_2$, dass $V_2 \in \mathcal{U}(x', y')$ für alle $(x', y') \in U_1 \times U_2$ ist. □

Lösungsvorschlag für Aufgabe 3.32**:** Die ersten beiden Aussagen folgen direkt aus den Definitionen. Für die letzte Aussage kann man wörtlich den Beweis von [MfA, Proposition 3.42] (Folgen in abgeschlossenen Teilmengen metrischer Räume) übernehmen. □

Lösungsvorschlag für Aufgabe 3.33**:** Dies folgt sofort aus den Definitionen. □

Lösungsvorschlag für Aufgabe 3.34**:** Sei $\mathcal{T}$ die Topologie von $(M, \mathcal{U})$.

(i) Aus $x \notin \overline{A}$ folgt $x \in \complement\overline{A} \in \mathcal{T}$, also ist $\complement\overline{A}$ eine Umgebung von x. Wegen $A \cap \complement\overline{A} = \emptyset$ ist dann $x \notin \mathrm{HP}(A)$. Also gilt $\mathrm{HP}(A) \subseteq \overline{A}$ und damit $A \cup \mathrm{HP}(A) \subseteq \overline{A}$. Umgekehrt folgt aus $x \notin \mathrm{HP}(A) \cup A$, dass es ein $U \in \mathcal{T}$ mit $x \in U$ und $A \cap U = \emptyset$ gibt. Also gilt $\overline{A} \subseteq \complement U$ und damit $x \notin \overline{A}$, das heißt $\overline{A} \subseteq A \cup \mathrm{HP}(A)$.
(ii) A ist genau dann abgeschlossen, wenn $A = \overline{A}$, was aber nach (i) äquivalent zu $\mathrm{HP}(A) \subseteq A$ ist. □

Lösungsvorschlag für Aufgabe 3.35**:** Man kann um zwei verschiedene Punkte y und y' in M disjunkte Umgebungen U und U' legen, die dann keine gemeinsamen Punkte der Form y_n bzw. $f(x)$ enthalten können. Damit sind in diesem Fall die Notationen $\lim_{n\to\infty} y_n = y$ bzw. $\lim_{x\to x_0} f(x) = y$, die man schon für metrische Räume verwendet hat, sinnvoll. □

Lösungsvorschlag für Aufgabe 3.36**:**

(2)⇒(1): Wenn aus $V \in \mathcal{V}(f(x_0))$ folgt $f^{-1}(V) \in \mathcal{U}(x_0)$, dann zeigt $f(f^{-1}(V)) \subseteq V$, dass f in x_0 stetig ist.

(1)⇒(2): Umgekehrt, wenn f in x_0 stetig ist und $V \in \mathcal{V}(f(x_0))$, dann gibt es ein $U \in \mathcal{U}(x_0)$ mit $f(U) \subseteq V$. Also haben wir $U \subseteq f^{-1}(V)$, was $f^{-1}(V) \in \mathcal{U}(x_0)$ zur Folge hat. □

Lösungsvorschlag für Aufgabe 3.37: Man kann den Beweis von [MfA, Proposition 3.43] (Charakterisierung der Stetigkeit für metrische Räume über Urbilder offener Mengen) wörtlich übernehmen. Nur an der Stelle, wo [MfA, Proposition 3.43] (Charakterisierung der Stetigkeit für metrische Räume) verwendet wird, muss stattdessen Aufgabe 3.36 verwenden. □

Lösungsvorschlag für Aufgabe 3.38: Sei $(U_\lambda)_{\lambda\in\Lambda}$ eine offene Überdeckung von $\bar{\mathbb{N}}$. Wenn $\infty \in U_{\lambda_0}$, dann ist $\complement U_{\lambda_0}$ endlich, das heißt von der Form $\{n_1, \ldots, n_k\}$. Wenn $n_j \in U_{\lambda_j}$ für $j = 1, \ldots, k$, dann ist $U_{\lambda_0}, U_{\lambda_1}, \ldots, U_{\lambda_k}$ eine endliche Teilüberdeckung von $(U_\lambda)_{\lambda\in\Lambda}$. □

Lösungsvorschlag für Aufgabe 3.39: Man kann den Beweis von [MfA, Proposition 3.53] (Quasikompaktheit metrischer Räume) übernehmen, nur wo dort [MfA, Proposition 3.43] verwendet wird, muss man hier auf Aufgabe 3.37 zurückgreifen. Beachte hier, dass metrische Räume nach Aufgabe 3.21 hausdorffsch sind. □

Lösungsvorschlag für Aufgabe 3.40: Sei $C \subseteq M$ eine quasikompakte Teilmenge. Nach Aufgabe 3.39(iii) ist $f(C) \subseteq \mathbb{R}$ quasikompakt. Mit Aufgabe 3.39(ii) und [MfA, Proposition 3.55] (Beschränktheit quasikompakter Teilmengen metrischer Räume) sehen wir, dass $f(C)$ abgeschlossen und beschränkt ist. Sei $R := \sup f(C)$. Dann gibt es zu jedem $n \in \mathbb{N}$ ein $y_n \in f(C)$ mit $R - \frac{1}{n} \leq y_n \leq R$. Aber dann gilt $\lim_{n\to\infty} y_n = R$ und Aufgabe 3.32(iii) zeigt $R \in f(C)$. Also gibt es ein $x \in C$ mit $f(x) = R$ und wir haben $\sup f(C) = \max f(C)$.

Für das Infimum von $f(C)$ argumentiert man genauso. □

Lösungsvorschlag für Aufgabe 3.41: Wir halten $a_0 \in A$ fest und wählen $\varepsilon > 0$. Dann gibt es eine Umgebung U von a_0 in A, auf der die f_n gleichmäßig gegen f konvergieren und wir finden ein $n_0 \in \mathbb{N}$ mit

$$\forall n > n_0, \forall a \in U \ : \quad d(f_n(a), f(a)) < \varepsilon.$$

Für ein festes $n > n_0$ können wir wegen der Stetigkeit von f_n eine Umgebung U' von a in A so klein wählen, dass $U' \subseteq U$ und

$$\forall a \in U' \ : \quad d(f_n(a), f_n(a_0)) < \varepsilon$$

gilt. Dann erhalten wir für $a \in U'$

$$d\big(f(a), f(a_0)\big) \leq d\big(f(a), f_n(a)\big) + d\big(f_n(a), f_n(a_0)\big) + d\big(f_n(a_0), f(a_0)\big) < 3\varepsilon,$$

was die Stetigkeit von f in a_0 beweist. □

Lösungsvorschlag für Aufgabe 3.42**:** Hier kann man wörtlich den Beweis von [MfA, Lemma 5.14] übernehmen, wenn man auf $A \times M$ die Produkttopologie aus Aufgabe 3.31 verwendet. □

3.5.4 Normierte Vektorräume

Lösungsvorschlag für Aufgabe 3.43**:** Hier kann man den ersten Teil des Beweises von [MfA, Korollar 3.45] (für $\mathbb{R}$-wertige Funktionen) wörtlich übertragen. □

Lösungsvorschlag für Aufgabe 3.44**:** Hier kann man den zweiten Teil des Beweises von [MfA, Korollar 3.45] (für $\mathbb{R}$-wertige Funktionen) wörtlich übertragen. □

Lösungsvorschlag für Aufgabe 3.45**:** Seien $s_n = \sum_{k=1}^{n} a_k$ und $s = \lim_{n\to\infty} s_n = \sum_{k=1}^{\infty} a_k$. Dann gibt es zu $\varepsilon > 0$ ein $n_0 \in \mathbb{N}$ mit

$$\forall n > n_0 : \quad \|s_n - s\| < \tfrac{1}{2}\varepsilon.$$

Also gilt für $n > n_0 + 1$

$$\|a_n\| = \|s_n - s_{n-1}\| \le \|s_n - s\| + \|s - s_{n-1}\| < \tfrac{1}{2}\varepsilon + \tfrac{1}{2}\varepsilon = \varepsilon.$$

□

Lösungsvorschlag für Aufgabe 3.46**:**

(i) Das folgt sofort aus den Definitionen.

(ii) Mit Aufgabe 2.40 finden wir eine darstellende Matrix in Diagonalgestalt für das innere Produkt. Jetzt kann man versuchen, auch die Diagonalmatrix noch zu vereinfachen, indem man Basiswechsel der Gestalt

$$v_1' = k_1 v_1, \ldots, v_n' = k_n v_n$$

mit $k_j \neq 0$ anschließt. In diesem Fall ist die durch $v_j' = \sum_{i=1}^{n} c_{ij} v_i$ gegebene Übergangsmatrix gleich

$$C = \begin{pmatrix} k_1 & & 0 \\ & \ddots & \\ 0 & & k_n \end{pmatrix},$$

und die darstellende Matrix von β bezüglich $\mathbf{v}' = (v_1', \ldots, v_n')$ ergibt sich zu

$$B^{\mathbf{v}'}(\beta) = C^\top B^{\mathbf{v}}(\beta)\overline{C} = C B^{\mathbf{v}}(\beta)\overline{C} = \begin{pmatrix} k_1\overline{k}_1\beta(v_1, v_1) & & \\ & \ddots & \\ & & k_n\overline{k}_n\beta(v_n, v_n) \end{pmatrix}.$$

Wegen $\mathbb{K}$ gleich $\mathbb{R}$ oder $\mathbb{C}$ und $|k_j|^2 = k_j\overline{k_j}$, $\beta(v_j, v_j) > 0$ für alle $j = 1, \ldots, n$ kann man jetzt in der Tat die Basis so reskalieren, dass sich eine Orthonormalbasis ergibt. □

Lösungsvorschlag für Aufgabe 3.47**:** Die Behauptungen sind Konsequenzen der folgenden Rechnungen:

(i)

$$\begin{aligned}(\varphi(v) \mid w)_W &= (Av \mid w)_W = (Av)^\top w = v^\top A^\top w = v^\top (A^\top w) \\ &= \left(v \mid A^\top w\right)_V = \left(v \mid \psi(w)\right)_V\end{aligned}$$

(ii)

$$\begin{aligned}(\varphi(v) \mid w)_W &= (Av \mid w)_W = (Av)^\top \overline{w} = v^\top A^\top \overline{w} \\ &= v^\top \overline{A^* w} = \left(v \mid A^* w\right)_V = \left(v \mid \psi(w)\right)_V.\end{aligned}$$

□

Lösungsvorschlag für Aufgabe 3.48**:**

(i) Wenn ψ_1, ψ_2 beide zu φ adjungiert sind, dann gilt

$$\forall v \in V, w \in W: \quad \left(v \,\middle|\, \psi_2(w)\right)_V = (\varphi(v) \mid w)_W = \left(v \,\middle|\, \psi_1(w)\right)_V.$$

Damit findet man

$$\forall v \in V, w \in W: \quad \left(v \,\middle|\, \psi_1(w) - \psi_2(w)\right)_V = 0$$

und daher

$$\psi_1(w) - \psi_2(w) \in V^\perp = \{0\}$$

für alle $w \in W$, das heißt $\psi_1 = \psi_2$.

(ii) Wenn $(\varphi(v) \mid w)_W = \left(v \,\middle|\, \psi(w)\right)_V$, dann gilt

$$(\psi(w) \mid v)_V = \overline{\left(v \,\middle|\, \psi(w)\right)_V} = \overline{(\varphi(v) \mid w)_W} = \left(w \,\middle|\, \varphi(v)\right)_W.$$

□

Lösungsvorschlag für Aufgabe 3.49:

(i) Nach Aufgabe 3.46 gibt es Orthonormalbasen $\{v_1, \ldots, v_n\}$ und $\{w_1, \ldots, w_m\}$ für V und W. Sei $A = (a_{ij})$ die darstellende Matrix von φ bezüglich dieser Basen, das heißt

$$\varphi(v_j) = \sum_{i=1}^{m} a_{ij} w_i, \quad j = 1, \ldots, n.$$

Weiter sei $\psi: W \to V$ diejenige lineare Abbildung, deren darstellende Matrix bezüglich der vorgegebenen Basen A^* ist. Dann gilt

$$\psi(w_i) = \sum_{j=1}^{n} \overline{a_{ij}} v_j, \quad i = 1, \ldots, m$$

sowie

$$(\varphi(v_j) \mid w_i)_W = a_{ij} = \big(v_j \mid \psi(w_i)\big)_V$$

für alle $i = 1, \ldots, m$ und $j = 1, \ldots, n$. Indem man beliebige $v \in V$ und $w \in W$ als Linearkombinationen der v_j bzw. der w_i schreibt, findet man

$$(\varphi(v) \mid w)_W = \big(v \mid \psi(w)\big)_V$$

für alle $v \in V$ und $w \in W$. Dies zeigt die Behauptung.

(ii) Definitionsgemäß ist φ^* adjungiert zu φ. Nach Aufgabe 3.48(ii) ist dann φ adjungiert zu φ^*. Weil aber definitionsgemäß auch $(\varphi^*)^*$ adjungiert zu φ^* ist, liefert die Eindeutigkeitsaussage aus Aufgabe 3.48(i), dass $(\varphi^*)^* = \varphi$ gilt. □

Lösungsvorschlag für Aufgabe 3.50:

(i) Wegen $\varphi \circ \varphi^* = \varphi^* \circ \varphi$ gilt

$$\begin{aligned} \|\varphi(v)\| &= \sqrt{(\varphi(v) \mid \varphi(v))} = \sqrt{(v \mid \varphi^* \circ \varphi(v))} = \sqrt{(v \mid \varphi \circ \varphi^*(v))} \\ &= \sqrt{(\varphi^*(v) \mid \varphi^*(v))} = \|\varphi^*(v)\|. \end{aligned}$$

Also haben wir $\operatorname{Kern} \varphi = \operatorname{Kern} \varphi^*$ für jedes normale φ. Wir wenden dies auf $\varphi - \lambda \operatorname{id}$ an. Das geht, weil

$$(\lambda \operatorname{id}(v) \mid w) = (\lambda v \mid w) = (v \mid \overline{\lambda} w) = (v \mid \overline{\lambda} \operatorname{id}(w))$$

impliziert, dass $(\lambda \operatorname{id})^* = \overline{\lambda} \operatorname{id}$ und daher

$$\begin{aligned} (\varphi - \lambda \operatorname{id}) \circ (\varphi - \lambda \operatorname{id})^* &= (\varphi - \lambda \operatorname{id}) \circ (\varphi^* - \overline{\lambda} \operatorname{id}) \\ &= \varphi \circ \varphi^* - \lambda \varphi^* - \overline{\lambda} \varphi + \lambda \overline{\lambda} \operatorname{id} \\ &= \varphi^* \circ \varphi - \lambda \varphi^* - \overline{\lambda} \varphi + \lambda \overline{\lambda} \operatorname{id} \\ &= (\varphi - \lambda \operatorname{id})^* \circ (\varphi - \lambda \operatorname{id}) \end{aligned}$$

gilt. Also ist auch $\varphi - \lambda\,\mathrm{id}$ ist normal. Wir wissen also, dass

$$\mathrm{Kern}(\varphi - \lambda\,\mathrm{id}) = \mathrm{Kern}(\varphi^* - \overline{\lambda}\,\mathrm{id})$$

und das bedeutet, v ist genau dann ein Eigenvektor von φ zum Eigenwert λ, wenn v ein Eigenvektor von φ^* zum Eigenwert $\overline{\lambda}$ ist. Damit ist (i) bewiesen.

(ii) Für $v \in U^\perp, u \in U$ gilt wegen $\varphi(U) \subseteq U$

$$\big(u \mid \varphi^*(v)\big) = (\varphi(u) \mid v) = 0,$$

also ist $\varphi^*(v) \in U^\perp$.

(iii) Aus Aufgabe 2.11 ergibt sich, dass $\dim_{\mathbb{K}}(V) = \dim_{\mathbb{K}}(V_1) + \dim_{\mathbb{K}}(V_2)$ und wegen Aufgabe 2.39 auch $\dim_{\mathbb{K}}(V) = \dim_{\mathbb{K}}(V_2) + \dim_{\mathbb{K}}(V_2^\perp)$, weil die Einschränkung eines inneren Produkts auf einen Unterraum wieder ein inneres Produkt ist und damit immer nicht ausgeartet. Es folgt also $\dim_{\mathbb{K}}(V_2^\perp) = \dim_{\mathbb{K}}(V_1)$ und wegen der offensichtlichen Inklusion $V_1 \subseteq V_2^\perp$ finden wir mit [MfA, Satz 2.34], $V_1^\perp = V_2$. Ganz analog sieht man auch $V_2 = V_1^\perp$. Teil (ii), angewandt auf $U := V_1$, liefert $\varphi^*(V_2) \subseteq V_2$. Angewandt auf $U := V_2$ liefert dieses Argument $\varphi^*(V_1) \subseteq V_1$. Die Rechnung

$$\big(\varphi|_{V_i}(v) \mid w\big) = (\varphi(v) \mid w) = \big(v \mid \varphi^*(w)\big) = \big(v \mid \varphi^*|_{V_i}(w)\big)$$

für $v, w \in V_i$ zeigt $(\varphi|_{V_i})^* = \varphi^*|_{V_i}$. Schließlich rechnen wir

$$\varphi|_{V_i} \circ (\varphi|_{V_i})^* = \varphi|_{V_i} \circ \varphi^*|_{V_i} = \varphi \circ \varphi^*|_{V_i} = \varphi^* \circ \varphi|_{V_i} = \ldots = (\varphi|_{V_i})^* \circ \varphi|_{V_i}$$

und erhalten, dass $\varphi|_{V_i}$ normal ist. □

Lösungsvorschlag für Aufgabe 3.51**:**

(1) ⇒ (2): Induktion über $\dim V = n$.
$n = 1$: In diesem Fall ist nichts zu zeigen.
$n > 1$: Sei $\lambda \in \mathbb{C}$ ein Eigenwert von φ und v ein dazugehöriger Eigenvektor mit $\|v\| = 1$. Der Raum $\mathbb{C}v$ ist φ-invariant, das heißt $\varphi(\mathbb{C}v) \subseteq \mathbb{C}v$. Nach Aufgabe 3.50 (i) ist $\mathbb{C}v$ auch φ^*-invariant, das heißt $\varphi^*(\mathbb{C}v) \subseteq \mathbb{C}v$. Aber dann zeigt Aufgabe 3.50 (ii) angewandt auf φ^*

$$\varphi((\mathbb{C}v)^\perp) = (\varphi^*)^*((\mathbb{C}v)^\perp) \subseteq (\mathbb{C}v)^\perp.$$

Für $U := (\mathbb{C}v)^\perp$ liefert schließlich Aufgabe 3.50 (iii), angewandt auf die orthogonale direkte Summe $V = (\mathbb{C}v) \oplus U$, dass $\varphi|_U$ normal ist mit $(\varphi|_U)^* = \varphi^*|_U$. Wegen $\dim U = n - 1$ gibt es mit Induktion eine orthonormale Basis $\{v_2, \ldots, v_n\}$ von U bezüglich der die Matrix von $\varphi|_U$ diagonal ist:

$$\begin{pmatrix} \lambda_2 & & \\ & \ddots & \\ & & \lambda_n \end{pmatrix}.$$

Setze $v_1 = v$, $\lambda_1 = \lambda$ und betrachte $\{v_1, v_2, \dots, v_n\}$. Es gilt dann $\left(v_i \mid v_j\right) = \delta_{ij}$ für $i, j = 1, \dots, n$, das heißt, $\{v_1, \dots, v_n\}$ ist eine ONB für V. Beachte, dass wegen

$$\varphi(v_j) = \begin{cases} \lambda v & j = 1 \\ \lambda_j v_j & j \in \{2, \dots, n\} \end{cases}$$

die Matrix von φ bezüglich $\{v_1, \dots, v_n\}$ gleich

$$\begin{pmatrix} \lambda_1 & & \\ & \ddots & \\ & & \lambda_n \end{pmatrix}$$

ist.

(2) ⇒ (1): Sei $\{v_1, \dots, v_n\}$ eine ONB bezüglich der φ die darstellende Matrix

$$\begin{pmatrix} \lambda_1 & & \\ & \ddots & \\ & & \lambda_n \end{pmatrix} = A$$

hat. Es gilt offensichtlich $AA^* = A^*A$ und nach Aufgabe 3.47 ist A^* die darstellende Matrix von φ^* bzgl. $\{v_1, \dots, v_n\}$. Also ist φ normal.

□

Aufgaben zum Thema „Messen, Maße und Integrale"

4

Abgesehen von einigen Aufgaben ganz zu Anfang zum technischen Umgang mit Konvergenzfragen für Reihen, die man im Rahmen der Maßtheorie gut verstehen muss, sind die Übungen dieses Kapitels Konzepten der Maßtheorie gewidmet. Es geht dabei um diverse Eigenschaften von Mengensystemen in Bezug auf Schnitte, Vereinigungen und Komplementbildung sowie um Funktionen auf Mengensystemen, zu denen auch die Maße gehören. In diesem Kontext interessiert man sich insbesondere für Fortsetzungen solcher Funktionen mit vorgeschriebenen Eigenschaften. Abschließend geht es um die Definition, Eigenschaften und einige Anwendungen von Integralen.

4.1 Messbare Mengen

Der Abschnitt beginnt mit den angekündigten Aufgaben zur Konvergenz für Reihen. Es folgen Aufgaben zu diversen Typen von Mengensystemen, die im Kontext messbarer Mengen auftauchen.

Aufgabe 4.1 (Harmonische Reihe) Sei $a_n := \frac{1}{n}$. Man zeige, dass zwar $\lim_{n\to\infty} a_n = 0$ gilt, aber die Reihe $\sum_{k=1}^{\infty} \frac{1}{k}$ in $\mathbb{R}$ nicht konvergiert.

Hinweis: Fasse jeweils so viele Terme der Reihe zu Paketen zusammen, dass die Summe jedes Pakets größer als $\frac{1}{2}$ ist.

Aufgabe 4.2 (Leibniz-Kriterium) Sei $(a_n)_{n\in\mathbb{N}}$ eine monoton fallende Folge nichtnegativer Zahlen mit $\lim_{n\to\infty} a_n = 0$ und $s_n = \sum_{k=0}^{n}(-1)^k a_n$. Man zeige: Die Reihe

J. Hilgert, *Übungsbuch Mathematik für Ambitionierte*,
https://doi.org/10.1007/978-3-662-73421-6_4

$\sum_{k=0}^{\infty}(-1)^k a_n$ konvergiert und es gilt

$$\forall n \in \mathbb{N}: \quad s_{2n-1} \leq \sum_{k=0}^{\infty}(-1)^k a_k \leq s_{2n}.$$

Hinweis: Vergleiche die Folge $(s_{2n})_{n\in\mathbb{N}}$ der Partialsummen mit geraden Indizes mit der Folge $(s_{2n-1})_{n\in\mathbb{N}}$ der Partialsummen mit ungeraden Indizes.

Aufgabe 4.3 (Zetareihen) Sei $1 < k \in \mathbb{N}$ und $a_n := \frac{1}{n^k}$. Zeige, dass die Reihe $\sum_{n=1}^{N} \frac{1}{n^k}$ konvergiert.

Aufgabe 4.4 (Vektorraum der konvergenten Reihen) Sei $(V, \|\cdot\|)$ ein vollständiger normierter $\mathbb{K}$-Vektorraum. Man zeige: Für zwei konvergente Reihen $\sum_{k=1}^{\infty} a_k$ und $\sum_{k=1}^{\infty} b_k$ in V mit

$$\sum_{k=1}^{\infty} a_k = A \quad \text{und} \quad \sum_{k=1}^{\infty} b_k = B$$

sowie $c \in \mathbb{K}$ gilt

(i) $\sum_{k=1}^{\infty} c a_k$ ist konvergent mit Grenzwert cA, das heißt

$$\sum_{k=1}^{\infty} c a_k = c \sum_{k=1}^{\infty} a_k.$$

(ii) $\sum_{k=1}^{\infty}(a_k \pm b_k)$ ist konvergent mit Grenzwert $A \pm B$, das heißt

$$\sum_{k=1}^{\infty}(a_k \pm b_k) = \sum_{k=1}^{\infty} a_k \pm \sum_{k=1}^{\infty} b_k.$$

Insbesondere bilden die konvergenten Reihen in V einen $\mathbb{K}$-Vektorraum.

Aufgabe 4.5 (Cauchy-Kriterium für Reihen) Sei $(V, \|\cdot\|)$ ein vollständiger normierter $\mathbb{K}$-Vektorraum. Man zeige: Für eine Reihe $\sum_{k=1}^{\infty} a_k$ in V sind folgende Eigenschaften äquivalent:

(1) $\sum_{k=1}^{\infty} a_k$ ist konvergent.
(2) Zu jedem $\varepsilon > 0$ gibt es ein $n_0 \in \mathbb{N}$ mit

$$\forall n, m \in \mathbb{N} \text{ mit } n_0 \leq n \leq m: \quad \left\| \sum_{k=n+1}^{m} a_k \right\| < \varepsilon.$$

Aufgabe 4.6 (Majorantenkriterium für Reihen) Sei $(V, \|\cdot\|)$ ein endlichdimensionaler normierter $\mathbb{K}$-Vektorraum und $(a_n)_{n\in\mathbb{N}}$ eine Folge in V. Weiter sei $(b_n)_{n\in\mathbb{N}}$ eine Folge in $\mathbb{R}$ mit $\|a_n\| \leq b_n$ für alle $n \in \mathbb{N}$. Wenn $\sum_{k=1}^{\infty} b_k$ konvergiert, dann ist auch $\sum_{k=1}^{\infty} a_k$ konvergent und es gilt

$$\left\| \sum_{k=1}^{\infty} a_k \right\| \leq \sum_{k=1}^{\infty} b_k.$$

Aufgabe 4.7 (Dezimalbruchentwicklungen) Sei $Z = \{0, 1, 2, 3, 4, 5, 6, 7, 8, 9\}$ und $(a_n)_{n\in\mathbb{N}}$ eine Folge von Zahlen in Z. Man zeige:

(i) Die Reihe

$$\sum_{k=1}^{\infty} \frac{a_k}{10^k}$$

ist konvergent. Man schreibt

$$\sum_{k=1}^{\infty} \frac{a_k}{10^k} = 0{,}a_1a_2a_3\ldots$$

und nennt diese Zahl einen *Dezimalbruch.*

(ii) Es gilt $0{,}999\ldots = 1$.

(iii) Sei eine reelle Zahl $x \in \,]0, 1[$ vorgegeben. Setze $a_1 := \max\left\{m \in \mathbb{Z} \mid \frac{m}{10} \leq x\right\}$ und definiere dann induktiv

$$a_n := \max\left\{m \in \mathbb{Z} \,\middle|\, \tfrac{m}{10^n} + \sum_{k=1}^{n-1} \tfrac{a_k}{10^k} \leq x\right\}.$$

Dann gilt für alle $n \in \mathbb{N}$, dass $a_n \in Z$.

(iv) Es gilt $0{,}a_1a_2a_3\ldots = x$. Man nennt die so gefundene Darstellung $0{,}a_1a_2a_3\ldots$ für x eine *Dezimalbruchentwicklung* von x. Wenn in einer Dezimalbruchentwicklung ab einem bestimmten n_0 alle $a_n = 0$ sind, dann lässt man die Nullen weg und sagt, x habe eine *endliche Dezimalbruchentwicklung.*

(v) Dezimalbruchentwicklungen sind *nicht* eindeutig bestimmt.

(vi) Wenn man ausschließt, dass die Dezimalbruchentwicklung ab einem bestimmten n_0 nur noch 9-en enthält, dann ergibt sich, dass solche Dezimalbruchentwicklungen für $x \in \,]0, 1[$ immer existieren und eindeutig bestimmt sind.

(vii) Man kann analoge Entwicklungen auch für jede andere natürliche Zahl q größer Eins statt 10 definieren. Der wichtigste Fall nach $q = 10$ ist $q = 2$, der die *dyadische Entwicklung* (auch *Zweier-* oder *binäre* Entwicklung) liefert.

Aufgabe 4.8 ($\mathbb{R}$ ist überabzählbar) Die Menge $[0, 1[\subseteq \mathbb{R}$ ist nicht *abzählbar,* das heißt, es gibt keine bijektive Abbildung $\mathbb{N} \to [0, 1[$. Man sagt auch $[0, 1[$ und damit $\mathbb{R}$ ist *überabzählbar.*

Hinweis: Aufgabe 4.7.

Aufgabe 4.9 **(σ-Algebra auf $[-\infty, \infty]$)** Sei

$$\mathcal{B}_{[-\infty,\infty]} := \{E \subseteq [-\infty, \infty] \mid E \cap \mathbb{R} \in \mathcal{B}_{\mathbb{R}}\} \subseteq \mathcal{P}[-\infty, \infty],$$

wobei $\mathcal{B}_{\mathbb{R}}$ die Borel-σ-Algebra von $\mathbb{R}$ ist. Man zeige, dass $\mathcal{B}_{[-\infty,\infty]}$ eine σ-Algebra ist und als solche von den Halbstrahlen $]a, \infty] :=]a, \infty[\cup \{\infty\}$ mit $a \in \mathbb{R}$ erzeugt wird.

Aufgabe 4.10 **(Semiringe)** Ω sei eine nichtleere Menge und $\mathcal{P}(\Omega)$ die Potenzmenge von Ω. Eine Teilmenge $\mathcal{M} \subseteq \mathcal{P}(\Omega)$ heißt *vereinigungsstabil* (geschrieben $\cup$-stabil), wenn mit $A, B \in \mathcal{M}$ auch $A \cup B \in \mathcal{M}$ gilt und *durchschnittsstabil* oder einfach *schnittstabil* (geschrieben $\cap$-stabil), wenn mit $A, B \in \mathcal{M}$ auch $A \cap B \in \mathcal{M}$ gilt.

Ein System S von Teilmengen von Ω heißt *Semiring* über Ω, wenn es folgende Eigenschaften besitzt:

(a) $\emptyset \in S$,
(b) S ist $\cap$-stabil,
(c) Zu $A, B \in S$ existieren $n \in \mathbb{N}$ und paarweise disjunkte Mengen $C_1, \ldots, C_n \in S$ mit

$$A \backslash B = \dot{\bigcup_{i=1}^{n}} C_i.$$

Beachte hier, dass wir $\dot\bigcup$ statt $\bigcup$ schreiben, wenn wir betonen wollen, dass die Vereinigung paarweise disjunkt ist.

Sei $\Omega = \mathbb{R}^n, n \in \mathbb{N}$. Bezeichnen $a = (a_1, \ldots, a_n)$ und $b = (b_1, \ldots, b_n)$ zwei Punkte in $\mathbb{R}^n$ mit $a \leq b$, das heißt, $a_i \leq b_i$ für $i = 1, \ldots, n$, dann versteht man unter einem linksseitig offenen und rechtsseitig abgeschlossenen *Intervall* die folgende Punktmenge:

$$]a, b]_{(n)} := \{x = (x_1, \ldots, x_n) \in \mathbb{R}^n \mid a_i < x_i \leq b_i;\ i = 1, \ldots, n\}.$$

Beachte, dass $]a, b]_{(n)}$ leer ist, falls es ein j mit $b_j \leq a_j$ gibt. Man zeige, dass das Mengensystem

$$\mathbb{I}^n := \{]a, b]_{(n)} \mid a, b \in \mathbb{R}^n,\ a \leq b\}$$

ein Semiring über $\Omega = \mathbb{R}^n$ ist.

Aufgabe 4.11 **(Ringe, Algebren, σ-Algebren)** Ein System $\mathcal{A}$ von Teilmengen einer nichtleeren Menge Ω heißt

(R) ein *Ring* über Ω, wenn es die folgenden Eigenschaften besitzt:

(a) $\emptyset \in \mathcal{A}$,
(b) $\mathcal{A}$ ist $\cup$-stabil,
(c) Für $A, B \in \mathcal{A}$ gilt $A \backslash B \in \mathcal{A}$.

(A) eine *Algebra* über Ω, wenn es die folgenden Eigenschaften besitzt:

(a) $\Omega \in \mathcal{A}$,
(b) $\mathcal{A}$ ist $\cup$-stabil,
(c) Für $A \in \mathcal{A}$ gilt $\complement A := \Omega \backslash A \in \mathcal{A}$.

(σA) eine σ*-Algebra* über Ω, wenn es die folgenden Eigenschaften besitzt:

(a) $\Omega \in \mathcal{A}$,
(b) Für $A \in \mathcal{A}$ gilt $\complement A = \Omega \backslash A \in \mathcal{A}$.
(c) Für jede Folge $(A_n)_{n \in \mathbb{N}}$ von Elementen aus $\mathcal{A}$ ist $\bigcup\limits_{n \in \mathbb{N}} A_n \in \mathcal{A}$.

Man zeige:

(i) $\mathcal{R} = \{\emptyset\}$ ist der kleinste Ring über Ω.
(ii) $\mathcal{F} = \{\emptyset, \Omega\}$ ist die kleinste σ-Algebra über Ω.
(iii) $\mathcal{F} = \mathcal{P}(\Omega)$ ist die größte σ-Algebra über Ω.
(iv) Ist $\mathcal{R}$ ein Ring über Ω, dann ist $\mathcal{R}$ auch $\cap$-stabil.
(v) $\{\sigma\text{-Algebra}\} \subseteq \{\text{Algebra}\} \subseteq \{\text{Ring}\} \subseteq \{\text{Semiring}\}$
(vi) Ein Ring $\mathcal{R}$ über Ω ist genau dann eine Algebra über Ω, wenn $\Omega \in \mathcal{R}$.
(vii) Sei $\mathcal{F}$ eine σ-Algebra über Ω. Für jede Folge $(A_n)_{n \in \mathbb{N}}$ von Elementen aus $\mathcal{F}$ ist $\bigcap_{n \in \mathbb{N}} A_n \in \mathcal{F}$.

Aufgabe 4.12 (Dynkin-Systeme) Ein System $\mathcal{A}$ von Teilmengen von Ω heißt *Dynkin-System* über Ω, wenn es die folgenden Eigenschaften hat:

(a) $\Omega \in \mathcal{A}$,
(b) Für $A \in \mathcal{A}$ gilt $\complement A = \Omega \backslash A \in \mathcal{A}$,
(c) Für jede Folge $(A_n)_{n \in \mathbb{N}}$ paarweise disjunkter Mengen aus $\mathcal{A}$ ist auch $\dot{\bigcup\limits_{n \in \mathbb{N}}} A_n \in \mathcal{A}$.

Man zeige:

(i) Man kann Bedingung (b) durch

(b′) Für $A, B \in \mathcal{A}$ mit $A \subseteq B$ gilt $B \setminus A \in \mathcal{A}$.

ersetzen.

(ii) Für ein Dynkin-System sind die beiden folgenden Aussagen äquivalent:

(1) $\mathcal{A}$ ist eine σ-Algebra.
(2) $\mathcal{A}$ ist $\cap$-stabil.

Aufgabe 4.13 (Schnitte von Mengensystemen) Sei I eine beliebige Indexmenge und $\mathcal{X}_i$ für jedes $i \in I$ ein Ring, eine Algebra, ein Dynkin-System oder eine σ-Algebra über Ω. Dann ist

$$\mathcal{X} := \bigcap_{i \in I} \mathcal{X}_i = \{A \subseteq \Omega \mid \forall i \in I : \; A \in \mathcal{X}_i\}$$

ein Mengensystem desselben Typs wie die $\mathcal{X}_i$.

Aufgabe 4.14 (Schnitte von Semiringen) Man zeige, dass der Durchschnitt von Semiringen im allgemeinen kein Semiring mehr ist.

Aufgabe 4.15 (Erzeugendensysteme) Sei $\Omega \neq \emptyset$ und $\mathcal{B}$ ein beliebiges System von Teilmengen von Ω. Man zeige, dass es unter den Ringen, Algebren, Dynkin-Systemen bzw. σ-Algebren, die $\mathcal{B}$ enthalten, jeweils ein kleinstes solches System (symbolisch $\mathcal{M}(\mathcal{B}) = \mathcal{R}(\mathcal{B})$, $\mathcal{A}(\mathcal{B})$, $\mathcal{D}(\mathcal{B})$ bzw. $\sigma(\mathcal{B})$) gibt, nämlich

$$\mathcal{M}(\mathcal{B}) = \bigcap \{\mathcal{M}' \mid \mathcal{M}' \supseteq \mathcal{B},\ \mathcal{M}' \text{ist Ring, Algebra, Dynkin-System bzw.} \sigma\text{-Algebra}\}.$$

$\mathcal{M}(\mathcal{B})$ heißt das von $\mathcal{B}$ *erzeugte System* und $\mathcal{B}$ ein *Erzeuger des Systems.*

Aufgabe 4.16 (Dynkin-Systeme) Sei Ω eine nichtleere Menge, und $\mathcal{E} \subseteq \mathcal{P}(\Omega)$ sei schnittstabil. Man zeige, dass das von $\mathcal{E}$ erzeugte Dynkin-System $\mathcal{D}(\mathcal{E})$ und die von $\mathcal{E}$ erzeugte σ-Algebra $\sigma(\mathcal{E})$ übereinstimmen.

Hinweis: Wegen Aufgabe 4.12 genügt es zu zeigen, dass $\mathcal{D}(\mathcal{E})$ schnittstabil ist. Dafür weist man nach, dass für jedes $A \in \mathcal{D}(\mathcal{E})$ das System $\mathcal{D}_A := \{C \subseteq \Omega \mid A \cap C \in \mathcal{D}(\mathcal{E})\}$ ein Dynkin-System ist, das $\mathcal{D}(\mathcal{E})$ enthält.

Aufgabe 4.17 (Darstellungssatz für Ringe) Man zeige: Ist S ein Semiring über Ω, so ist der von S erzeugte Ring das Mengensystem K aller Mengen $E \subseteq \Omega$, die eine endliche Zerlegung der Form

$$E = \dot{\bigcup_{i=1}^{n}} A_i\,, \quad A_i \in S \text{ für } i = 1, \ldots, n \text{ und } A_i \cap A_j = \emptyset \text{ für } i \neq j,$$

gestatten.

Hinweis: Mit Aufgabe 4.13 kann man die Behauptung auf die Implikation $E, D \in K \Rightarrow E \backslash D \in K$ reduzieren. Diese kann man durch eine Mengenumrechnung unter Ausnutzung der Zerlegungen von E und D beweisen.

Aufgabe 4.18 (Spur-σ-Algebra) $\mathcal{F}$ sei eine σ-Algebra über Ω und Ω' eine nichtleere Menge mit $\Omega' \subseteq \Omega$. Dann ist $\mathcal{F}' := \{\Omega' \cap A \mid A \in \mathcal{F}\}$ eine σ-Algebra über Ω', die sogenannte *Spur-σ-Algebra.*

Hinweis: Man wähle für jedes $A' \in \mathcal{F}'$ ein $A \in \mathcal{F}$ mit $A' = A \cap \Omega'$ und nutze aus, dass $\mathcal{F}$ eine σ-Algebra ist.

4.2 Maße

In den Aufgaben dieses Abschnitts geht es um unterschiedliche Typen von Funktionen mit Werten in $\mathbb{R} \cup \{\infty\}$ auf Mengensystemen, wie sie in Abschn. 4.1 thematisiert wurden. Ziel sind die Maße, die auf σ-Algebren leben, konkret gegeben sind aber solche Funktionen oft nur auf kleineren Mengensystemen. Es ist daher wichtig, Kriterien dafür zu haben, dass man Funktionen auf Mengensystemen zu Maßen fortsetzen kann. In den hier präsentierten Aufgaben werden mehrere solche Kriterien entwickelt.

Aufgabe 4.19 (Additivität von Funktionen auf Semiringen) Sei S ein Semiring über Ω (siehe Aufgabe 4.10) und $\mu : S \to \mathbb{R} \cup \{\infty\}$ eine Funktion.

(a) μ heißt *nichtnegativ*, wenn $\mu(\emptyset) = 0$ und $\mu(A) \geq 0$ für alle $A \in S$.
(b) μ heißt *additiv*, wenn für alle $A, B \in S$ mit $A \cap B = \emptyset$ und $A \dot\cup B \in S$ gilt:

$$\mu(A \cup B) = \mu(A) + \mu(B).$$

(c) μ heißt *σ-additiv,* wenn für jede Folge $(A_n)_{n\in\mathbb{N}}$ von paarweise disjunkten Elementen aus S mit $\dot\bigcup_{n\in\mathbb{N}} A_n \in S$ gilt

$$\mu\left(\dot\bigcup_{n\in\mathbb{N}} A_n\right) = \sum_{n\in\mathbb{N}} \mu(A_n).$$

(d) μ heißt *subadditiv*, wenn für alle $A, B \in S$ mit $A \cup B \in S$ gilt:

$$\mu(A \cup B) \leq \mu(A) + \mu(B).$$

(e) μ heißt *σ-subadditiv,* wenn für jede Folge $(A_n)_{n\in\mathbb{N}}$ von Elementen aus S mit $\bigcup_{n\in\mathbb{N}} A_n \in S$

$$\mu\left(\bigcup_{n\in\mathbb{N}} A_n\right) \leq \sum_{n\in\mathbb{N}} \mu(A_n).$$

(f) μ heißt *monoton*, wenn für alle $A, B \in S$ mit $A \subset B \in S$ gilt $\mu(A) \leq \mu(B)$.

Die Einschränkung $S \to \mathbb{R} \cup \{\infty\}$ (anstelle von $S \to \mathbb{R} \cup \{-\infty, +\infty\}$) wird gemacht, um sinnlose Ausdrücke wie $\infty - \infty$ zu vermeiden. Andererseits will man auch in der Lage sein, Mengen mit unendlichem Maß zu behandeln und kommt daher nicht mit reellwertigen Funktionen aus.

(i) μ heißt *Inhalt*, wenn μ nichtnegativ und additiv ist. Ein Inhalt μ heißt *endlich*, wenn $\mu(A) < \infty$ ist für alle $A \in S$.
(ii) μ heißt *Prämaß*, wenn μ nichtnegativ und σ-additiv ist.
(iii) μ heißt *Maß*, wenn μ Prämaß und S eine σ-Algebra ist.
(iv) μ heißt *Wahrscheinlichkeitsmaß*, wenn μ ein Maß und $\mu(\Omega) = 1$ ist.
(v) μ heißt *äußeres Maß*, wenn $S = \mathcal{P}(\Omega)$, $\mu(\emptyset) = 0$ und μ sowohl monoton als auch σ-subadditiv ist (siehe [MfA, Definition 4.7]).

Sei $F : \mathbb{R} \to \mathbb{R}$ eine monoton wachsende Funktion. Man zeige: Die auf dem Semiring $\mathbb{I}^1$ der links offenen und rechts abgeschlossenen Intervalle $]a, b] \subseteq \mathbb{R}$, $a \leq b$ durch

$$\mu(]a, b]) = F(b) - F(a)$$

definierte Mengenfunktion ist ein endlicher Inhalt auf $\mathbb{I}^1$.

Aufgabe 4.20 (Konvexe Kombinationen von Wahrscheinlichkeitsmaßen) Für eine Folge $(\mu_n)_{n\in\mathbb{N}}$ von Wahrscheinlichkeitsmaßen, die alle auf einer σ-Algebra $\mathcal{F}$ über Ω definiert sind, sei $(\alpha_n)_{n\in\mathbb{N}}$ eine Folge von nichtnegativen reellen Zahlen mit $\sum_{n\in\mathbb{N}} \alpha_n = 1$ und $\mu : \mathcal{F} \to \mathbb{R} \cup \{\infty\}$ definiert durch

$$\forall A \in \mathcal{F} : \quad \mu(A) := \sum_{n\in\mathbb{N}} \alpha_n \mu_n(A).$$

Man zeige, dass μ ein Wahrscheinlichkeitsmaß auf $\mathcal{F}$ ist.

Aufgabe 4.21 (Inhalte auf Ringen) Es sei $\mathcal{R}$ ein Ring über Ω und $\mu : \mathcal{R} \to \mathbb{R} \cup \{\infty\}$ ein Inhalt. Man zeige:

(i) Für alle $A, B \in \mathcal{R}$ gilt $\mu(A \cup B) + \mu(A \cap B) = \mu(A) + \mu(B)$.
(ii) μ ist *monoton*, das heißt es gilt: $\forall A, B \in \mathcal{R}, A \subseteq B : \quad \mu(A) \leq \mu(B)$.
(iii) $\forall A, B \in \mathcal{R},\ A \subseteq B,\ \mu(A) < \infty : \quad \mu(B \setminus A) = \mu(B) - \mu(A)$.
(iv) μ ist subadditiv.
(v) Ist μ ein Prämaß, dann ist μ σ-subadditiv.

Hinweis: Man schreibe $A \cup B = A \dot{\cup} (B \setminus A)$ und $B_n := A_n \setminus (\bigcup_{m<n} A_m)$.

Aufgabe 4.22 (Maße von auf- und absteigenden Mengenfolgen) $\mathcal{F}$ sei eine σ-Algebra über Ω und $\mu : \mathcal{F} \to \mathbb{R} \cup \{\infty\}$ ein Maß. Man zeige:

(i) Für jede Folge $(A_n)_{n\in\mathbb{N}}$ von Elementen aus $\mathcal{F}$ mit $A_n \subseteq A_{n+1}$ für alle n gilt:

$$\mu\Big(\bigcup_{n\in\mathbb{N}} A_n\Big) = \lim_{n\to\infty} \mu(A_n).$$

(ii) Ist μ endlich, dann gilt für jede Folge $(A_n)_{n\in\mathbb{N}}$ von Elementen aus $\mathcal{F}$ mit $A_{n+1} \subseteq A_n$ für alle n :

$$\mu\Big(\bigcap_{n\in\mathbb{N}} A_n\Big) = \lim_{n\to\infty} \mu(A_n).$$

Die unter (i) angegebene Eigenschaft von μ bezeichnet man als *Stetigkeit von unten*, die unter (ii) als *Stetigkeit von oben.*

Hinweis: Mit $B_n := A_n \setminus A_{n-1}$ und Aufgabe 4.21 bekommt man (i). Teil (ii) erhält man aus (i) durch Komplementbildung.

Aufgabe 4.23 (Maß-Fortsetzungssatz) Es seien $\mathcal{M}_1$ und $\mathcal{M}_2$ zwei Mengensysteme über Ω mit $\mathcal{M}_1 \subseteq \mathcal{M}_2$. Gilt für die beiden Mengenfunktionen $\nu : \mathcal{M}_1 \to \mathbb{R} \cup \{\infty\}$ und $\mu : \mathcal{M}_2 \to \mathbb{R} \cup \{\infty\}$ die Beziehung $\nu(A) = \mu(A)$ für alle $A \in \mathcal{M}_1$, dann nennt man μ eine *Fortsetzung* (*Erweiterung*) von ν auf $\mathcal{M}_2$ und ν eine *Restriktion* (*Einschränkung*) von μ auf $\mathcal{M}_1$.

Sei S ein Semiring über Ω und $\nu\colon S \to \mathbb{R} \cup \{\infty\}$ ein Inhalt. Dann gibt es eine eindeutig bestimmte Fortsetzung $\mu\colon \mathcal{R}(S) \to \mathbb{R} \cup \{\infty\}$, die auch ein Inhalt ist. Sie erfüllt für $E = \dot{\bigcup}_{i=1}^{n} A_i$ mit $A_i \in S,\ i = 1, \dots, n,$ und $A_i \cap A_j = \emptyset$ für $i \neq j$

$$\mu(E) = \sum_{i=1}^{n} \nu(A_i). \tag{4.1}$$

Falls ν ein Prämaß ist, ist auch μ ein Prämaß.

Hinweis: Die Eindeutigkeit folgt aus dem Darstellungssatz für Ringe aus Aufgabe 4.17. Für die Existenz zeigt man durch Verfeinerung zuerst, dass $\mu(E)$ nicht von der Wahl der Zerlegung abhängt. Dann verifiziert man, dass μ ein Inhalt ist. Wieder mit dem Darstellungssatz für Ringe aus Aufgabe 4.17 und Verfeinerung folgert man schließlich die σ-Additivität von μ aus der σ-Additivität von ν.

Aufgabe 4.24 (Eindeutigkeitssatz für Maße) S sei ein Semiring über Ω und μ ein Prämaß (Inhalt) auf (Ω, S). Weiter sei $\mathcal{M} \subseteq S$ sei ein Mengensystem in Ω. Dann heißt μ *σ-endlich* auf $\mathcal{M}$, wenn es Mengen $A_1 \subseteq A_2 \subseteq \ldots \in \mathcal{M}$ mit $\bigcup_{j=1}^{\infty} A_j = \Omega$ und $\mu(A_j) < \infty$, $j \in \mathbb{N}$, gibt.

$\mathcal{M}$ sei ein $\cap$-stabiles System von Teilmengen von Ω. Man zeige, dass zwei Maße μ_1 und μ_2 auf $\sigma(\mathcal{M})$, die auf $\mathcal{M}$ übereinstimmen und dort σ-endlich sind, auch auf $\sigma(\mathcal{M})$ übereinstimmen.

Hinweis: Für jedes $E \in \mathcal{M}$ mit $\mu_1(E) = \mu_2(E) < \infty$ zeigt man mithilfe von Aufgabe 4.21, dass

$$\mathcal{D}_E := \{D \in \sigma(\mathcal{M}) \mid \mu_1(E \cap D) = \mu_2(E \cap D)\}$$

ein Dynkin-System ist, das $\mathcal{M}$ enthält. Daraus folgert man mit Aufgabe 4.16, dass $\mathcal{D}_E = \sigma(\mathcal{M})$. Für $\mu_i(E) = \infty$ schreibt man E als disjunkte Vereinigung von Mengen endlichen Maßes und verwendet Aufgabe 4.22.

Aufgabe 4.25 (Borel-Maße) Ein Maß μ auf $(\mathbb{R}^n, \mathcal{B}^n)$, für welches $\mu(K) < \infty$ für jedes kompakte $K \subseteq \mathbb{R}^n$ gilt, heißt ein *Borel-Maß* auf $(\mathbb{R}^n, \mathcal{B}^n)$. Man zeige: Ein Maß μ auf $(\mathbb{R}^n, \mathcal{B}^n)$ ist ein Borel-Maß genau dann, wenn es endlich auf dem Semiring $\mathbb{I}^n$ aus Aufgabe 4.10 ist.

Hinweis: Das ist eine Konsequenz des Satzes von Heine-Borel [MfA, Satz 3.62].

Aufgabe 4.26 (Borel-Maße auf $\mathbb{R}^n$) Jedes Borel-Maß μ auf $(\mathbb{R}^n, \mathcal{B}^n)$ ist eindeutig durch seine Werte auf $\mathbb{I}^n$ bestimmt.

Hinweis: Kombiniere den Eindeutigkeitssatz aus Aufgabe 4.24 mit Aufgabe 4.25.

Aufgabe 4.27 (Äußere Maße) Sei μ ein Prämaß auf einem Semiring S in Ω. [MfA, Satz 4.11] (Konstruktion äußerer Maße) sagt dann gerade, dass die durch [MfA, (4.4)] definierte Abbildung $\mu^* : \mathcal{P}(\Omega) \to \mathbb{R} \cup \{\infty\}$ ein äußeres Maß auf Ω ist. Genauer, wir definieren $\widehat{S}(A)$ als das System aller Folgen $A_1, A_2, \ldots \in S$ mit $A \subseteq \bigcup_{n=1}^{\infty} A_n$ und setzen und

$$\mu^*(A) := \inf\left\{ \sum_{n=1}^{\infty} \mu(A_n) \;\middle|\; (A_n)_{n\in\mathbb{N}} \in \widehat{S}(A) \right\},$$

Man nennt diese Abbildung auch das vom Prämaß μ *induzierte* äußere Maß. Wir bezeichnen die eindeutig bestimmte Fortsetzung des Prämaßes μ auf den Ring $\mathcal{R} := \mathcal{R}(S)$ wieder mit μ (vgl. Aufgabe 4.23).

Für ein Prämaß μ auf einem Semiring S in Ω zeige man, dass $\mu^*(B) = \mu(B)$ für alle $B \in \mathcal{R}$ gilt.

Hinweis: Die Ungleichung $\mu^*(B) \leq \mu(B)$ folgt aus dem Darstellungssatz für Ringe aus Aufgabe 4.17. Für die Ungleichung $\mu^*(B) \geq \mu(B)$ baut man aus $(A_n)_{n\in\mathbb{N}} \in \widehat{S}(B)$ eine disjunkte Folge mit B als Vereinigung.

Aufgabe 4.28 (μ^*-Messbarkeit) Wenn μ^* ein äußeres Maß auf M ist, heißt eine Teilmenge $G \subseteq M$ *μ^*-messbar,* wenn für jedes $U \subseteq M$ gilt

$$\mu^*(U) = \mu^*(U \cap G) + \mu^*(U \cap (M \backslash G)) \text{ für alle } U \in \mathcal{P}(M). \tag{4.2}$$

Man zeige, dass für $A \subseteq M$

$$\forall E \subseteq M, \mu^*(E) < \infty : \quad \mu^*(E) \geq \mu^*(E \cap A) + \mu^*(E \cap (M \setminus A)). \tag{4.3}$$

die μ^*-Messbarkeit von A zur Folge hat.

Aufgabe 4.29 (Satz von Caratheodory) Sei μ^* ein äußeres Maß auf M. Dann ist die Menge $\mathcal{M}$ aller μ^*-messbaren Mengen eine σ-Algebra und die Einschränkung von μ^* auf $\mathcal{M}$ ist ein vollständiges Maß.

Hinweis: Sobald man die Definition der μ^*-Messbarkeit aus Aufgabe 4.28 zur Verfügung hat sind alle genannten Eigenschaften elementar zu verifizieren.

Aufgabe 4.30 (μ^*-Messbarkeit) Sei S ein Semiring über Ω und $\mu\colon S \to \mathbb{R} \cup \{\infty\}$ ein Prämaß sowie $\mu^*\colon \mathcal{P}(\Omega) \to \mathbb{R} \cup \{\infty\}$ das von μ induzierte äußere Maß (siehe Aufgabe 4.27). Dann sind alle $B \in S$ μ^*-messbar.

Hinweis: Die Ungleichung $\mu^*(U) \leq \mu^*(U \cap B) + \mu^*(U \cap \complement B)$ für $B \in S$ und $U \subseteq \Omega$ folgt sofort aus Aufgabe 4.28, weil μ^* eine äußeres Maß ist. Für die Umkehrung konstruiert man aus Elementen von $\widehat{S}(U)$ Elemente von $\widehat{S}(U \cap B)$ und $\widehat{S}(U \backslash B)$ und leitet die passenden Ungleichungen aus dem Maßfortsetzungssatz aus Aufgabe 4.23 ab.

Aufgabe 4.31 (Maß-Fortsetzungssatz) Sei μ ein Prämaß auf einem Semiring S in Ω. Dann definiert

$$\nu(A) := \inf \left\{ \sum_{n=1}^{\infty} \mu(A_n) \,\middle|\, (A_n)_{n\in\mathbb{N}} \in \widehat{S}(A) \right\} \qquad \text{für } A \in \sigma(S)$$

ein Maß auf $\sigma(S)$, das μ fortsetzt. Ist μ σ-endlich auf S, so ist auch ν σ-endlich. In diesem Fall ist ν die einzige Fortsetzung von μ zu einem Maß auf $\sigma(S)$.

Hinweis: In der Situation von Aufgabe 4.30 liefert Aufgabe 4.29 wegen $S \subseteq \mathcal{M}$, dass $\sigma(S) \subseteq \mathcal{M}$. Also ist die Restriktion von μ^* auf $\sigma(S)$ ein Maß, das μ nach Aufgabe 4.27 fortsetzt.

4.3 Integrale

In diesem kurzen Abschnitt sind einige Aufgaben zu Definition, Beispielen und Eigenschaften von Integralen zusammengestellt.

Aufgabe 4.32 (Mittelwertsatz der Integralrechnung) Sei $f : [a, b] \to \mathbb{R}$ stetig und $g : [a, b] \to \mathbb{R}_{\geq 0}$ integrierbar, wobei $a, b \in \mathbb{R}$. Man zeige, dass es ein $\xi \in [a, b]$ gibt mit

$$\int_a^b fg = f(\xi) \int_a^b g.$$

Aufgabe 4.33 (Fast überall-Aussagen) Sei $(M, \mathcal{M}, \mu)$ ein Maßraum. Eine Menge $E \in \mathcal{M}$ heißt eine *μ-Nullmenge,* wenn $\mu(E) = 0$. Eine Aussage über die Punkte $x \in M$ heißt *μ-fast überall* (*μ-f. ü.*) wahr, wenn sie für das Komplement einer Nullmenge wahr ist. Manchmal sagt man auch, die Aussage gelte für *μ-fast alle* (*μ-f. a.*) x. Wenn das Maß aus dem Kontext klar ist, lassen wir das μ in den obigen Bezeichnungen weg.

(i) Man zeige, dass die abzählbare Vereinigung von Nullmengen selbst eine Nullmenge ist.
(ii) Seien insbesondere $(M, \mathcal{M}, \mu)$ ein Maßraum und $(N, \mathcal{N})$ ein messbarer Raum. Dann heißen zwei Abbildungen $f, g\colon M \to N$ *μ-fast überall gleich,* wenn $\{m \in M \mid f(m) \neq g(m)\}$ in einer μ-Nullmenge enthalten ist. Wir schreiben dann

$$f = g \ \text{(f.ü.)}$$

Sei $(M, \mathcal{M}, \mu)$ ein Maßraum und $f \in \mathcal{L}^+(M)$, das heißt $f : M \to \mathbb{R}_{\geq 0}$ ist messbar. Man zeige, dass folgende Aussagen äquivalent sind:

(1) $\int_M f \,\mathrm{d}\mu = 0.$
(2) $f = 0$ (f. ü.).

Hinweis: Für einfache Funktionen ist das klar und für allgemeines f folgt die Implikation (2) $\Rightarrow$ (1) sofort, weil jede f approximierende, einfache Funktion fast überall Null sein muss. Für die Umkehrung zeigt man, dass alle $E_k := \{x \in M \mid f(x) \geq \frac{1}{k}\}$ Nullmengen sind.

Aufgabe 4.34 (Hölder-Ungleichung) Sei $(M, \mathcal{M}, \mu)$ ein Maßraum und $f\colon M \to \mathbb{C}$ messbar. Für $0 < p < \infty$ setze

$$\|f\|_p := \left(\int_M |f(x)|^p \,\mathrm{d}\mu(x)\right)^{\frac{1}{p}}$$

und

$$\mathcal{L}^p(M, \mathcal{M}, \mu) := \{f\colon M \to \mathbb{C} \mid f \text{ messbar}, \|f\|_p < \infty\}.$$

Je nach Klarheit aus dem Kontext schreibt man statt $\mathcal{L}^p(M, \mathcal{M}, \mu)$ auch nur $\mathcal{L}^p(\mu)$, $\mathcal{L}^p(M)$ oder $\mathcal{L}^p$. Beachte, dass $\|f\|_p = 0$ gilt, wenn $f = 0$ μ-fast überall. Man betrachtet Funktionen, die μ-fast überall gleich sind, als äquivalent. Für die entsprechenden Mengen von Äquivalenzklassen schreibt man dann je nach Kontext $L^p(M, \mathcal{M}, \mu)$ auch nur $L^p(\mu)$, $L^p(M)$ oder L^p. Wir halten einen Maßraum $(M, \mathcal{M}, \mu)$ und $1 < p < \infty$ fest. Sei $1 < q < \infty$ der durch $\frac{1}{p} + \frac{1}{q} = 1$ definierte zu p *konjugierte Exponent*. Man zeige, dass für zwei messbare Funktionen $f, g\colon M \to \mathbb{C}$ gilt

$$\|fg\|_1 \leq \|f\|_p \,\|g\|_q.$$

Wenn $f \in L^p(\mu)$ und $g \in L^q(\mu)$, dann gilt die Gleichheit nur falls $\alpha|f|^p = \beta|g|^q$ μ-fast überall, wobei $\alpha\beta \neq 0$.
Hinweis: Aufgabe 3.20.

Aufgabe 4.35 (Hölder-p-Norm) Sei $(M, \mathcal{M}, \mu)$ ein Maßraum, $1 \leq p < \infty$ und $f, g \in \mathcal{L}^p(\mu)$. Man zeige:

(i) $|f+g|^p \leq (2\max\{|f|,|g|\})^p \leq 2^p(|f|+|g|)$. Insbesondere ist $L^p(\mu)$ ein $\mathbb{C}$-Vektorraum.
(ii) $\|f\|_p = 0$ genau dann, wenn $f = 0$ μ-fast überall.
(iii) $\|cf\|_p = |c|\,\|f\|_p$ für alle $c \in \mathbb{C}$.
(iv) $\|f+g\|_p \leq \|f\|_p + \|g\|_p$ (*Minkowski-Ungleichung*).
Hinweis: Für $p = 1$ ist das eine einfache Verifikation. Für $p > 1$ lässt sich die Minkowski-Ungleichung aus der Hölder-Ungleichung in Aufgabe 4.34 herleiten.

Zusammen ergibt sich, dass $(L^p(\mu), \|\cdot\|_p)$ ein normierter $\mathbb{C}$-Vektorraum ist. Wenn M endlich mit n Elementen und μ das Zählmaß ist, gilt

$$L^p(\mu) = \mathcal{L}^p(\mu) = \{f\colon M \to \mathbb{C}\} \cong \mathbb{C}^n.$$

Aufgabe 4.36 (Cantor-Menge) Die *Cantor-Menge* C entsteht aus dem Intervall $[0,1]$, indem zunächst das offene mittlere Drittel herausgenommen wird, aus den zwei verbleibenden Intervallen wieder das jeweils offene mittlere Drittel, usw., also

$$C = [0,1] \setminus \left(\left]\frac{1}{3}, \frac{2}{3}\right[\cup \left]\frac{1}{9}, \frac{2}{9}\right[\cup \left]\frac{7}{9}, \frac{8}{9}\right[\cup \ldots \right).$$

Man zeige:

(i) Die durch

$$\chi_C(x) := \begin{cases} 1 & \text{für } x \in C \\ 0 & \text{für } x \notin C \end{cases}$$

definierte *Indikatorfunktion* χ_C von C ist integrierbar mit $\int \chi_C = 0$.
(ii) Sei $a \in \mathbb{R}$ mit $a = \sum_{j=1}^{\infty} a_j 3^{-j}$ und $a_j \in \{0,1,2\}$, für die die Folge der a_j weder mit einer unendlichen Anzahl von 0en noch einer unendlichen Anzahl von 2en endet. Es gilt $a \in C$ genau dann, wenn alle $a_j \neq 1$.
Hinweis: Betrachte Entwicklungen im Dreiersystem, siehe Aufgabe 4.7 mit $q = 3$.
(iii) C ist *überabzählbar*, das heißt, nicht abzählbar. □

4.4 Produktmaße und iterierte Integrale

Zum Abschluss dieses Kapitels enthält dieser Abschnitt noch einige Aufgaben, in denen die Sätze von Tonelli und Fubini thematisiert sind.

Aufgabe 4.37 (Faltung) Seien $f, g\colon \mathbb{R}^n \to \mathbb{C}$ Borel-messbar. Die durch

$$f * g(x) := \int_{\mathbb{R}^n} f(x-y)g(y)\,\mathrm{d}y$$

definierte Funktion (für die x, für die die rechte Seite definiert ist), heißt die *Faltung* von f und g. Man zeige: Wenn $f, g, h\colon \mathbb{R}^n \to \mathbb{C}$ Borel-messbar sind, dann gelten folgende Identitäten, wenn alle auftretenden Integrale konvergieren.

(i) $f * g = g * f$.
(ii) $(f * g) * h = f * (g * h)$.

Aufgabe 4.38 (Faltung) Seien $f, g\colon \mathbb{R}^n \to \mathbb{C}$ integrierbar. Dann ist $(f * g)(x)$ für fast alle $x \in \mathbb{R}^n$ definiert und es gilt

$$\|f * g\|_1 \leq \|f\|_1 \|g\|_1.$$

Hinweis: Man wende zunächst den Satz von Tonelli [MfA, Satz 4.61] an, um die Ungleichung zu zeigen. Man beachte dabei, dass

$$\left|\int_{\mathbb{R}^n} f(x-y)g(y)\,\mathrm{d}y\right| \leq \left|\int_{\mathbb{R}^n} |f(x-y)g(y)|\,\mathrm{d}y.\right.$$

Aufgabe 4.39 (Fourier-Transformation und Faltung) Sei $f \in L^1(\mathbb{R}^n)$. Dann heißt

$$\hat{f} : \mathbb{R}^n \to \mathbb{C}, \quad \xi \mapsto \int_{\mathbb{R}^n} f(x)\mathrm{e}^{-2\pi i x \cdot \xi}\,\mathrm{d}x$$

die *Fourier-Transformierte* von f. Man zeige:

$$\forall f, g \in L^1(\mathbb{R}^n) : \quad (f * g)^\wedge = \hat{f}\,\hat{g}.$$

Aufgabe 4.40 (Doppelintegrale auf $\mathbb{N}$) Man betrachte $(M = \mathbb{N}, \mathcal{P}(\mathbb{N}), \mu)$ und $(N = \mathbb{N}, \mathcal{P}(\mathbb{N}), \nu)$ wobei μ, ν die Zählmaße sind. Man definiere $f : \mathbb{N} \times \mathbb{N} \to \mathbb{R}$ durch

$$f(m,n) := \begin{cases} 1 & \text{falls } m = n \\ -1 & \text{falls } m = n+1 \\ 0 & \text{sonst} \end{cases}.$$

Man zeige: $\int f\,\mathrm{d}\mu\,\mathrm{d}\nu \neq \int f\,\mathrm{d}\nu\,\mathrm{d}\mu$ und man folgere, dass $|f|$ nicht integrierbar ist.

4.5 Lösungsvorschläge

4.5.1 Messbare Mengen

Lösungsvorschlag für Aufgabe 4.1: Sei $s_n := \sum_{k=1}^n a_k$. Würde die Reihe konvergieren, so wäre die Folge $(s_n)_{n\in\mathbb{N}}$ beschränkt. Da die a_n alle positiv sind, ist s_n monoton steigend. Andererseits ist die Folge $(a_n)_{n\in\mathbb{N}}$ monoton fallend, woraus man

$$a_{2^{n-1}+1} + a_{2^{n-1}+2} + \ldots + a_{2^n} > 2^{n-1} a_{2^n} = \tfrac{1}{2}$$

erhält. Damit gilt aber $s_{2^n} > n\frac{1}{2}$, im Widerspruch zur Beschränktheit von $(s_n)_{n\in\mathbb{N}}$. □

Lösungsvorschlag für Aufgabe 4.2: Mit den Voraussetzungen erhalten wir zunächst

$$\begin{aligned} s_{2n-1} \leq & s_{2n-1} + (a_{2n} - a_{2n+1}) = s_{2n+1} \\ \leq & s_{2n+1} + a_{2n+2} = s_{2n+2} = s_{2n} - (a_{2n+1} - a_{2n+2}) \\ \leq & s_{2n}, \end{aligned}$$

also

$$s_{2n-1} \leq s_{2n+1} \leq s_{2n+2} \leq s_{2n}.$$

Dies zeigt, dass die Teilfolge $(s_{2n-1})_{n\in\mathbb{N}}$ monoton steigend und beschränkt ist, während die Teilfolge $(s_{2n})_{n\in\mathbb{N}}$ monoton fallend und beschränkt ist. Mit dem Argument aus [MfA, Beispiel 3.21] (geometrische Folge) sieht man, dass beide Teilfolgen einen Grenzwert haben. Weiter gilt

$$\lim_{n\to\infty} s_{2n} - \lim_{n\to\infty} s_{2n-1} = \lim_{n\to\infty} (s_{2n} - s_{2n-1}) = \lim_{n\to\infty} a_{2n} = 0,$$

was die Konvergenz von $(s_n)_{n\in\mathbb{N}}$ gegen ein $s \in \mathbb{R}$ zeigt. Aus der Monotonie der beiden Teilfolgen folgt dann aber auch $s_{2n-1} \leq s \leq s_{2n}$. □

Lösungsvorschlag für Aufgabe 4.3: Für $N \leq 2^{p+1} - 1$ gilt

$$\begin{aligned} s_N := \sum_{n=1}^{N} \frac{1}{n^k} &\leq 1 + \left(\frac{1}{2^k} + \frac{1}{3^k}\right) + \ldots + \left(\sum_{n=2^p}^{2^{p+1}-1} \frac{1}{n^k}\right) \leq \sum_{q=0}^{p} 2^q \frac{1}{(2^q)^k} \\ &= \sum_{q=0}^{p} \left(\frac{1}{2^{k-1}}\right)^q \leq \sum_{q=0}^{\infty} (2^{-k+1})^q = \frac{1}{1-2^{1-k}}. \end{aligned}$$

Also ist die Folge der Partialsummen monoton steigend und beschränkt. Dies zeigt die Konvergenz der Reihe. □

Lösungsvorschlag für Aufgabe 4.4:

(i) Zu $\varepsilon > 0$ wähle $n \in \mathbb{N}$ so, dass für $k > n$ gilt

$$\left\| A - \sum_{k=1}^{n} a_k \right\| \leq \varepsilon.$$

Dann gilt

$$\left\| cA - \sum_{k=1}^{n} ca_k \right\| = |c| \left\| A - \sum_{k=1}^{n} a_k \right\| \leq |c|\,\varepsilon.$$

Das beweist die Behauptung.

(ii) Zu $\varepsilon > 0$ wähle $n \in \mathbb{N}$ so, dass für $k > n$ gilt

$$\left\|A - \sum_{k=1}^{n} a_k\right\| \leq \varepsilon \quad \text{und} \quad \left\|B - \sum_{k=1}^{n} b_k\right\| \leq \varepsilon.$$

Dann gilt

$$\left\|(A \pm B) - \sum_{k=1}^{n}(a_k \pm b_k)\right\| \leq \left\|A - \sum_{k=1}^{n} a_k\right\| + \left\|B - \sum_{k=1}^{n} b_k\right\| \leq 2\varepsilon.$$

Das beweist wieder die Behauptung. □

Lösungsvorschlag für Aufgabe 4.5: Die Implikation (1)⇒(2) folgt direkt aus den Definitionen. Um die Implikation (2)⇒(1) zu beweisen, betrachtet man die Folge $(s_n)_{n\in\mathbb{N}}$ der Partialsummen $s_n = \sum_{k=1}^{n} a_k$. Wenn (2) gilt, ist diese eine Cauchyfolge. Da wegen der Vollständigkeit von V jede Cauchyfolge in V konvergiert, folgt (1). □

Lösungsvorschlag für Aufgabe 4.6: Sei $\varepsilon > 0$. Das Cauchy-Kriterium aus Aufgabe 4.5, angewandt auf $\sum_{k=1}^{\infty} b_k$, liefert ein $n_0 \in \mathbb{N}$ so, dass für $n_0 \leq n < m$ gilt $0 \leq \sum_{n+1}^{m} b_k < \varepsilon$. Mit der Dreiecksungleichung erhalten wir

$$\left\|\sum_{k=n+1}^{m} a_k\right\| \leq \sum_{k=n+1}^{m} \|a_k\| \leq \sum_{k=n+1}^{m} b_k < \varepsilon,$$

das heißt, wir haben nachgewiesen, dass $\sum_{k=1}^{\infty} a_k$ die Voraussetzungen des Cauchy-Kriteriums erfüllt und daher konvergiert. Weil aber für jedes $m \in \mathbb{N}$

$$\left\|\sum_{k=1}^{m} a_k\right\| \leq \sum_{k=1}^{m} \|a_k\| \leq \sum_{k=1}^{m} b_k \leq \sum_{k=1}^{\infty} b_k$$

gilt, folgt aus der Stetigkeit der Norm (siehe das [MfA, Beispiel 3.12] zur Stetigkeit des Abstands von einem Punkt), dass $\left\|\sum_{k=1}^{\infty} a_k\right\| \leq \sum_{k=1}^{\infty} b_k$. □

Lösungsvorschlag für Aufgabe 4.7:

(i) Das folgt aus Aufgabe 4.6, weil

$$0 \leq \frac{a_k}{10^k} \leq \frac{9}{10^k}$$

und die Reihe

$$\sum_{k=1}^{\infty} \frac{9}{10^k} = \frac{9}{10} \sum_{k=1}^{\infty} \frac{1}{10^{k-1}} = \frac{9}{10} \frac{1}{1 - \frac{1}{10}} = 1$$

konvergent ist.

(ii) Das folgt aus der Rechnung in (i).
(iii) Das folgt mit Induktion aus der Definition der a_n.
(iv) Wegen $\sum_{k=1}^{n-1} \frac{a_k}{10^k} \leq x$ für alle n gilt

$$\sum_{k=1}^{\infty} \frac{a_k}{10^k} \leq x.$$

Wäre $\sum_{k=1}^{\infty} \frac{a_k}{10^k} < x$, so fände man ein kleinstes $n \in \mathbb{N}$ mit

$$\frac{1}{10^n} + \sum_{k=1}^{\infty} \frac{a_k}{10^k} \leq x.$$

Aber dann hätte man

$$\left(\sum_{k=1}^{n-1} \frac{a_k}{10^k}\right) + \frac{a_n+1}{10^n} \leq x$$

im Widerspruch zur Definition von a_n.
(v) $0{,}5 = 0{,}499\ldots$.
(vi) Sei $0{,}a_1a_2a_3\ldots = x = 0{,}b_1b_2b_3\ldots$ so, dass in keiner der Entwicklungen eine unendliche 9er-Folge vorkommt. Wenn die beiden Dezimalentwicklungen *nicht* übereinstimmen, gibt es die Zahl $n = \min\{k \in \mathbb{N} \mid a_k \neq b_k\}$. Durch Umbenennung können wir annehmen, dass $b_n > a_n$. Dann gilt

$$0 = \sum_{k=n}^{\infty} \frac{b_k - a_k}{10^k}.$$

Es gilt immer $b_k - a_k \geq -9$, aber nach unserer *Voraussetzung* an die Gestalt der Dezimalentwicklung gibt es auch ein $k > n$ mit $b_k - a_k > -9$. Damit rechnen wir

$$\begin{aligned} 0 &= \frac{b_n - a_n}{10^n} + \sum_{k=n+1}^{\infty} \frac{b_k - a_k}{10^k} > \frac{1}{10^n} - 9 \sum_{k=n+1}^{\infty} \frac{1}{10^k} \\ &= \frac{1}{10^n} - \frac{9}{10^{n+1}} \sum_{k=0}^{\infty} \frac{1}{10^k} = \frac{1}{10^n} - \frac{9}{10^{n+1}} \frac{1}{1 - \frac{1}{10}} = 0 \end{aligned}$$

Dieser Widerspruch zeigt die Behauptung.
(vii) Die Rechnungen gehen analog. Man muss dann nur dort wo oben 9 stand, $q - 1$ setzen. □

Lösungsvorschlag für Aufgabe 4.8: Angenommen, es gibt eine Folge $(r_n)_{n\in\mathbb{N}}$, in der jedes $r \in [0, 1[$ genau einmal vorkommt. Wir stellen jedes r_n im Dezimalsystem ohne 9er-Perioden dar: $r_n = 0, r_{n,1}r_{n,2}\ldots$ mit $r_{n,j} \in \{0, 1, \ldots, 9\}$. Betrachte jetzt die Folge $(s_n)_{n\in\mathbb{N}}$ mit $s_n := \tilde{r}_{n,n}$, wobei wir $\tilde{5} = 4$ und $\tilde{k} = 5$ für $k \in \{0, 1, 2, 3, 4, 6,$

$7, 8, 9\}$ setzen. Nach Aufgabe 4.7 definiert $s := 0, s_1 s_2 \ldots$ dann eine Zahl in $[0, 1[$, die mit keinem der r_n übereinstimmt, da sie sich an mindestens einer Stelle von r_n unterscheiden (und keine 9er-Perioden enthält). □

Lösungsvorschlag für Aufgabe 4.9: Sei $\mathcal{A}$ die σ-Algebra, die von den Halbstrahlen $]a, \infty] :=]a, \infty[\cup \{\infty\}$ mit $a \in \mathbb{R}$ erzeugt wird. Dann ist jedes

$$[a, \infty] := \bigcup_{n \in \mathbb{N}}]a + \tfrac{1}{n}, \infty]$$

für $a \in \mathbb{R}$ in $\mathcal{A}$. Dann sind auch die Halbstrahlen

$$[-\infty, b] = [-\infty, \infty] \setminus]b, \infty] \quad \text{und} \quad [-\infty, b[= [-\infty, \infty] \setminus [b, \infty]$$

in $\mathcal{A}$. Als Nächstes sieht man, dass die Intervalle

$$\begin{aligned} [a, b] &= [a, \infty] \cap [-\infty, b], \quad [a, b[= [a, \infty] \cap [-\infty, b[, \\ ]a, b] &=]a, \infty] \cap [-\infty, b], \quad]a, b =]a, \infty] \cap [-\infty, b[\end{aligned}$$

für $a \leq b$ in $\mathbb{R}$ in $\mathcal{A}$ liegen. Da diese Intervalle $\mathcal{B}_{\mathbb{R}}$ erzeugen, gilt also $\mathcal{B}_{\mathbb{R}} \subseteq \mathcal{A}$. Es gilt auch

$$\{\infty\} = \bigcap_{n \in \mathbb{N}}]n, \infty] \in \mathcal{A} \quad \text{und} \quad \{-\infty\} = \bigcap_{n \in \mathbb{N}} [-\infty, -n] \in \mathcal{A}.$$

Damit folgt, dass $\mathcal{B}_{[-\infty,\infty]} \subseteq \mathcal{A}$. Umgekehrt ist wegen der Distributivgesetze für Schnitte und Vereinigungen von Mengen (siehe Aufgabe 1.15) klar, dass $\mathcal{B}_{[-\infty,\infty]}$ eine σ-Algebra ist, die wegen

$$]a, \infty] \cap \mathbb{R} =]a, \infty[$$

die Halbstrahlen $]a, \infty]$, also auch $\mathcal{A}$ enthält. □

Lösungsvorschlag für Aufgabe 4.10:

(a) $\emptyset =]a, a]_{(n)} \in \mathbb{I}^n$.
(b) Sei $A =]a, b]_{(n)}$, $B =]c, d]_{(n)}$ und $C = A \cap B$.

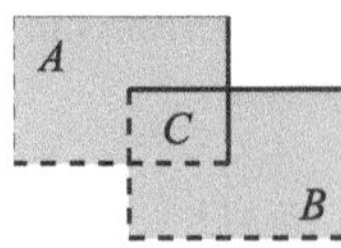

Mit $e_i := \max\{a_i, c_i\}$ und $f_i := \min\{b_i, d_i\}$ gilt

$$]a, b]_{(n)} \cap]c, d]_{(n)} =]e, f]_{(n)}.$$

(c) Sei $A =]a, b]_{(n)}$ und $B =]c, d]_{(n)}$.

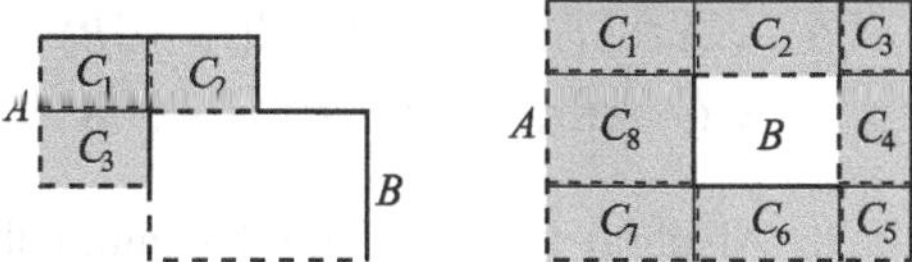

Mit $e_i := \max\{a_i, c_i\}$ und $f_i := \min\{b_i, d_i\}$ gilt $]a, b]_{(n)} \backslash]c, d]_{(n)} =]a, b]_{(n)} \backslash]e, f]_{(n)}$, das heißt, wir können annehmen, dass

$$\forall i = 1, \ldots, n : \quad a_i \leq c_i \leq d_i \leq b_i$$

gilt. Damit können wir dann rechnen

$$
\begin{aligned}
]a, b]_{(n)} \backslash]c, d]_{(n)} &= \left]\begin{pmatrix} a_1 \\ \vdots \\ a_n \end{pmatrix}, \begin{pmatrix} b_1 \\ \vdots \\ b_n \end{pmatrix}\right]_{(n)} \Bigg\backslash \left]\begin{pmatrix} c_1 \\ \vdots \\ c_n \end{pmatrix}, \begin{pmatrix} d_1 \\ \vdots \\ d_n \end{pmatrix}\right]_{(n)} \\
&= \left]\begin{pmatrix} a_1 \\ a_2 \\ \vdots \\ a_n \end{pmatrix}, \begin{pmatrix} c_1 \\ b_2 \\ \vdots \\ b_n \end{pmatrix}\right]_{(n)} \cup \left]\begin{pmatrix} d_1 \\ a_2 \\ \vdots \\ a_n \end{pmatrix}, \begin{pmatrix} b_1 \\ b_2 \\ \vdots \\ b_n \end{pmatrix}\right]_{(n)} \\
&\cup \left]\begin{pmatrix} c_1 \\ a_2 \\ a_3 \\ \vdots \\ a_n \end{pmatrix}, \begin{pmatrix} d_1 \\ c_2 \\ b_3 \\ \vdots \\ b_n \end{pmatrix}\right]_{(n)} \cup \left]\begin{pmatrix} c_1 \\ d_2 \\ a_3 \\ \vdots \\ a_n \end{pmatrix}, \begin{pmatrix} d_1 \\ b_2 \\ b_3 \\ \vdots \\ b_n \end{pmatrix}\right]_{(n)} \\
&\vdots \\
&\cup \left]\begin{pmatrix} c_1 \\ \vdots \\ c_{n-1} \\ a_n \end{pmatrix}, \begin{pmatrix} d_1 \\ \vdots \\ d_{n-1} \\ c_n \end{pmatrix}\right]_{(n)} \cup \left]\begin{pmatrix} c_1 \\ \vdots \\ c_{n-1} \\ d_n \end{pmatrix}, \begin{pmatrix} d_1 \\ \vdots \\ d_{n-1} \\ b_n \end{pmatrix}\right]_{(n)}.
\end{aligned}
$$

Dabei sind die Vereinigungen disjunkt und manche der 2^n Stücke evtl. leer (wenn nämlich nicht $a_i < c_i < d_i < b_i$ gilt). □

Lösungsvorschlag für Aufgabe 4.11: Die ersten drei Punkte folgen sofort aus den Definitionen.

(iv) Zunächst stellt man fest, dass aus $A, B \in \mathcal{R}$ nach Definition auch $A \backslash B \in \mathcal{R}$ folgt. Dann folgt aber auch $A \backslash (A \backslash B) \in \mathcal{R}$. Es gilt aber mit den Formeln aus den Aufgaben 1.14 und 1.15, dass

$$\begin{aligned} A\backslash(A\backslash B) &= A \cap \complement(A\backslash B) = A \cap \complement(A \cap \complement B) = A \cap (\complement A \cup B) \\ &= (A \cap \complement A) \cup (A \cap B) = A \cap B \end{aligned}$$

(v) Die Inklusion $\{\sigma\text{-Algebra}\} \subseteq \{\text{Algebra}\}$ folgt unmittelbar aus den Definitionen. Jede Algebra $\mathcal{A}$ ist ein Ring, weil sie mit Ω auch $\emptyset = \Omega\backslash\Omega$ enthält und aus $A, B \in \mathcal{A}$ folgt

$$A\backslash B = A \cap \complement B = \complement(B \cup \complement A) \in \mathcal{A}.$$

Nach (iv) ist schließlich auch jeder Ring ein Semiring.

(vi) Wegen (v) ist nur noch zu zeigen, dass ein Ring $\mathcal{R}$ über Ω mit $\Omega \in \mathcal{R}$ eine Algebra ist. Das ist wegen $\complement A = \Omega\backslash A$ aber klar.

(vii) Aus $A_n \in \mathcal{F}$ folgt $\complement A_n \in \mathcal{F}$ und $\bigcup\limits_{n\in\mathbb{N}} \complement A_n \in \mathcal{F}$. Aber dann gilt auch

$$\complement\Big(\bigcup_{n\in\mathbb{N}} \complement A_n\Big) = \bigcap_{n\in\mathbb{N}} \complement(\complement A_n) = \bigcap\nolimits_{n\in\mathbb{N}} A_n \in \mathcal{F}.$$ □

Lösungsvorschlag für Aufgabe 4.12:

(i) Für $A \subseteq B$ in $\mathcal{A}$ gilt $A \cup \complement B \in \mathcal{A}$ und daher $\complement(A \cup \complement B) = B \setminus A \in \mathcal{A}$. Also kann man Bedingung (b) durch (b′) ersetzen.

(ii) Implikation „(1)⇒(2)“ ist klar mit Aufgabe 4.11. Für die Umkehrung wandeln wir abzählbare Vereinigungen in disjunkte abzählbare Vereinigungen um. Das geht mit dem Ansatz $B_n := A_n\backslash(\bigcup_{m<n} A_m)$.

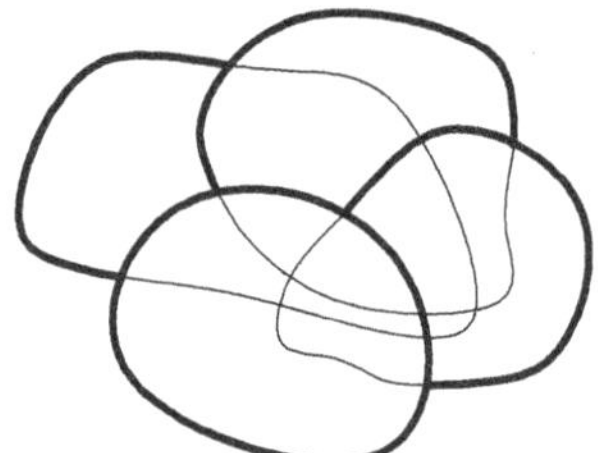

Da in Aufgabe 4.11 bereits gezeigt wurde, dass σ-Algebren $\cap$-stabil sind, ist nur noch zu zeigen, dass für jede Folge $A_1, A_2, \ldots \in \mathcal{A}$ (A_n nicht notwendig paarweise disjunkt) auch $\bigcup_{n\in\mathbb{N}} A_n \in \mathcal{A}$ ist. Betrachte dazu die disjunkten Mengen

$$B_n := A_n \cap \bigcap_{m=1}^{n-1} \complement A_m = A_n \cap \complement \bigcup_{m=1}^{n-1} A_m = A_n\backslash(\bigcup_{m=1}^{n-1} A_m).$$

Da $\mathcal{A}$ ist nach Voraussetzung $\cap$-stabil und abgeschlossen unter Komplementbildung ist, sind die B_n in $\mathcal{A}$. Damit folgt $\dot\bigcup_{n\in\mathbb{N}} B_n \in \mathcal{A}$ und es reicht zu zeigen, dass

$\dot{\bigcup}_{n\in\mathbb{N}} B_n = \bigcup_{n\in\mathbb{N}} A_n$. Die Inklusion „$\subseteq$" ist offensichtlich. Für die Umkehrung wählen wir $x_0 \in \bigcup_{n\in\mathbb{N}} A_n$. Dann gibt es ein kleinstes $n_0 \in \mathbb{N}$ mit $x_0 \in A_{n_0}$ und es folgt $x_0 \in A_{n_0} \setminus (\bigcup_{n<n_0} A_n) = B_{n_0}$. □

Lösungsvorschlag für Aufgabe 4.13: Wir geben die Lösung exemplarisch für Ringe:

(a) Wegen $\emptyset \in \mathcal{X}_i$ für alle $i \in I$ gilt $\emptyset \in \bigcap_{i\in I} \mathcal{X}_i$.

(b) Für $A, B \in \bigcap_{i\in I} \mathcal{X}_i$ gilt $A \cup B \in \mathcal{X}_i$ für alle $i \in I$, das heißt, $A \cup B \in \bigcap_{i\in I} \mathcal{X}_i$.

(c) Für $A, B \in \bigcap_{i\in I} \mathcal{X}_i$ gilt $A \setminus B \in \mathcal{X}_i$ für alle $i \in I$, das heißt, $A \setminus B \in \bigcap_{i\in I} \mathcal{X}_i$. □

Lösungsvorschlag für Aufgabe 4.14: Die Mengensysteme

$$\begin{aligned} S_1 &= \{\emptyset, \{1\}, \{2\}, \{3\}, \{1,2,3\}\}, \\ S_2 &= \{\emptyset, \{1\}, \{2,3\}, \{1,2,3\}\} \end{aligned}$$

sind zwei Semiringe über $\Omega = \{1, 2, 3\}$. Der Schnitt

$$S = S_1 \cap S_2 = \{\emptyset, \{1\}, \{1,2,3\}\}$$

ist zwar gegenüber der Durchschnittsbildung abgeschlossen, doch es gilt:

$$\begin{aligned} S_1 &: \{1,2,3\}\setminus\{1\} = \{2,3\} = \{2\} \cup \{3\} \text{ mit } \{2\}, \{3\} \in S_1, \\ S_2 &: \{1,2,3\}\setminus\{1\} = \{2,3\} \in S_2, \\ S &: \{1,2,3\}\setminus\{1\} = \{2,3\} \notin S. \end{aligned}$$

□

Lösungsvorschlag für Aufgabe 4.15: Die Existenz eines solchen Systems folgt aus der Tatsache, dass die Potenzmenge $\mathcal{P}(\Omega)$ die Menge $\mathcal{B}$ umfasst und alle Eigenschaften eines Ringes, einer Algebra, eines Dynkin-Systems bzw. einer σ-Algebra besitzt. Die Behauptung ergibt sich nun unmittelbar aus Aufgabe 4.13, wonach der Durchschnitt von Ringen, Algebren, Dynkin-Systemen bzw σ-Algebren wieder ein Ring, eine Algebra, ein Dynkin-System bzw. eine σ-Algebra ist. □

Lösungsvorschlag für Aufgabe 4.16: Da jede σ-Algebra auch ein Dynkin-System ist, gilt $\mathcal{D}(\mathcal{E}) \subseteq \sigma(\mathcal{E})$. Ist umgekehrt $\mathcal{D}(\mathcal{E})$ als σ-Algebra nachgewiesen, folgt auch $\sigma(\mathcal{E}) \subseteq \mathcal{D}(\mathcal{E})$ und somit $\mathcal{D}(\mathcal{E}) = \sigma(\mathcal{E})$. Nach Aufgabe 4.12 muss deshalb nur noch überprüft werden, ob $\mathcal{D}(\mathcal{E})$ mit je zwei Mengen A und B auch $A \cap B$ enthält. Dafür zeigen wir, dass für jedes $A \in \mathcal{D}(\mathcal{E})$ das System

$$\mathcal{D}_A := \{C \subseteq \Omega \mid A \cap C \in \mathcal{D}(\mathcal{E})\}$$

ein Dynkin-System ist. Wegen $A \cap \Omega = A \in \mathcal{D}(\mathcal{E})$ ist $\Omega \in \mathcal{D}_A$. Seien weiter $B, C \in \mathcal{D}_A$ mit $B \subseteq C$. Dann ist $(A \cap C) \setminus (A \cap B) \in \mathcal{D}(\mathcal{E})$, weil $A \cap B \subseteq A \cap C$ und $\mathcal{D}(\mathcal{E})$ Dynkin-System ist. Es gilt aber $(A \cap C) \setminus (A \cap B) = A \cap (C \setminus B)$, so dass $C \setminus B \in \mathcal{D}_A$. Sei nun $(D_n)_{n\in\mathbb{N}}$ eine Folge paarweise disjunkter Mengen aus $\mathcal{D}_A$. Da $\mathcal{D}(\mathcal{E})$ Dynkin-System ist, folgt $\bigcup_{n\in\mathbb{N}} (A \cap D_n) \in \mathcal{D}(\mathcal{E})$ und wegen $\bigcup_{n\in\mathbb{N}} (A \cap D_n) = A \cap \bigcup_{n\in\mathbb{N}} D_n$ ist deshalb $\bigcup_{n\in\mathbb{N}} D_n \in \mathcal{D}_A$. Damit ist nachgewiesen, dass $\mathcal{D}_A$ ein Dynkin-System ist. Für jedes $E \in \mathcal{E}$ gilt $\mathcal{E} \subseteq \mathcal{D}_E$ (weil $\mathcal{E}$ schnittstabil ist) und deshalb $\mathcal{D}(\mathcal{E}) \subseteq \mathcal{D}_E$. Für jedes $D \in \mathcal{D}(\mathcal{E})$ und jedes $E \in \mathcal{E}$ ist also $E \cap D \in \mathcal{D}(\mathcal{E})$. Also gilt $\mathcal{E} \subseteq \mathcal{D}_D$ und somit $\mathcal{D}(\mathcal{E}) \subseteq \mathcal{D}_D$ für jedes $D \in \mathcal{D}(\mathcal{E})$. Nach Definition von $\mathcal{D}_D$ bedeutet das aber, dass $\mathcal{D}(\mathcal{E})$ $\cap$-stabil ist. □

Lösungsvorschlag für Aufgabe 4.17: Wir zeigen zunächst, dass K ein Ring ist: Wegen $\emptyset \in S$ folgt auch sofort $\emptyset \in K$. Seien jetzt $E, D \in K$. Dann gibt es Zerlegungen der Form

$$E = \dot{\bigcup_{i=1}^{m}} A_i, \ A_i \in S \qquad \text{und} \qquad D = \dot{\bigcup_{j=1}^{n}} B_j, \ B_j \in S.$$

Wegen $E \cup D = (E \setminus D) \cup D$ und $(E \setminus D) \cap D = \emptyset$ genügt es $E \setminus D \in K$ zu beweisen. Dazu rechnen wir

$$\begin{aligned} E \setminus D &= \Big(\bigcup_{i=1}^{m} A_i\Big) \setminus \Big(\dot{\bigcup_{j=1}^{n}} B_j\Big) = \Big(\bigcup_{i=1}^{m} A_i\Big) \cap \complement \dot{\bigcup_{j=1}^{n}} B_j = \Big(\bigcup_{i=1}^{m} A_i\Big) \cap \Big(\bigcap_{j=1}^{n} \complement B_j\Big) \\ &= \bigcup_{i=1}^{m} \bigcap_{j=1}^{n} (A_i \cap \complement B_j) = \bigcup_{i=1}^{m} \bigcap_{j=1}^{n} (A_i \setminus B_j) = \bigcup_{i=1}^{m} \bigcap_{j=1}^{n} \dot{\bigcup_{k=1}^{l}} C_{ijk} \\ &= \bigcup_{i=1}^{m} \bigcup_{k=1}^{l} \underbrace{\bigcap_{j=1}^{n} C_{ijk}}_{\in S} \in K, \end{aligned}$$

wobei $A_i \setminus B_j = \dot{\bigcup}_{k=1}^{l} C_{ijk}$ mit $C_{ijk} \in S$ eine passende Zerlegung ist. Jetzt wissen wir, dass K ein Ring ist, der S enthält. Wenn $\mathcal{R}'$ ein weiterer Ring ist, der S enthält, dann enthält $\mathcal{R}'$ auch alle Mengen der Form $E = \bigcup_{i=1}^{m} A_i$ mit $A_i \in S$, das heißt ganz K. Also ist K der von S erzeugte Ring (vgl. Aufgabe 4.13). □

Lösungsvorschlag für Aufgabe 4.18:

(a) Wegen $\Omega' \subseteq \Omega$ ist $\Omega' \cap \Omega = \Omega'$. Mit $\Omega \in \mathcal{F}$ ist deshalb auch $\Omega' \in \mathcal{F}'$.

(b) Sei $A' \in \mathcal{F}'$. Aufgrund der Definition von $\mathcal{F}'$ gibt es ein $A \in \mathcal{F}$ mit $A' = \Omega' \cap A$. Da $\mathcal{F}$ eine σ-Algebra ist, ist $\complement A \in \mathcal{F}$. Dann gilt aber

$$\Omega' \backslash A' = \Omega' \backslash (\Omega' \cap A) = \Omega' \backslash A = \Omega' \cap \complement A \in \mathcal{F}.$$

(c) Sei $(A'_n)_{n\in\mathbb{N}}$ eine Folge von Elementen aus $\mathcal{F}'$. Dann gibt es aufgrund der Definition von $\mathcal{F}'$ eine Folge $(A_n)_{n\in\mathbb{N}}$ von Elementen aus $\mathcal{F}$, so dass $A'_n = \Omega' \cap A_n$ für alle $n \in \mathbb{N}$. Da $\mathcal{F}$ eine σ-Algebra ist, ist $\bigcup_{n\in\mathbb{N}} A_n \in \mathcal{F}$. Aufgrund der Definition von $\mathcal{F}'$ folgt weiter:

$$\Omega' \cap \bigcup_{n\in\mathbb{N}} A_n \in \mathcal{F}'.$$

Es gilt aber

$$\Omega' \cap \bigcup_{n\in\mathbb{N}} A_n = \bigcup_{n\in\mathbb{N}} (\Omega' \cap A_n) = \bigcup_{n\in\mathbb{N}} A'_n, \quad \text{also} \quad \bigcup_{n\in\mathbb{N}} A'_n \in \mathcal{F}'.$$

□

4.5.2 Maße

Lösungsvorschlag für Aufgabe 4.19: Es gilt:

1. $\mu(\emptyset) = \mu(]a, a]) = F(a) - F(a) = 0$.
2. $\mu(]a, b]) = F(b) - F(a) \geq 0$ für $a \leq b$ auf Grund der Monotonie von F.
3. Es seien $]a, b]$ und $]a', b']$ zwei Intervalle aus $\mathbb{I}^1$ mit $b = a'$. Die Eigenschaft $b = a'$ wird gefordert, um $]a, b] \cup]a', b'] =]a, b'] \in \mathbb{I}^1$ und $]a, b] \cap]a', b'] = \emptyset$ sicherzustellen. Dann gilt wegen $b = a'$

$$\begin{aligned} \mu(]a, b] \cup]a', b']) &= \mu(]a, b']) = F(b') - F(a) \\ &= F(a') - F(a) + F(b') - F(a') \\ &= F(b) - F(a) + F(b') - F(a') = \mu(]a, b]) + \mu(]a', b']). \end{aligned}$$

□

Lösungsvorschlag für Aufgabe 4.20: μ nichtnegativ und erfüllt $\mu(\Omega) = 1$. Also muss man nur noch die σ-Additivität nachweisen. Dazu verwenden wir den Umordnungssatz 4.9 für absolut konvergente Reihen.

$$\mu\Big(\dot{\bigcup_{n\in\mathbb{N}}} A_n\Big) = \sum_{m\in\mathbb{N}} \alpha_m \mu_m \Big(\dot{\bigcup_{n\in\mathbb{N}}} A_n\Big) = \sum_{m\in\mathbb{N}} \alpha_m \sum_{n\in\mathbb{N}} \mu_m(A_n)$$
$$= \sum_{n\in\mathbb{N}} \sum_{m\in\mathbb{N}} \alpha_m \mu_m(A_n) = \sum_{n\in\mathbb{N}} \mu(A_n).$$

□

Lösungsvorschlag für Aufgabe 4.21:

(i) Für alle $A, B \in \mathcal{R}$ gilt $A \cup B = A \cup (B\backslash A)$ und $A \cap (B\backslash A) = \emptyset$ sowie $(A \cap B) \cup (B\backslash A) = B$ und $(A \cap B) \cap (B\backslash A) = \emptyset$. Damit ergibt sich

$$\mu(A \cup B) = \mu(A) + \mu(B\backslash A) \quad \text{und} \quad \mu(A \cap B) + \mu(B\backslash A) = \mu(B).$$

Für $\mu(A \cap B) < \infty$ liefert dies $\mu(A \cup B) = \mu(A) + \mu(B) - \mu(A \cap B)$, also die Behauptung. Für $\mu(A \cap B) = \infty$ folgt

$$\mu(A) + \mu(B) = \mu(A) + \mu(A \cap B) + \mu(B\backslash A) = \infty = \mu(A \cup B) + \mu(A \cap B).$$

(ii),(iii) Wegen $A = B \cap A$ finden wir

$$\mu(B) = \mu(A) + \mu(B\backslash A) \geq \mu(A).$$

(iv) Aufgrund von (ii) rechnet man

$$\mu(A \cup B) = \mu(A) + \mu(B\backslash A) \leq \mu(A) + \mu(B).$$

(v) Sei $(A_n)_{n\in\mathbb{N}}$ eine Folge von Elementen aus $\mathcal{R}$ mit $\bigcup_{n\in\mathbb{N}} A_n \in \mathcal{R}$. Wir setzen $B_1 := A_1$ und $B_n := A_n \backslash \bigcup_{m=1}^{n-1} A_m$ für $n \geq 2$. Dann gilt $\dot{\bigcup}_{n\in\mathbb{N}} B_n = \bigcup_{n\in\mathbb{N}} A_n$, $B_n \subseteq A_n$ und $B_n \in \mathcal{R}$ für alle n. Außerdem sind die B_n paarweise disjunkt. Aus der σ-Additivität und der Monotonie von μ folgt dann

$$\mu\Big(\bigcup_{n\in\mathbb{N}} A_n\Big) = \mu\Big(\dot{\bigcup_{n\in\mathbb{N}}} B_n\Big) = \sum_{n\in\mathbb{N}} \mu(B_n) \leq \sum_{n\in\mathbb{N}} \mu(A_n).$$

□

Lösungsvorschlag für Aufgabe 4.22:

(i) Ohne Beschränkung der Allgemeinheit sei $\mu(A_n) < \infty$ für alle $n \in \mathbb{N}$ (sonst ist die Aussage trivialerweise richtig). Wir setzen $B_1 := A_1$ und $B_{n+1} = A_{n+1} \setminus A_n$ für $n \geq 1$. Dann gilt: $B_i \cap B_j = \emptyset$ für $i \neq j$ und $\dot\bigcup_{n\in\mathbb{N}} B_n = \bigcup_{n\in\mathbb{N}} A_n$. Hieraus folgt mit Aufgabe 4.21 (iii)

$$\mu\Big(\bigcup_{n\in\mathbb{N}} A_n\Big) = \mu\Big(\dot\bigcup_{n\in\mathbb{N}} B_n\Big) = \sum_{n\in\mathbb{N}} \mu(B_n) = \mu(A_1) + \sum_{n=1}^{\infty} \mu(A_{n+1} \setminus A_n)$$
$$= \mu(A_1) + \lim_{m\to\infty} \sum_{n=1}^{m} \big(\mu(A_{n+1}) - \mu(A_n)\big) = \lim_{m\to\infty} \mu(A_m).$$

(ii) Allgemein gilt, wieder wegen Aufgabe 4.21 (iii)

$$\mu\Big(\bigcap_{n\in\mathbb{N}} A_n\Big) = \mu\Big(\complement \bigcup_{n\in\mathbb{N}} \complement A_n\Big) = \mu\Big(\Omega \setminus \bigcup_{n\in\mathbb{N}} \complement A_n\Big) = \mu(\Omega) - \mu\Big(\bigcup_{n\in\mathbb{N}} \complement A_n\Big)$$
$$= \mu(\Omega) - \mu\Big(\bigcup_{n\in\mathbb{N}} (\Omega \setminus A_n)\Big).$$

Es gilt aber $\Omega \setminus A_1 \subseteq \Omega \setminus A_2 \subseteq \Omega \setminus A_3 \subseteq \cdots$. Deshalb können wir (i) anwenden und erhalten

$$\mu\Big(\bigcup_{n\in\mathbb{N}} (\Omega \setminus A_n)\Big) = \lim_{n\to\infty} \mu(\Omega \setminus A_n) = \mu(\Omega) - \lim_{n\to\infty} \mu(A_n).$$

Damit ergibt sich

$$\mu\Big(\bigcap_{n\in\mathbb{N}} A_n\Big) = \lim_{n\to\infty} \mu(A_n).$$

□

Lösungsvorschlag für Aufgabe 4.23: Nach dem Darstellungssatz für Ringe aus Aufgabe 4.17 kann jede Menge $E \in \mathcal{R}(S)$ in der Form $E = \bigcup_{i=1}^{p} A_i$, $A_i \in S$ für $i = 1, \ldots, p$ und $A_i \cap A_j = \emptyset$ für $i \neq j$ dargestellt werden. Daher ist μ, wenn es existiert, durch (4.1) eindeutig bestimmt. Die Existenz zeigen wir in mehreren Schritten.

1. Schritt: Die Darstellung von μ ist wohldefiniert, das heißt unabhängig von der gewählten Zerlegung der Menge $E \in \mathcal{R}(S)$ in Mengen A_i aus S.

Seien $E = \dot{\bigcup}_{i=1}^{p} A_i$ und $E = \dot{\bigcup}_{j=1}^{q} B_j$ mit $A_i, B_j \in S$ ($i = 1, \ldots, p$; $j = 1, \ldots, q$) und $A_i \cap A_k = \emptyset$ für $i \neq k$, $B_j \cap B_\ell = \emptyset$ für $j \neq \ell$ zwei endliche Zerlegungen von E. Zu zeigen ist:

$$\sum_{i=1}^{p} \nu(A_i) \overset{!}{=} \sum_{j=1}^{q} \nu(B_j).$$

Offensichtlich sind

$$A_i = A_i \cap E = A_i \cap \left(\dot{\bigcup_{j=1}^{q}} B_j \right) = \dot{\bigcup_{j=1}^{q}} (A_i \cap B_j) \qquad (i = 1, \ldots, p)$$

$$B_j = E \cap B_j = \left(\dot{\bigcup_{i=1}^{p}} A_i \right) \cap B_j = \dot{\bigcup_{i=1}^{p}} (A_i \cap B_j) \qquad (j = 1, \ldots, q)$$

Zerlegungen von A_i und B_j in paarweise disjunkte Mengen $A_i \cap B_j \in S$ für $i = 1, \ldots, p$ und $j = 1, \ldots, q$. Es gilt also

$$\begin{aligned}\sum_{i=1}^{p} \nu(A_i) &= \sum_{i=1}^{p} \nu\left(\dot{\bigcup_{j=1}^{q}} (A_i \cap B_j) \right) = \sum_{i=1}^{p} \sum_{j=1}^{q} \nu(A_i \cap B_j) = \sum_{j=1}^{q} \sum_{i=1}^{p} \nu(A_i \cap B_j) \\ &= \sum_{j=1}^{q} \nu\left(\dot{\bigcup_{i=1}^{p}} (A_i \cap B_j) \right) = \sum_{j=1}^{q} \nu(B_j).\end{aligned}$$

2. Schritt: μ ist ein Inhalt.

Hierfür ist zu zeigen, dass μ nichtnegativ und additiv ist. Dass μ nichtnegativ ist, folgt unmittelbar aus der Definition von μ. Sei $E = E' \cup E''$ mit $E' \cap E'' = \emptyset$ und $E, E', E'' \in \mathcal{R}(S)$. Dann existieren nach dem Darstellungssatz für Ringe aus Aufgabe 4.17 Zerlegungen

$$E' = \dot{\bigcup_{i=1}^{p}} A'_i, \quad E'' = \dot{\bigcup_{j=1}^{q}} A''_j, \quad A'_i, A''_j \in S, \quad i = 1, \ldots, p, \quad j = 1, \ldots, q,$$

so dass

$$E = E' \cup E'' = \bigcup_{i=1}^{p} A'_i \cup \bigcup_{j=1}^{q} A''_j.$$

Da $A'_i \cap A''_j = \emptyset$ wegen $E' \cap E'' = \emptyset$, ergibt sich

$$\mu(E) = \sum_{i=1}^{p} \nu(A'_i) + \sum_{j=1}^{q} \nu(A''_j) = \mu(E') + \mu(E'').$$

3. Schritt: Ist ν Prämaß, dann ist auch seine Erweiterung ein Prämaß, das heißt, ist ν σ-additiv, so ist auch μ σ-additiv.

Sei $E = \dot\bigcup_{n\in\mathbb{N}} E_n$ eine Zerlegung von $E \in \mathcal{R}(S)$ mit $E_n \in \mathcal{R}(S)$, $E_n \cap E_m = \emptyset$ für $n \neq m$. Zu zeigen ist:

$$\mu(E) \overset{!}{=} \sum_{n\in\mathbb{N}} \mu(E_n).$$

Aufgrund des Darstellungssatzes für Ringe existieren für E und E_n Zerlegungen

$$E = \dot\bigcup_{i=1}^{p} A_i, \quad A_i \in S, \; A_i \cap A_j = \emptyset \text{ für } i \neq j,$$

$$E_n = \dot\bigcup_{j=1}^{p_n} B_{nj}, \quad B_{nj} \in S, \; B_{nj} \cap B_{nk} = \emptyset \text{ für } j \neq k.$$

Hieraus folgt:

$$E = \dot\bigcup_{n=1}^{\infty} \dot\bigcup_{j=1}^{p_n} B_{nj},$$

$$A_i = A_i \cap E = \dot\bigcup_{n=1}^{\infty} \dot\bigcup_{j=1}^{p_n} (A_i \cap B_{nj}),$$

$$B_{nj} = E \cap B_{nj} = \dot\bigcup_{i=1}^{p} (A_i \cap B_{nj}).$$

Die Mengen $A_i \cap B_{nj}$ sind paarweise disjunkt. Folglich liefert der Umordnungssatz [MfA, Satz 4.9] für absolut konvergente Reihen

$$\begin{aligned}
\mu(E) &= \sum_{i=1}^{p} \nu(A_i) = \sum_{i=1}^{p} \nu\left(\dot\bigcup_{n=1}^{\infty} \dot\bigcup_{j=1}^{p_n} (A_i \cap B_{nj}) \right) = \sum_{i=1}^{p} \sum_{n=1}^{\infty} \sum_{j=1}^{p_n} \nu(A_i \cap B_{nj}) \\
&= \sum_{n=1}^{\infty} \sum_{j=1}^{p_n} \sum_{i=1}^{p} \nu(A_i \cap B_{nj}) = \sum_{n=1}^{\infty} \sum_{j=1}^{p_n} \nu\left(\dot\bigcup_{i=1}^{p} (A_i \cap B_{nj}) \right) = \sum_{n=1}^{\infty} \sum_{j=1}^{p_n} \nu(B_{nj}) \\
&= \sum_{n=1}^{\infty} \mu(E_n).
\end{aligned}$$

□

Lösungsvorschlag für Aufgabe 4.24: Zu zeigen ist, dass für jedes $M \in \sigma(\mathcal{M})$ gilt $\mu_1(M) = \mu_2(M)$. Für $E \in \mathcal{M}$ mit $\mu_1(E) = \mu_2(E) < \infty$ setzen wir

$$\mathcal{D}_E := \{D \in \sigma(\mathcal{M}) \mid \mu_1(E \cap D) = \mu_2(E \cap D)\}.$$

Behauptung: $\mathcal{D}_E$ ist ein Dynkin-System, das $\mathcal{M}$ enthält.

(a) Wegen $\mu_1(E \cap \Omega) = \mu_1(E) = \mu_2(E) = \mu_2(E \cap \Omega)$ gilt $\Omega \in \mathcal{D}_E$.
(b) Mit Aufgabe 4.21 rechnen wir

$$\begin{aligned}\mu_1(E \cap \complement D) &= \mu_1(E \setminus D) = \mu_1(E) - \mu_1(E \cap D) = \mu_2(E) - \mu_2(E \cap D)\\ &= \mu_2(E \cap \complement D),\end{aligned}$$

falls $D \in \mathcal{D}_E$. Also gilt $\complement D \in \mathcal{D}_E$.
(c) Sei $(D_n)_{n\in\mathbb{N}}$ eine Folge paarweise disjunkter Elemente von $\mathcal{D}_E$. Dann gilt

$$\begin{aligned}\mu_1\Big(E \cap \dot{\bigcup_{n\in\mathbb{N}}} D_n\Big) &= \mu_1\Big(\dot{\bigcup_{n\in\mathbb{N}}}(E \cap D_n)\Big) = \sum_{n\in\mathbb{N}} \mu_1(E \cap D_n) = \sum_{n\in\mathbb{N}} \mu_2(E \cap D_n)\\ &= \mu_2\Big(E \cap \dot{\bigcup_{n\in\mathbb{N}}} D_n\Big),\end{aligned}$$

also $\dot{\bigcup}_{n\in\mathbb{N}} D_n \in \mathcal{D}_E$.

Da mit $A, B \in \mathcal{M}$ auch $A \cap B \in \mathcal{M}$, gilt $\mathcal{M} \subseteq \mathcal{D}_E$. Damit ist die Behauptung bewiesen.

Es gilt also für das von $\mathcal{M}$ erzeugte Dynkin-System $\mathcal{D}(\mathcal{M})$ die Beziehung $\mathcal{D}(\mathcal{M}) \subseteq \mathcal{D}_E$ und Aufgabe 4.16 liefert $\mathcal{D}(\mathcal{M}) = \mathcal{D}_E = \sigma(\mathcal{M})$. Wir erhalten

$$\forall\, A \in \sigma(\mathcal{M}) \text{ und } E \in \mathcal{M} \text{ mit } \mu_1(E) = \mu_2(E) < \infty : \quad \mu_1(E \cap A) = \mu_2(E \cap A).$$

Aufgrund der σ-Endlichkeit von μ_1 und μ_2 existiert eine aufsteigende Folge $(A_n)_{n\in\mathbb{N}}$ von Mengen aus $\mathcal{M}$ mit $\bigcup_{n\in\mathbb{N}} A_n = \Omega$ und $\mu_1(A_n) = \mu_2(A_n) < \infty$ für alle $n \in \mathbb{N}$. Mit obigem Argument finden wir

$$\forall\, A \in \sigma(\mathcal{M}),\ n \in \mathbb{N} : \quad \mu_1(A_n \cap A) = \mu_2(A_n \cap A).$$

Mit Aufgabe 4.22 finden wir jetzt

$$\forall\, A \in \sigma(\mathcal{M}) : \quad \mu_1(A) = \lim_{n\to\infty} \mu_1(A_n \cap A) = \lim_{n\to\infty} \mu_2(A_n \cap A) = \mu_2(A).$$

□

Lösungsvorschlag für Aufgabe 4.25: Wenn μ auf $\mathbb{I}^n$ endlich ist, dann ist μ ein Borel-Maß, weil jede kompakte Teilmenge $K \subseteq \mathbb{R}^n$ nach dem Satz von Heine-Borel [MfA, Satz 3.62] beschränkt, also in einem Intervall der Form $]a, b]_{(n)}$ mit $a, b \in \mathbb{R}^n$ enthalten ist.

Umgekehrt, wenn μ ein Borel-Maß ist, dann ist μ endlich auf $\mathbb{I}^n$ weil $[a, b]_{(n)}$ für jedes $a, b \in \mathbb{R}^n$ kompakt ist und $]a, b]_{(n)}$ enthält. □

Lösungsvorschlag für Aufgabe 4.26: $\mathbb{I}^n$ ist als Semiring (siehe Aufgabe 4.10) $\cap$-stabil und μ ist nach Aufgabe 4.25 endlich auf $\mathbb{I}^n$. Es gilt $\mathcal{B}^n = \sigma(\mathbb{I}^n)$ und außerdem haben wir

$$\bigcup_{n=1}^{\infty}](-n, \ldots, -n), (n, \ldots, n)]_{(n)} = \mathbb{R}^n.$$

Damit ist μ σ-endlich auf $\mathbb{I}^n$ und die Behauptung folgt aus Aufgabe 4.24. □

Lösungsvorschlag für Aufgabe 4.27: Der Darstellungssatz für Ringe aus Aufgabe 4.17 besagt, dass man jedes $B \in \mathcal{R}$ in der Form $B = \dot{\bigcup}_{i=1}^{n} C_i$ mit $n \in \mathbb{N}$, $C_i \in S$, $C_i \cap C_j = \emptyset, i \neq j$ darstellen kann. Daraus folgt $(C_1, C_2, \ldots, C_n, \emptyset, \emptyset, \ldots) \in \widehat{S}(B)$ und dann $\mu^*(B) \leq \sum_{i=1}^{n} \mu(C_i) = \mu(B)$.

Umgekehrt gibt es zwei Fälle: Wenn $\mu^*(B) = \infty$, ist alles gezeigt. Wenn $\mu^*(B) < \infty$, so gilt $\widehat{S}(B) \neq \emptyset$. Es sei nun $(A_n)_{n\in\mathbb{N}} \in \widehat{S}(B)$. Weil Ringe schnittstabil sind (vgl. Aufgabe 4.11), folgt $A_n \cap B \in \mathcal{R}$. Wegen $\bigcup_{n=1}^{\infty} A_n \supset B$ gilt $B = \bigcup_{n=1}^{\infty}(A_n \cap B)$. Setze $D_1 := (A_1 \cap B)$ und $D_n := (A_n \cap B) \setminus \bigcup_{j=1}^{n-1}(A_j \cap B) \in \mathcal{R}$ für $n \geq 2$. Hieraus ergibt sich $B = \dot{\bigcup}_{n=1}^{\infty} D_n$, $D_i \cap D_j = \emptyset$ für $i \neq j$. Da μ ein Prämaß ist und $D_n \subseteq A_n$ für alle $n \in \mathbb{N}$ gilt, folgt $\mu(B) = \sum_{n=1}^{\infty} \mu(D_n) \leq \sum_{n=1}^{\infty} \mu(A_n)$. Damit hat man schließlich $\mu(B) \leq \mu^*(B)$. □

Lösungsvorschlag für Aufgabe 4.28: Für ein äußeres Maß μ^* auf M und $A, E \subseteq M$ gilt die Abschätzung

$$\mu^*(E) \leq \mu^*(E \cap A) + \mu^*(E \cap (M \setminus A))$$

nach Definition des äußeren Maßes. Um die μ^*-Messbarkeit von A zeigen, muss man also nur die umgekehrte Ungleichung beweisen, die im Falle $\mu^*(E) = \infty$ trivial wird. Zu zeigen bleibt also nur die Abschätzung (4.3). □

Lösungsvorschlag für Aufgabe 4.29: Da die Definition der μ^*-Messbarkeit symmetrisch in A und $M \setminus A$ ist, ist $\mathcal{M}$ abgeschlossen unter Komplementbildung.

Seien jetzt $A, B \in \mathcal{M}$ und $E \subseteq M$, dann gilt wegen

$$A \cup B = (A \cap B) \cup (A \cap (M \setminus B)) \cup (B \cap (M \setminus A))$$

und $M \setminus (A \cup B) = (M \setminus A) \cap (M \setminus B)$, dass

$$\begin{aligned}\mu^*(E) =&\mu^*(E \cap A) + \mu^*(E \cap (M \setminus A))\\ =&\mu^*(E \cap A \cap B) + \mu^*(E \cap A \cap (M \setminus B)) + \mu^*(E \cap (M \setminus A) \cap B)\\ &+ \mu^*(E \cap (M \setminus A) \cap (M \setminus B))\\ \geq&\mu^*(E \cap (A \cup B)) + \mu^*(E \cap (M \setminus (A \cup B))),\end{aligned}$$

also nach Aufgabe 4.28 $A \cup B \in \mathcal{M}$. Wenn $A, B \in \mathcal{M}$ disjunkt sind, finden wir

$$\mu^*(A \cup B) = \mu^*((A \cup B) \cap A) + \mu^*((A \cup B) \cap (M \setminus A)) = \mu^*(A) + \mu^*(B),$$

das heißt, μ^* ist endlich additiv auf $\mathcal{M}$.

Sei jetzt $(A_j)_{j \in \mathbb{N}}$ eine Folge disjunkter Mengen in $\mathcal{M}$. Wir setzen $B_n := \dot{\bigcup}_{j=1}^n A_j$ und $B = \dot{\bigcup}_{j \in \mathbb{N}} A_j$. Dann gilt für jedes $E \subseteq M$

$$\begin{aligned}\mu^*(E \cap B_n) &= \mu^*(E \cap B_n \cap A_n) + \mu^*(E \cap B_n \cap (M \setminus A_n))\\ &= \mu^*(E \cap A_n) + \mu^*(E \cap B_{n-1})\end{aligned}$$

und mit Induktion sieht man $\mu^*(E \cap B_n) = \sum_{j=1}^n \mu^*(E \cap A_j)$. Dies wiederum zeigt

$$\mu^*(E) = \mu^*(E \cap B_n) + \mu^*(E \cap (M \setminus B_n)) \geq \mu^*(E \cap (M \setminus B)) + \sum_{j=1}^{n} \mu^*(E \cap A_j).$$

Jetzt lässt man n gegen ∞ gehen und findet mit der σ-Subadditivität von μ^*

$$\begin{aligned}\mu^*(E) &\geq \mu^*(E \cap (M \setminus B)) + \sum_{j=1}^{\infty} \mu^*(E \cap A_j) \geq \mu^*\Big(\bigcup_{j=1}^{\infty}(E \cap A_j)\Big) + \mu^*(E \cap (M \setminus B))\\ &= \mu^*(E \cap B) + \mu^*(E \cap (M \setminus B)) \geq \mu^*(E).\end{aligned}$$

Damit gilt $B \in \mathcal{M}$ und man hat gezeigt, dass $\mathcal{M}$ eine σ-Algebra ist. Aber wenn man in dieser Rechnung $E = B$ setzt, folgt zudem

$$\mu^*(B) = \sum_{j=1}^{\infty} \mu^*(B \cap A_j) = \sum_{j=1}^{\infty} \mu^*(A_j),$$

das heißt, μ^* ist σ-additiv auf $\mathcal{M}$, also ein Maß.

Bleibt die Vollständigkeit zu zeigen. Wenn aber $\mu^*(A) = 0$, dann gilt für jedes $E \subseteq M$

$$\mu^*(E) \leq \mu^*(E \cap A) + \mu^*(E \cap (M \setminus A)) = \mu^*(E \cap (M \setminus A)) \leq \mu^*(E).$$

Damit gilt $A \in \mathcal{M}$, was die Vollständigkeit zeigt. □

Lösungsvorschlag für Aufgabe 4.30: Es seien $B \in S$ und $U \subseteq \Omega$ beliebig. Nach Aufgabe 4.28 genügt es

$$\mu^*(U) \geq \mu^*(U \cap B) + \mu^*(U \cap \complement B) \tag{4.4}$$

zu zeigen. Ist $\widehat{S}(U) = \emptyset$, folgt $\mu^*(U) = \infty$, und wir sind fertig. Wir können also annehmen, dass $\widehat{S}(U) \neq \emptyset$. Es sei nun $(A_n)_{n\in\mathbb{N}} \in \widehat{S}(U)$. Wegen $A_j \in S$ findet man $D_{j,i} \in S$ mit $D_{j,i_1} \cap D_{j,i_2} = \emptyset$ für $i_1 \neq i_2$, $j \in \mathbb{N}$ und

$$A_j \backslash B = \dot{\bigcup_{i=1}^{n_j}} D_{j,i}.$$

Somit folgt $\Delta_1 := (A_j \cap B)_{j\in\mathbb{N}} \in \widehat{S}(U \cap B)$ und $\Delta_2 := (D_{j,i})_{j\in\mathbb{N},1\leq i\leq n_j} \in \widehat{S}(U\backslash B) = \widehat{S}(U \cap \complement B)$. Da μ additiv auf S ist, ergibt sich mit dem Maßfortsetzungssatz aus Aufgabe 4.23

$$\mu(A_j) = \mu(A_j \cap B) + \mu(A_j\backslash B) = \mu(A_j \cap B) + \sum_{i=1}^{n_j} \mu(D_{j,i})$$

für alle $j \in \mathbb{N}$, wobei zu beachten ist, dass $A_j \setminus B$ nicht notwendigerweise in S liegt. Hieraus folgt mit der Definition von $\widehat{S}(U \cap B)$ bzw. $\widehat{S}(U \cap \complement B)$

$$\sum_{j=1}^{\infty} \mu(A_j) = \sum_{E_1\in\Delta_1} \mu(E_1) + \sum_{E_2\in\Delta_2} \mu(E_2) \geq \mu^*(U \cap B) + \mu^*(U \cap \complement B)$$

für jedes $(A_j)_{j\in\mathbb{N}} \in \hat{S}(U)$. Daraus ergibt sich durch Infimumsbildung

$$\mu^*(U) \geq \mu^*(U \cap B) + \mu^*(U \cap \complement B).$$

□

Lösungsvorschlag für Aufgabe 4.31: Die Existenz wird durch den Hinweis in der Aufgabe gesichert. Dies liefert gleichzeitig die Formel für ν. Sei jetzt μ σ-endlich. Dann gibt es $A_1 \subseteq A_2 \subseteq \ldots$ in S mit $\bigcup_{n\in\mathbb{N}} A_n = \Omega$ und $\mu(A_n) < \infty$ für alle $n \in \mathbb{N}$. Wegen $\nu(A_n) = \mu(A_n)$ folgt damit auch die σ-Endlichkeit von ν. Die Eindeutigkeitsaussage folgt jetzt unmittelbar aus dem Eindeutigkeitssatz in Aufgabe 4.24.

□

4.5.3 Integrale

Lösungsvorschlag für Aufgabe 4.32: Da $[a, b]$ kompakt ist, existieren das Minimum $m := \min_{x \in [a,b]} f(x)$ und das Maximum $M := \max_{x \in [a,b]} f(x)$. Es gilt

$$\forall t \in [a, b]: \quad mg(t) \leq f(t)g(t) \leq Mg(t)$$

und Integration liefert

$$m \int_a^b g \leq \int_a^b fg \leq M \int_a^b g.$$

Es gilt aber auch

$$\forall t \in [a, b]: \quad m \int_a^b g \leq f(t) \int_a^b g \leq M \int_a^b g,$$

wobei nach dem Zwischenwertsatz [MfA, Satz 3.13] jeder Zwischenwert angenommen wird, weil f stetig ist. Aber dann gibt es ein $\xi \in [a, b]$ mit

$$\int_a^b fg = f(\xi) \int_a^b g.$$

□

Lösungsvorschlag für Aufgabe 4.33:

(i) Seien E_j mit $j \in \mathbb{N}$ Nullmengen. Wir definieren

$$E'_j := E_j \setminus \bigcup_{k=1}^{j-1} E_j.$$

Dann gilt

$$E := \bigcup_{j \in \mathbb{N}} E_j = \dot{\bigcup_{j \in \mathbb{N}}} E'_j$$

und die σ-Additivität von μ liefert zusammen mit der Monotonie

$$\mu(E) = \sum_{j \in \mathbb{N}} \mu(E'_j) \leq \sum_{j \in \mathbb{N}} \mu(E_j) = 0.$$

(ii) Wenn $f = \sum_{j=1}^{k} a_j \chi_{E_j}$ eine einfache Funktion ist, dann folgt die Behauptung sofort aus $\int f = \sum_{j=1}^{k} a_j \mu(E_j)$. Für allgemeines f nehmen wir zunächst an, dass $f = 0$ (f.ü.). Wenn ϕ eine einfache Funktion mit $0 \leq \phi \leq f$ ist, dann ist $\phi = 0$ (f.ü.), also gilt $\int \phi = 0$. Damit folgt $\int f = 0$ nach der Definition des Integrals.
Umgekehrt sei $\int f = 0$, dann setzen wir

$$E_k := \{x \in M \mid f(x) \geq \tfrac{1}{k}\}.$$

Es gilt für jedes $k \in \mathbb{N}$

$$\mu(E_k) = k \int_{E_k} \tfrac{1}{k} \leq k \int f = 0,$$

also impliziert

$$M = \{x \in M \mid f(x) = 0\} \cup \bigcup_{k \in \mathbb{N}} E_k$$

nach (i) die Behauptung. □

Lösungsvorschlag für Aufgabe 4.34: In folgenden Fällen sind die Aussagen wegen Aufgabe 4.33 trivial:

$$\|f\|_p \, \|g\|_q = 0, \quad \|f\|_p = \infty, \quad \|g\|_q = \infty.$$

Wenn keiner dieser Fälle gilt, können wir setzen

$$a(x) := \left|\tfrac{f(x)}{\|f\|_p}\right|^p \quad \text{und} \quad b(x) := \left|\tfrac{f(x)}{\|f\|_q}\right|^q \quad \text{sowie} \quad \lambda = \tfrac{1}{p}.$$

Mit Aufgabe 3.20 folgt dann die Ungleichung

$$\frac{|f(x)g(x)|}{\|f\|_p \, \|g\|_q} \leq \frac{|f(x)|^p}{p \int_M |f(x)|^p \, \mathrm{d}\mu(x)} + \frac{|g(x)|^q}{q \int_M |g(x)|^q \, \mathrm{d}\mu(x)}, \tag{4.5}$$

die durch Integration

$$\frac{\|fg\|_1}{\|f\|_p \, \|g\|_q} \leq \frac{1}{p} + \frac{1}{q} = 1$$

liefert. Gleichheit gilt in dieser Ungleichung genau dann, wenn in (4.5) die Gleichheit μ-fast überall gilt, was aber, wieder mit Aufgabe 3.20, bedeutet, dass $a(x) = b(x)$ für μ-fast alle x. Damit folgt die Behauptung. □

Lösungsvorschlag für Aufgabe 4.35:

(i) Die Ungleichungskette ist punktweise klar.

(ii) Nach Aufgabe 4.33 gilt $\|f\|_p = 0$ genau dann, wenn $|f|^p = 0$ μ-fast überall, was wiederum gleichbedeutend ist mit $f = 0$ μ-fast überall.

(iii) Ist klar.

(iv) Für $p = 1$ folgt die Behauptung aus

$$\begin{aligned}\int_M |f(x) + g(x)| \,\mathrm{d}\mu(x) &\leq \int_M (|f(x)| + |g(x)|) \,\mathrm{d}\mu(x) \\ &= \int_M |f(x)| \,\mathrm{d}\mu(x) + \int_M |g(x)| \,\mathrm{d}\mu(x).\end{aligned}$$

Für $1 < p < \infty$ stellen wir zunächst fest, dass

$$|f + g|^p \leq (|f| + |g|)\, |f + g|^{p-1}.$$

Mit dem zu p konjugierten Exponenten q, der $(p-1)q = p$ erfüllt, liefert die Hölder-Ungleichung aus Aufgabe 4.34

$$\begin{aligned}\int_M |f(x) + g(x)|^p \,\mathrm{d}\mu(x) \leq &\int_M |f(x)|\, |f(x) + g(x)|^{p-1} \,\mathrm{d}\mu(x) \\ &+ \int_M |g(x)|\, |f(x) + g(x)|^{p-1} \,\mathrm{d}\mu(x) \\ =&\|f\,(f+g)^{p-1}\|_1 + \|g\,(f+g)^{p-1}\|_1 \\ \leq&\|f\|_p\, \|(f+g)^{p-1}\|_q + \|g\|_p\, \|(f+g)^{p-1}\|_q \\ =&(\|f\|_p + \|g\|_p) \left(\int_M |f(x) + g(x)|^p \,\mathrm{d}\mu(x)\right)^{\frac{1}{q}}.\end{aligned}$$

Daraus ergibt sich

$$\|f + g\|_p = \left(\int_M |f(x) + g(x)|^p \,\mathrm{d}\mu(x)\right)^{1-\frac{1}{q}} \leq \|f\|_p + \|g\|_p.$$

□

Lösungsvorschlag für Aufgabe 4.36:

(i) Das Maß von $[0, 1] \setminus C =]\frac{1}{3}, \frac{2}{3}[\cup]\frac{1}{9}, \frac{2}{9}[\cup]\frac{7}{9}, \frac{8}{9}[\cup \ldots$ ist $\frac{1}{3} + \frac{2}{9} + \frac{4}{27} + \ldots$ und das berechnet sich mit der geometrischen Reihe zu

$$\frac{1}{3} \sum_{j=0}^{\infty} \left(\frac{2}{3}\right)^j = \frac{1}{3} \frac{1}{1 - \frac{2}{3}} = \frac{1}{3 - 2} = 1.$$

Also ist das Lebesgue-Maß $\lambda([0,1] \setminus C) = 1$ und wegen

$$1 = \lambda([0,1]) = \lambda(([0,1] \setminus C) \cup C) = \lambda([0,1] \setminus C) + \lambda(C) = 1 + \lambda(C)$$

gilt $\lambda(C) = 0$.

(ii) Wir schreiben $a \in \,]0,1[$ im Dreiersystem, das heißt

$$a = \sum_{j=1}^{\infty} a_j 3^{-j}$$

mit $a_j \in \{0,1,2\}$. Die Voraussetzung an a sagt, dass die Folge der a_j aber nicht mit einer unendlichen Anzahl von 0en oder 2en endet. Wir untersuchen, in welchem Drittel von $[0,1]$ die Zahl a liegt, je nachdem, welches a_1 vorliegt.

$a_1 = 0$: $0 < a = \frac{1}{3}\sum_{j=1}^{\infty} a_{j+1}3^{-j} < \frac{2}{3}\sum_{j=1}^{\infty} 3^{-j} = \frac{2}{3}\left(\frac{1}{1-\frac{1}{3}} - 1\right) = \frac{1}{3}$, das heißt $a \in \,]0, \frac{1}{3}[$.
$a_1 = 1$: $\frac{1}{3} < a = \frac{1}{3} + \sum_{j=2}^{\infty} a_j 3^{-j} < \frac{1}{3} + \frac{2}{3}\sum_{j=1}^{\infty} 3^{-j} = \frac{2}{3}$, das heißt $a \in \,]\frac{1}{3}, \frac{2}{3}[$.
$a_1 = 2$: $\frac{2}{3} < a < 1$, das heißt $a \in \,]\frac{2}{3}, 1[$.

Zusammen sehen wir, dass $a \notin \,]\frac{1}{3}, \frac{2}{3}[$ genau dann gilt, wenn $a_1 \neq 1$ ist.
Jetzt führen wir eine Induktion über j durch, das heißt, wir nehmen an, dass $a_1, \ldots, a_{j-1} \in \{0,2\}$ und führen das obige Argument für a_j statt a_1 durch. Dabei beachten wir, dass für $s_j := \sum_{k=1}^{j-1} a_k 3^{-k}$ gilt

$$a \in \,]s_j, s_j + \tfrac{1}{3^{j-1}}[.$$

Die Untersuchung, in welchem Drittel dieses Intervalls a in Abhängigkeit von a_j liegt, ergibt

$a_j = 0$: $s_j < a = s_j + \frac{1}{3^j}\sum_{k=1}^{\infty} a_{k+j}3^{-j} < s_j + \frac{1}{3}$, das heißt $a \in \,]s_j, s_j + \frac{1}{3^j}[$.
$a_j = 1$: $s_j + \frac{1}{3^j} < a < s_j + \frac{2}{3^j}$, das heißt $a \in \,]s_j + \frac{1}{3^j}, s_j + \frac{2}{3^j}[$.
$a_j = 2$: $s_j + \frac{2}{3^j} < a < s_j + \frac{3}{3^j}$, das heißt $a \in \,]s_j + \frac{2}{3^j}, s_j + \frac{3}{3^j}[$.

Zusammen sehen wir, dass $a \notin \,]s_j + \frac{1}{3^j}, s_j + \frac{2}{3^j}[$ genau dann gilt, wenn $a_j \neq 1$ ist. Wenn also alle $a_j \in \{0,2\}$ gilt, dann liegt a in keinem der offenen Intervalle, die man aus $[0,1]$ herausgenommen hat, um C zu bilden. Mit anderen Worten, $a \in C$. Umgekehrt, wenn $a \in C$, dann liegt a in keinem der offenen Intervalle, die man aus $[0,1]$ herausgenommen hat, um C zu bilden. Also gilt $a_j \in \{0,2\}$ für alle j.

(iii) Wir schreiben die Elemente von $b \in]0,1]$ im Zweiersystem, das heißt $b = \sum_{j=1} b_j 2^{-j}$ mit $b_j \in \{0,1\}$ und die Folge der b_j endet nicht mit einer unendlichen Folge von 1en. Die Abbildung

$$\mathbb{R} \to C, \quad \sum_{j=1} b_j 2^{-j} \mapsto \sum_{j=1} 2b_j 3^{-j}$$

ist injektiv, denn die Folge der $2b_j$ endet nicht mit einer unendlichen Folge von 2en (und die Entwicklung im Dreiersystem ist unter dieser Voraussetzung eindeutig). Wenn die Folge der $2b_j$ mit einer unendlichen Folge von Nullen endet, ist die Summe $\sum_{j=1} b_j 2^{-j}$ endlich und b rational. Da die rationalen Zahlen abzählbar sind, das Intervall $]0,1]$ aber nicht (siehe Aufgabe 4.8), liefert (ii), dass es eine überabzählbare Teilmenge von C gibt. Also ist auch C überabzählbar. □

4.5.4 Produktmaße und iterierte Integrale

Lösungsvorschlag für Aufgabe 4.37:

(i) Mit der Translationsinvarianz des Lebesgue-Maßes rechnet man

$$(f * g)(x) = \int_{\mathbb{R}^n} f(x-y)g(y)\,\mathrm{d}y = \int_{\mathbb{R}^n} f(z)g(x-z)\,\mathrm{d}z = (g * f)(x).$$

(ii) Hier benützt man (i) und den Satz von Fubini [MfA, Satz 4.62], um zu rechnen

$$\begin{aligned}
\big((f*g)*h\big)(x) &= \int_{\mathbb{R}^n} (g*f)(x-y)h(y)\,\mathrm{d}y \\
&= \int_{\mathbb{R}^n}\int_{\mathbb{R}^n} g(x-y-z)f(z)h(y)\,\mathrm{d}z\,\mathrm{d}y \\
&= \int_{\mathbb{R}^n} f(z)\int_{\mathbb{R}^n} g(x-y-z)h(y)\,\mathrm{d}y\,\mathrm{d}z \\
&= \int_{\mathbb{R}^n} f(z)\int_{\mathbb{R}^n} (h*g)(x-z)\,\mathrm{d}z = \big(f*(g*h)\big)(x).
\end{aligned}$$

□

Lösungsvorschlag für Aufgabe 4.38: Um die Ungleichung zu zeigen, können wir annehmen, dass f und g nur Werte in $\mathbb{R}_{\geq 0}$ haben, indem wir f und g durch ihre Beträge ersetzen. Die Abbildung $\mathbb{R}^n \times \mathbb{R}^n \to [0,\infty[,\ (x,y) \mapsto f(x-y)g(y)$ ist messbar. Mit dem Satz von Tonelli [MfA, Satz 4.61] und der Translationsinvarianz des Lebesgue-Maßes rechnen wir

$$\begin{aligned}
\int_{\mathbb{R}^n} (f*g)(x)\,\mathrm{d}x &= \int_{\mathbb{R}^n}\Big(\int_{\mathbb{R}^n} f(x-y)g(y)\,\mathrm{d}y\Big)\mathrm{d}x = \int_{\mathbb{R}^n}\Big(\int_{\mathbb{R}^n} f(x-y)g(y)\,\mathrm{d}x\Big)\mathrm{d}y \\
&= \int_{\mathbb{R}^n} g(y)\Big(\int_{\mathbb{R}^n} f(x-y)\,\mathrm{d}x\Big)\mathrm{d}y = \int_{\mathbb{R}^n} g(y)\Big(\int_{\mathbb{R}^n} f(x)\,\mathrm{d}x\Big)\mathrm{d}y \\
&= \int_{\mathbb{R}^n} g(y)\|f\|_1\,\mathrm{d}y = \|g\|_1\|f\|_1.
\end{aligned}$$

Jetzt können wir den Satz von Fubini [MfA, Satz 4.62] anwenden und erhalten, dass

$$\mathbb{R}^n \to \mathbb{C}, \quad y \mapsto f(x-y)g(y)$$

für fast alle $x \in \mathbb{R}^n$ integrierbar ist. Damit existiert $(f * g)(x)$ für fast alle $x \in \mathbb{R}^n$.

□

Lösungsvorschlag für Aufgabe 4.39: Mit dem Satz von Fubini [MfA, Satz 4.62] rechnet man

$$\begin{aligned}(f * g)^\wedge(\xi) &= \int_{\mathbb{R}^n}\int_{\mathbb{R}^n} f(x-y)g(y)\,\mathrm{d}y\,\mathrm{e}^{-2\pi i x\cdot\xi}\,\mathrm{d}x \\ &= \int_{\mathbb{R}^n}\int_{\mathbb{R}^n} f(x-y)e^{-2\pi i(x-y)\cdot\xi}g(y)\mathrm{e}^{-2\pi i y\cdot\xi}\,\mathrm{d}x\,\mathrm{d}y \\ &= \hat{f}(\xi)\int_{\mathbb{R}^n} g(y)\mathrm{e}^{-2\pi i y\cdot\xi}\,\mathrm{d}y = \hat{f}(\xi)\,\hat{g}(\xi).\end{aligned}$$

□

Lösungsvorschlag für Aufgabe 4.40: Beachte, dass

$$\forall n \in \mathbb{N}: \quad \sum_{m\in\mathbb{N}} f(m,n) = f(n,n) + f(n+1,n) = 0$$

und

$$\sum_{n\in\mathbb{N}} f(m,n) = \begin{cases} 1 & \text{für } m = 1, \\ 0 & \text{für } m > 1. \end{cases}$$

Damit ergibt sich

$$\begin{aligned}\int_{\mathbb{N}}\int_{\mathbb{N}} f(m,n)\,\mathrm{d}\mu(m)\,\mathrm{d}\nu(n) &= \sum_{n\in\mathbb{N}}\Big(\sum_{m\in\mathbb{N}} f(m,n)\Big) = 0 \\ \int_{\mathbb{N}}\int_{\mathbb{N}} f(m,n)\,\mathrm{d}\nu(n)\,\mathrm{d}\mu(m) &= \sum_{m\in\mathbb{N}}\Big(\sum_{n\in\mathbb{N}} f(m,n)\Big) = 1.\end{aligned}$$

Da die beiden Doppelintegrale verschieden sind, folgt die letzte Aussage jetzt sofort aus dem Satz von Fubini [MfA, Satz 4.62]. □

Aufgaben zum Thema „Lineare Approximation"

5

Die Zusammenstellung der Aufgaben dieses Kapitels ist angepasst an eine geometrische Behandlung der Differenzialrechnung als Theorie linearer Approximationen von Funktionen mit Anwendungen zunächst in den Lösungstheorien nichtlinearer Gleichungen und gewöhnlicher Differenzialgleichungen. Durch Iteration der Vorgehensweisen stößt man dann auf höhere Ableitungen und Funktionen, die durch Potenzreihen dargestellt werden.

5.1 Linearisierung

In den Aufgaben dieses Abschnitts geht es um den Begriff der Differenzierbarkeit, die Definition von Ableitungen und verschiedene Beispiele, in denen man Ableitungen berechnen kann.

Aufgabe 5.1 (Ableitungen) Man zeige, dass die folgenden Funktionen überall differenzierbar sind und berechne ihre Ableitungen.

(i) $f\colon]0,\infty[\to \mathbb{R},\ x \mapsto \frac{1}{x}$.
(ii) $f\colon \mathbb{R} \to \mathbb{R},\ x \mapsto x$.
(iii) $f\colon \mathbb{R} \to \mathbb{R},\ x \mapsto c$ mit $c \in \mathbb{R}$.

Aufgabe 5.2 (Untervektorraum) Seien $(V, \|\cdot\|_V)$ und $(W, \|\cdot\|_W)$ endlichdimensionale normierte $\mathbb{K}$-Vektorräume und $U \subseteq V$ eine offene Teilmenge. Man zeige, dass die Menge aller differenzierbaren Abbildungen $f : U \to W$ ein Untervektorraum des $\mathbb{K}$-Vektorraums aller Abbildungen $f : U \to W$ mit der punktweisen Addition und der punktweisen Skalarmultiplikation (siehe [MfA, Beispiel 2.15] zu Vektorräumen von Abbildungen) ist.

J. Hilgert, *Übungsbuch Mathematik für Ambitionierte*,
https://doi.org/10.1007/978-3-662-73421-6_5

Aufgabe 5.3 (Differenzierbarkeit) Man zeige, dass die Funktion

$$f\colon \mathbb{R} \to \mathbb{R},\ x \mapsto |x|$$

stetig, aber nicht differenzierbar ist.

Aufgabe 5.4 (Ableitungen von Umkehrfunktionen) Gegeben seien zwei endlich-dimensionale normierte $\mathbb{K}$-Vektorräume $(V, \|\cdot\|_V)$ und $(W, \|\cdot\|_W)$ sowie offene Teilmengen $M \subseteq V$ und $N \subseteq W$. Weiter sei $f\colon M \to N$ eine invertierbare Abbildung, die in $x_0 \in M$ differenzierbar ist und deren Umkehrfunktion $g := f^{-1}\colon N \to M$ in $y_0 := f(x_0)$ stetig ist. Man zeige: Wenn die Ableitung $f'(x_0)\colon V \to W$ in x_0 invertierbar ist, dann ist g in $y_0 = f(x_0)$ differenzierbar mit Ableitung $g'(y_0) = \big(f'(x_0)\big)^{-1}\colon W \to V$.

Aufgabe 5.5 (Ableitung von Umkehrfunktionen) Sei $f\colon]a, b[\to \mathbb{R}$ eine strikt monoton steigende (fallende) stetige Funktion. Man zeige: Wenn f in $x_0 \in]a, b[$ differenzierbar ist mit $f'(x_0) \neq 0$, dann ist die Umkehrfunktion $f^{-1}\colon f(]a, b[) \to]a, b[$ differenzierbar mit Ableitung $(f^{-1})'(y_0) = \frac{1}{f'(x_0)} \in \mathbb{R} = \operatorname{Hom}_{\mathbb{R}}(\mathbb{R}, \mathbb{R})$.

Hinweis: Aufgabe 3.10.

Aufgabe 5.6 (Ableitung von Umkehrfunktionen) Man zeige:

(i) Die *Quadratfunktion* $p_2\colon [0, \infty[\to [0, \infty[,\ x \mapsto x^2$ ist strikt monoton steigend und bijektiv.

(ii) Die Umkehrfunktion von $p_2\colon [0, \infty[\to [0, \infty[$, das heißt die *Quadratwurzelfunktion* $x \mapsto \sqrt{x}$ oder $x \mapsto x^{\frac{1}{2}}$ ist differenzierbar auf $]0, \infty[$ mit Ableitung $(\sqrt{x})' = \frac{1}{2\sqrt{x}}$.

(iii) Allgemeiner ist auch $p_n\colon [0, \infty[\to [0, \infty[,\ x \mapsto x^n$ strikt monoton steigend und bijektiv. Ihre Umkehrfunktion heißt die *n-te Wurzelfunktion* und wird mit $x \mapsto \sqrt[n]{x}$ oder $x \mapsto x^{\frac{1}{n}}$ bezeichnet. Die Ableitung der n-ten Wurzelfunktion ist auf $]0, \infty[$ durch

$$\left(x^{\frac{1}{n}}\right)' = \left(\sqrt[n]{x}\right)' = \frac{\sqrt[n]{x}}{nx} = \frac{1}{n}\frac{1}{\sqrt[n]{x}^{\,n-1}} = \frac{1}{n}\sqrt[n]{x}^{\,1-n} = \frac{1}{n}\left(x^{\frac{1}{n}}\right)^{1-n}$$

gegeben.

Aufgabe 5.7 (Ableitung der Exponentialfunktion) Man zeige, dass die Exponentialfunktion $\exp : \mathbb{R} \to \mathbb{R}$ differenzierbar mit Ableitung $\exp' = \exp$ ist.

Hinweis: Funktionalgleichung [MfA, (3.19)] der Exponentialfunktion.

Aufgabe 5.8 (Ableitung des Logarithmus) Man zeige: Die Exponentialfunktion $\exp\colon]0, \infty[\to]0, \infty[$ ist streng monoton steigend mit Umkehrfunktion

$\ln\colon]0, \infty[\to]0, \infty[$ (dem *natürlichen Logarithmus*). Die Ableitung des Logarithmus ist für $x = e^y$ durch

$$\ln'(x) = \frac{1}{\exp'(y)} = \frac{1}{\exp(y)} = \frac{1}{x}$$

gegeben.

Aufgabe 5.9 (Quotientenregel) Sei $(V, \|\cdot\|_V)$ ein endlichdimensionaler normierter $\mathbb{K}$-Vektorraum und $U \subseteq V$ offen. Weiter seien $f, g\colon U \to \mathbb{K}$ Funktionen, die in $x_0 \in U$ differenzierbar sind. Man zeige:

(i) Wenn $g(x_0) \neq 0$, dann gibt es ein $\delta > 0$ mit $B_V(x_0; \delta) \subseteq U$ und $g(x) \neq 0$ für alle $x \in B_V(x_0; \delta)$.
(ii) Die Funktion $\frac{f}{g}\colon B_V(x_0; \delta) \to \mathbb{K}$, $x \mapsto \frac{f(x)}{g(x)}$ ist in x_0 differenzierbar mit Ableitung

$$\left(\frac{f}{g}\right)'(x_0) = \frac{1}{g(x_0)} f'(x_0) - \frac{f(x_0)}{g(x_0)^2} g'(x_0) \in \operatorname{Hom}_{\mathbb{K}}(V, \mathbb{K}).$$

Hinweis: [MfA, Proposition 5.11] (differenzierbar impliziert stetig) und Aufgabe 3.12.

Aufgabe 5.10 (Monotonie und Ableitung) Sei $I \subseteq \mathbb{R}$ ein Intervall mit Innerem I° und $f\colon I^\circ \to \mathbb{R}$ differenzierbar mit $f'(x) > 0$ für alle $x \in I^\circ$. Man zeige: f ist strikt monoton steigend und analog die folgenden Aussagen:

(i) Wenn $f'(x) < 0$ für alle $x \in I^\circ$, dann ist f strikt monoton fallend.
(ii) Wenn $f'(x) \geq 0$ für alle $x \in I^\circ$, dann ist f monoton steigend.
(iii) Wenn $f'(x) \leq 0$ für alle $x \in I^\circ$, dann ist f monoton fallend.

Aufgabe 5.11 (Monotonie und Ableitung) Sei $I \subset \mathbb{R}$ ein offenes Intervall.

(i) Sei $f\colon I \to \mathbb{R}$ differenzierbar und monoton steigend, dann gilt $f'(x) \geq 0$ für alle $x \in I$.
(ii) Sei $f\colon I \to \mathbb{R}$ differenzierbar und monoton fallend, dann gilt $f'(x) \leq 0$ für alle $x \in I$.

5.2 Lösungsmengen nichtlinearer Gleichungen

In den Aufgaben dieses Abschnitts geht es um einige Konzepte, die im Satz über implizite Funktionen vorkommen.

Aufgabe 5.12 (Beschränkte Funktionen) Sei X ein topologischer Raum, (B, d_B) ein vollständiger metrischer Raum und $C_b(X, B)$ der Raum aller stetigen beschränkten Funktionen $f: X \to B$. Man zeige, dass $\big(C_b(X, B), d\big)$ mit

$$d(f_1, f_2) := \sup_{x \in X} d_B\big(f_1(x), f_2(x)\big)$$

ein vollständiger metrischer Raum ist.

Aufgabe 5.13 (Partielle Differenzierbarkeit) Man zeige, dass die Funktion

$$f: \mathbb{R}^2 \to \mathbb{R}, \quad (x, y) \mapsto \begin{cases} \frac{xy}{x^2+y^2} & \text{falls } (x, y) \neq (0, 0), \\ 0 & \text{falls } (x, y) = (0, 0). \end{cases}$$

partiell differenzierbar, aber nicht differenzierbar ist.

Aufgabe 5.14 (Partielle Differenzierbarkeit) Seien $(V, \|\cdot\|_V)$ und $(W, \|\cdot\|_W)$ endlichdimensionale normierte $\mathbb{R}$-Vektorräume und V von der Form

$$V = V_1 \times \ldots \times V_d,$$

wobei die $(V_j, \|\cdot\|_j)$ ebenfalls endlichdimensionale normierte $\mathbb{R}$-Vektorräume sind. Weiter sei $U \subseteq V$ offen und $f: U \to W$ eine Abbildung. Man zeige, dass die folgenden Aussagen äquivalent sind.

(1) f ist stetig differenzierbar.
(2) f ist in jedem Punkt von U nach jeder Variablen differenzierbar und die partiellen Ableitungen

$$D_j f: U \to \mathrm{Hom}_{\mathbb{R}}(V_j, W)$$

sind für alle $j = 1, \ldots, d$ stetig.

Hinweis: Nur die Implikation (2) ⇒ (1) ist problematisch. Dazu spaltet man

$$f(v+h) - f(v) - \sum_{j=1}^{d} D_j f(v) h_j$$

in eine Summe von Termen der Form

$$f(v_1, \ldots, v_k, v_{k+1} + h_{k+1}, \ldots, v_d + h_d) - f(v_1, \ldots, v_{k+1}, v_{k+2} + h_{k+2}, \ldots, v_d + h_d) \\ - D_{k+1} f(v) h_{k+1}$$

auf und betrachtet die Funktionen $y \mapsto f(v_1, \ldots, v_k, y, \ldots, v_d + h_d)$, deren Ableitungen dann durch die partiellen Ableitungen von f gegeben sind. Der Mittelwertsatz in der Form von [MfA, Satz 5.30] liefert dann den Beweis.

Aufgabe 5.15 (Gradienten und Jacobi-Matrix) Seien $V = \mathbb{R}^n$, $W = \mathbb{R}$ und $V_j = \mathbb{R}$ für $j = 1, \ldots, n$. Weiter sei $e_1, \ldots, e_n$ die kanonische Basis für $\mathbb{R}^n$ und $U \subseteq \mathbb{R}^n$ offen. Mit der Notation $D_j f$ für die j-te partielle Ableitung einer Funktion $f : U \to \mathbb{R}$ definieren wir

$$\frac{\partial f}{\partial x_j}(x) := D_j f(x) = f'(x)(e_j) \in \mathrm{Hom}_{\mathbb{R}}(\mathbb{R}, \mathbb{R}) \cong \mathbb{R}$$

und erhalten so eine Abbildung

$$\frac{\partial f}{\partial x_j} : U \to \mathbb{R}$$

falls f *partiell differenzierbar* war, das heißt, alle partiellen Ableitungen existieren. In diesem Fall definiert man den *Gradienten* $\nabla f : U \to \mathbb{R}^n$ durch

$$\nabla f(x) := \operatorname{Grad} f(x) := \left(\frac{\partial f}{\partial x_1}(x), \ldots, \frac{\partial f}{\partial x_n}(x) \right) \in \mathbb{R}^n.$$

Wenn $F = (F_1, \ldots, F_k) : U \to \mathbb{R}^k$, so nennt man

$$JF(x) := \begin{pmatrix} \frac{\partial F_1}{\partial x_1}(x) & \ldots & \frac{\partial F_1}{\partial x_n}(x) \\ \vdots & & \vdots \\ \frac{\partial F_k}{\partial x_1}(x) & \ldots & \frac{\partial F_k}{\partial x_n}(x) \end{pmatrix}$$

die *Jacobi-Matrix* von F in $x \in U$.

(i) Sei $r : \mathbb{R}^n \to \mathbb{R},\ x \mapsto \|x\| = \sqrt{x_1^2 + \ldots + x_n^2}$. Man berechne $\nabla r(x)$.

(ii) Sei $\tilde{e}_1, \ldots, \tilde{e}_k$ die kanonische Basis für $\mathbb{R}^k$. Man zeige, dass die Jacobi-Matrix die darstellende Matrix von $f'(x)$ bezüglich der kanonischen Basen auf $\mathbb{R}^n$ und $\mathbb{R}^k$ ist.

5.3 Gewöhnliche Differentialgleichungen erster Ordnung

In diesem Abschnitt gibt es Aufgaben zu den konzeptionellen Grenzen des Hauptsatzes der Differenzial- und Intergralrechnung, der ja die Lösung eines ersten Prototyps von Differenzialgleichungen durch Integration beschreibt.

Aufgabe 5.16 (Hauptsatz) Sei $f : \mathbb{R} \to \mathbb{R}$ durch

$$f(x) := \begin{cases} \frac{1}{\sqrt{|x|}} & \text{für } x \neq 0, \\ 0 & \text{für } x = 0 \end{cases}$$

gegeben. Man zeige die folgenden Aussagen:

(i) f ist auf jedem beschränkten Intervall integrierbar.
(ii) Es reicht im Hauptsatz [MfA, Satz 5.25] im Allgemeinen nicht aus, zu fordern, dass f integrierbar ist, um eine Stammfunktion in der Form $\int_a^x f(t)\mathrm{d}t$ zu erhalten.

Aufgabe 5.17 (Hauptsatz) Sei $I \subseteq \mathbb{R}$ ein Intervall, $f\colon I \to \mathbb{R}$ integrierbar und $c \in I$. Man zeige:

(i) Die durch $F(x) = \int_c^x f$ definierte Funktion $F\colon I \to \mathbb{R}$ ist stetig.
(ii) Es existieren auch die einseitigen Limiten an den Intervallgrenzen, selbst wenn diese nicht zum Intervall gehören.

Hinweis: Man wende den [MfA, Satz 4.49] von der dominierten Konvergenz auf Folgen der Form $f\chi_{[x_n,x]}$ an und schließe $F(x_n) \to F(x)$.

Aufgabe 5.18 (Gleichmäßige Stetigkeit) Sei $M \subseteq \mathbb{R}$ und $f : M \to \mathbb{R}$. Dann heißt f *gleichmäßig stetig* auf M, wenn es zu jedem $\varepsilon > 0$ ein $\delta > 0$ gibt, für das aus $x, y \in M$ und $|x - y| < \delta$ die Ungleichung $|f(x) - f(y)| < \varepsilon$ folgt. Man zeige: Ist $f\colon \mathbb{R} \to \mathbb{R}$ differenzierbar und gilt $|f'(x)| \leq k$ für ein $k > 0$ und alle $x \in \mathbb{R}$, so ist f gleichmäßig stetig.

5.4 Höhere Ableitungen

In den Aufgaben dieses Abschnitts geht es hauptsächlich um zweite Ableitungen, dabei auch ein wenig auch um ihre Rolle in der Modellierung physikalischer Vorgänge.

Aufgabe 5.19 (Vertauschbarkeit von Ableitungen) Die Funktion $g : \mathbb{R}^2 \to \mathbb{R}$ sei durch

$$g(x, y) := \begin{cases} xy\frac{x^2-y^2}{x^2+y^2} & \text{für } (x, y) \neq (0, 0), \\ 0 & \text{für } (x, y) \neq (0, 0) \end{cases}$$

definiert. Man zeige:

(i) Die partiellen Ableitungen $\frac{\partial g}{\partial x}$ und $\frac{\partial g}{\partial y}$ existieren auf ganz $\mathbb{R}^2$.
(ii) Die partiellen Ableitungen $\frac{\partial \frac{\partial g}{\partial x}}{\partial y}$ und $\frac{\partial \frac{\partial g}{\partial y}}{\partial x}$ existieren in $(0, 0)$, sie stimmen aber nicht überein.

Aufgabe 5.20 (Turmspringen) Welche Geschwindigkeit hat man beim Eintauchen ins Wasser, wenn man vom 10-Meter-Turm springt?

Hinweis: Man verwende das Newtonsche Gravitationsgesetz, das besagt, dass ein Körper unter Einfluss der Schwerkraft der Erde eine (von seiner Masse unabhängige) Beschleunigung von etwa $10\,\frac{\mathrm{m}}{\mathrm{s}^2}$ erfährt.

Aufgabe 5.21 (Wärmeleitungsgleichung) Sei $U \subseteq \mathbb{R}^n$ offen und $c > 0$ eine Konstante, die hier als Wärmeleitfähigkeit interpretiert wird. Weiter sei $f\colon U \times \mathbb{R}^+ \to \mathbb{R}$ in den $\mathbb{R}^n$-Richtungen zweimal und auf $]0, \infty[$ in der $\mathbb{R}$-Richtung einmal differenzierbar. Die Differentialgleichung

$$\frac{1}{c}\frac{\partial f(x,t)}{\partial t} - \Delta f(x,t) = 0,$$

mit $\Delta f := \frac{\partial^2 f}{\partial {x_1}^2} + \ldots + \frac{\partial^2 f}{\partial {x_n}^2}$ heißt die *Wärmeleitungsgleichung*. Die Abbildung $\Delta\colon C^2(U, \mathbb{R}) \to C(U, \mathbb{R})$ heißt der *Laplace-Operator*. Man zeige:

(i) Für eine Funktion $f = \phi \circ r$ mit r wie in Aufgabe 5.15 gilt

$$\Delta f(x) = \frac{d^2\phi}{dr^2} + \frac{n-1}{r}\frac{d\phi}{dr}.$$

(ii) Die Funktion

$$k(x,t) := \frac{1}{t^{\frac{n}{2}}} \mathrm{e}^{-\frac{\|x\|^2}{4t}} \quad x \in \mathbb{R}^n, t > 0$$

ist eine Lösung der Wärmeleitungsgleichung für $c = 1$. Sie wird die *Fundamentallösung* der Wärmeleitungsgleichung genannt.

Die physikalische Interpretation von $k(x, t)$ ist die zeitliche Wärmeausbreitung, ausgehend von einer unendlich heißen punktförmigen Wärmequelle im Ursprung. Realistische Wärmequellen werden durch Überlagerung (Integration) solcher Quellen modelliert.

Aufgabe 5.22 (Hesse-Matrix) Für höhere Ableitungen benützen wir die Notation

$$\frac{\partial^2 f(x)}{\partial x_i \partial x_j} = \frac{\partial^2 f}{\partial x_i \partial x_j}(x) \quad \text{für} \quad \frac{\partial \frac{\partial f}{\partial x_j}}{\partial x_i}(x).$$

Sei f zweimal stetig differenzierbar. Man zeige:

(i) $\frac{\partial^2 f(x)}{\partial x_i \partial x_j} = \frac{\partial^2 f(x)}{\partial x_j \partial x_i}$.

(ii) Die Matrix

$$D^2 f(x) := \left(\frac{\partial^2 f(x)}{\partial x_i \partial x_j}\right)_{i,j=1,\ldots,n}$$

ist symmetrisch. Sie heißt die *Hesse-Matrix* von f.

Aufgabe 5.23 (Hesse-Matrix) Sei $f \in C^2(U, \mathbb{R})$ mit $\nabla f(x) = 0$ für $x \in U \subseteq \mathbb{R}^n$ und H die Hesse-Matrix von f in x. Man zeige:

(i) Wenn H positiv definit (siehe [MfA, Definition 3.74]) ist, dann gibt es eine Umgebung U_o von x in U mit

$$\forall x \neq y \in U_o \; : \quad f(x) < f(y).$$

(ii) Wenn H negativ definit ist, dann gibt es eine Umgebung U_o von x in U mit

$$\forall x \neq y \in U_o \; : \quad f(x) > f(y).$$

(iii) Wenn H indefinit ist, dann hat f kein lokales Extremum in x.

Hinweis: Schreibe $f(x+v) = f(x) + \frac{1}{2} f''(x)(v, v) + r_3(v)$ mit der Taylor-Formel aus [MfA, Satz 5.35] und beachte $f''(x)(v, v) = (v \mid Hv)$. Mit [MfA, Lemma 5.22] (Kritische Punkte und lokale Extrema) und der Abschätzung für das Taylor-Restglied folgt dann die Behauptung.

Aufgabe 5.24 (Taylor-Restglied) Man zeige, dass es für das Taylor-Restglied

$$R_n(x, h) := \frac{1}{(n-1)!} \int_0^1 (1-t)^{n-1} f^{(n)}(x+th)(h, \dots, h)\mathrm{d}t$$

aus der Taylor-Formel (in beliebigen Dimensionen, siehe [MfA, Satz 5.36]) ein $\xi = x + th$ gibt mit $t \in [0, 1]$ und

$$R_n(x, h) = \frac{1}{n!} f^{(n)}(\xi)(h, \dots, h).$$

Hinweis: Aufgabe 4.32.

Aufgabe 5.25 (Konvexe Funktionen) Eine Teilmenge $\Omega \subseteq \mathbb{R}^n$ heißt *konvex,* wenn

$$\forall v, v' \in \Omega, t \in [0, 1] : \quad tv + (1-t)v' \in \Omega$$

Eine Funktion $f : \Omega \to \mathbb{R}$ mit konvexem Ω heißt *konvex,* wenn

$$\forall v, v' \in \Omega, t \in [0, 1] : \quad f(tv + (1-t)v') \leq tf(v) + (1-t)f(v').$$

Sei $\Omega \subseteq \mathbb{R}^n$ konvex und offen. Man zeige, dass für eine zweimal stetig differenzierbare Funktion $f \in C^2(\Omega, \mathbb{R})$ die folgenden Aussagen äquivalent sind:

(1) f ist konvex.
(2) Die zweite Ableitung $f''(x)$ von f in x ist für alle $x \in \Omega$ positiv semidefinit, das heißt $f''(x)(v, v) \geq 0$ für alle $v \in \mathbb{R}^n$.

Hinweis: Taylor-Restglied R_2 in der Form von Aufgabe 5.24 .

Aufgabe 5.26 (Cauchy-Formel) Man zeige, dass es in [MfA, Lemma 5.34] zur Cauchy-Formel

$$F_n(x) = \frac{1}{(n-1)!} \int_0^x (x-t)^{n-1} f(t)\mathrm{d}t$$

für die iterierten Stammfunktionen

$$F_1(x) := \int_0^x f, \quad F_2(x) := \int_0^x F_1, \quad \dots \quad , \quad F_n(x) := \int_0^x F_{n-1}$$

ausreicht, die Integrierbarkeit statt der Stetigkeit von f zu fordern.

Hinweis: Aufgabe 5.17.

Aufgabe 5.27 (Abschneidefunktionen) Sei $U \subseteq \mathbb{R}^n$ offen und $K \subseteq U$ kompakt. Dann gibt es eine unendlich oft differenzierbare Funktion $F\colon \mathbb{R}^n \to [0, 1]$, deren Einschränkung auf K konstant gleich 1 ist und die außerhalb von U verschwindet.

Hinweis: Für $0 < a < b$ betrachte das Integral $\int_x^b \exp\left(\frac{1}{t-b} - \frac{1}{t-a}\right) \mathrm{d}t$ (und normiere dann noch), um das Problem für $K = [-a, a]$ und $U =]-b, b[$ zu lösen. Kombiniere mit der Norm, um das Problem für Kugeln vom Radius a und b zu behandeln, und überdecke schließlich K durch endlich viele Kugeln, die in U passen.

Aufgabe 5.28 (Höhere Ableitungen von Verknüpfungen) Gegeben seien endlich-dimensionale normierte $\mathbb{K}$-Vektorräume $(V_1, \|\cdot\|_1)$, $(V_2, \|\cdot\|_2)$ und $(V_3, \|\cdot\|_3)$ sowie offene Teilmengen $U_1 \subseteq V_1$ und $U_2 \subseteq V_2$. Wir nehmen an, dass die Abbildung $f_1\colon U_1 \to U_2$ in $x \in U_1$ k-mal (stetig) differenzierbar ist. Man zeige: Wenn die Abbildung $f_2\colon U_2 \to V_3$ in $f_1(x)$ in k-mal (stetig) differenzierbar ist, dann ist $f_2 \circ f_1\colon U_1 \to V_3$ in x ebenfalls k-mal (stetig) differenzierbar.

5.5 Potenzreihen und analytische Funktionen

In diesem Abschnitt findet man eine Vielzahl von Aufgaben zu Funktionen, die durch Potenzreihen dargestellt werden. Schwerpunkte liegen auf der Exponentialfunktion und den Winkelfunktionen. Es gibt aber auch Aufgaben zu erzeugenden Funktionen kombinatorischer Reihen, die zeigen, dass analytische Funktionen zu Werkzeugen in der Beantwortung kombinatorischer Abzählfragen werden können.

Aufgabe 5.29 (Stetigkeit von Potenzreihen) Sei $\sum_{k=0}^{\infty} a_k x^k$ eine Potenzreihe mit Konvergenzradius r. Dann ist die Funktion

$$B(0; r) \to \mathbb{C}, \quad z \mapsto \sum_{k=0}^{\infty} a_k z^k$$

stetig.

Aufgabe 5.30 (Integration von Potenzreihen) Man zeige:

(i) Die Potenzreihe $\sum_{k=0}^{\infty} \frac{a_k}{k+1} x^{k+1}$ hat denselben Konvergenzradius wie die Reihe $\sum_{k=0}^{\infty} a_k x^k$.
(ii) Wenn f auf $]-r, r[$ durch $\sum_{k=0}^{\infty} a_k x^k$ dargestellt wird, dann ist die auf $]-r, r[$ durch die Reihe $\sum_{k=0}^{\infty} \frac{a_k}{k+1} x^{k+1}$ dargestellte Funktion die Stammfunktion $\int_0^x f(t)dt$.

Aufgabe 5.31 (Identitätssatz) ρ sei der Konvergenzradius von $\sum\limits_{k=0}^{\infty} a_k(z-z_0)^k$ und

$$f(z) = \sum_{k=0}^{\infty} a_k(z-z_0)^k$$

für $z \in B(z_0; \rho)$. Man zeige: Wenn z_0 ein Häufungspunkt der Nullstellenmenge $\{z \in B(z_0; \rho) \mid f(z) = 0\}$ ist, dann gilt $a_k = 0$ für alle $k \in \mathbb{N}_0$, das heißt f ist konstant gleich 0.

Hinweis: Zeige zunächst $a_0 = 0$ und teile dann die Funktion durch $z - z_0$.

Aufgabe 5.32 (Ableitung der Exponentialfunktion) Die Exponentialreihe $\sum_{k=0}^{\infty} \frac{x^k}{k!}$ konvergiert für alle $x \in \mathbb{R}$ und die durch diese Reihe dargestellte Funktion $f: \mathbb{R} \to \mathbb{R}$ erfüllt die Differentialgleichung $f' = f$ mit dem Anfangswert $f(0) = 1$.

Aufgabe 5.33 (Exponentialfunktion) Man zeige, dass die Exponentialfunktion durch die Eigenschaften $\exp' = \exp$ und $e^0 = 1$ eindeutig charakterisiert wird.

Aufgabe 5.34 (Logarithmusreihe) Man zeige, dass die Funktion $]-1, 1[\to \mathbb{R}$, $x \mapsto \ln(x+1)$ durch die Potenzreihe

$$\sum_{k=1}^{\infty} \frac{(-1)^{k+1}}{k} x^k$$

dargestellt wird.

Hinweis: Man leite die Potenzreihe gliedweise ab, ziehe das Ergebnis von $\frac{1}{x}$ ab und zeige mithilfe von Aufgabe 5.5, dass das Ergebnis Ableitung Null hat.

Aufgabe 5.35 (Logarithmus zur Basis a) Wir bezeichnen die Umkehrfunktion von $\mathbb{R} \to]0, \infty[$, $x \mapsto a^x = e^{x \ln(a)}$ mit $\log_a :]0, \infty[\to \mathbb{R}$ und nennen diese Funktion den *Logarithmus zur Basis a*. Man zeige, dass der Logarithmus zur Basis a folgende Regeln erfüllt:

(i) $\log_e = \ln$ mit der Eulerschen Zahl $e := e^1$.
(ii) $\log_a(x) = \frac{\ln(x)}{\ln(a)}$ für alle $x \in]0, \infty[$.
(iii) $(\log_a)'(x) = \frac{1}{x \ln a}$, das heißt $\log_a$ ist strikt monoton steigend für $a > 1$ und strikt monoton fallend für $a < 1$.
(iv) $\log_a(xy) = \log_a(x) + \log_a(y)$ für alle $x, y \in]0, \infty[$.
(v) $\log_a(\frac{x}{y}) = \log_a(x) - \log_a(y)$ für alle $x, y \in]0, \infty[$.
(vi) $\log_a(x^p) = p \log_a(x)$ für alle $x \in]0, \infty[$, $p \in \mathbb{R}$.

Aufgabe 5.36 (Ableitung von Potenzen) Man zeige, dass die Ableitung der Funktion $\mathbb{R}_{>0} \to \mathbb{R}, \quad x \mapsto x^r := e^{r \ln x}$ für $r \in \mathbb{R}$ (siehe [MfA, Beispiel 3.65]) durch $(x^r)' = rx^{r-1}$ gegeben ist.

Aufgabe 5.37 (Sinus und Kosinus) Man zeige, dass die durch die Sinus- und Kosinusreihen dargestellten Funktionen $\sin : \mathbb{R} \to \mathbb{R}$ und $\cos : \mathbb{R} \to \mathbb{R}$ differenzierbar sind und

$$\sin' = \cos \quad \text{und} \quad \cos' = -\sin$$

erfüllen.

Aufgabe 5.38 (Sinus und Kosinus) Man zeige:

(i) Der Sinus ist durch folgende Eigenschaften eindeutig charakterisiert:

$$\sin'' = -\sin, \quad \sin(0) = 0, \quad \sin'(0) = 1.$$

(ii) Der Kosinus ist durch foldende Eigenschaften eindeutig charakterisiert:

$$\cos'' = -\cos, \quad \cos(0) = 1, \quad \cos'(0) = 0.$$

Aufgabe 5.39 (Sinus und Kosinus) Man zeige:

(i) Für $x \in]0, 2]$ gilt $0 < x - \dfrac{x^3}{3!} < \sin x \leq x$.
(ii) $\frac{\pi}{2} \in [0, 2]$.
Hinweis: Man berechne $\cos(2)$.
(iii) $\cos \frac{\pi}{2} = 0$ und $\sin \frac{\pi}{2} = 1$.
(iv) $\cos(x \pm \pi) = -\cos x$ und $\cos(x + \frac{\pi}{2}) = -\sin x$ für $x \in \mathbb{R}$.
(v) Die Nullstellen von $\cos x$ auf $\mathbb{R}$ sind genau die Punkte $\frac{\pi}{2} + k\pi$, $k \in \mathbb{Z}$.
(vi) Die Nullstellen von $\sin x$ auf $\mathbb{R}$ sind genau die Punkte $k\pi$, $k \in \mathbb{Z}$ (Abb. 5.1).

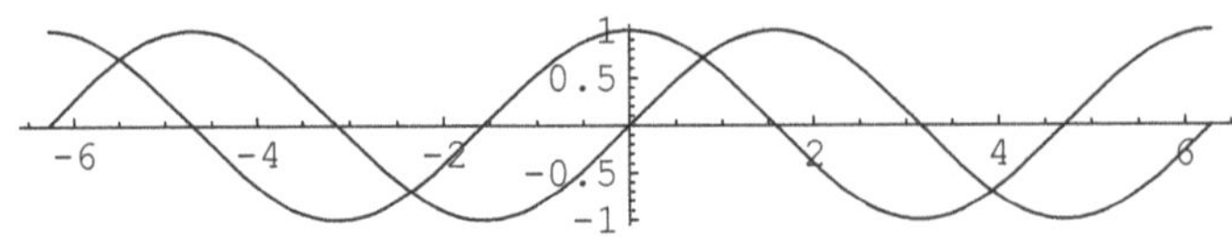

Abb. 5.1 Sinus und Kosinus

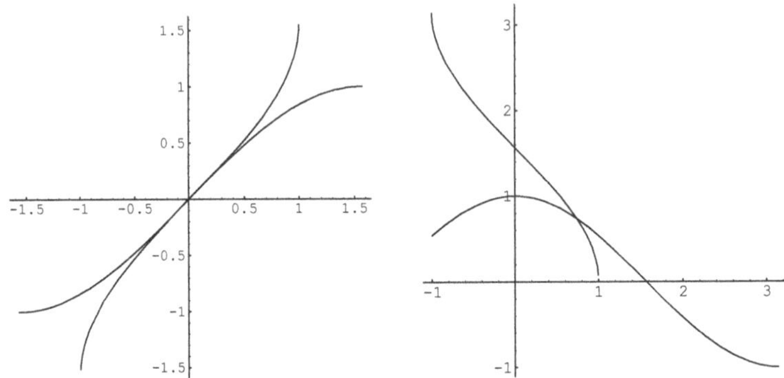

Abb. 5.2 Arkusinus und Arkuskosinus

Aufgabe 5.40 (Arkussinus und Arkuskosinus) Man zeige:

(i) Die Funktionen

$$\sin\colon [-\tfrac{\pi}{2}, \tfrac{\pi}{2}] \to [-1, 1] \quad \text{und } \cos\colon [0, \pi] \to [-1, 1]$$

sind bijektiv. Die zugehörigen Umkehrfunktionen heißen *Arkussinus* und *Arkuskosinus*. Sie werden mit

$$\arcsin\colon [-1, 1] \to [-\tfrac{\pi}{2}, \tfrac{\pi}{2}] \quad \text{und} \quad \arccos\colon [-1, 1] \to [0, \pi]$$

bezeichnet (siehe Abb. 5.2).

(ii) $\arcsin'(x) = \frac{1}{\sqrt{1-x^2}}$ und $\arccos'(x) = -\frac{1}{\sqrt{1-x^2}}$.
Hinweis: Aufgabe 5.10 und 5.5.

Aufgabe 5.41 (Tangens und Arkustangens) Die Funktion $\frac{\sin}{\cos}$ ist auf der Menge $\mathbb{R} \setminus \{\frac{\pi}{2} + k\pi \mid k \in \mathbb{Z}\}$ definiert und heißt *Tangens*. Sie wird mit tan bezeichnet. Analog ist die Funktion $\frac{\cos}{\sin}$ ist auf der Menge $\mathbb{R} \setminus \{k\pi \mid k \in \mathbb{Z}\}$ definiert und heißt *Kotangens*. Sie wird mit cot bezeichnet (siehe Abb. 5.3). Beide Funktionen sind periodisch mit Periode π.

Man zeige:

(i) Der Tangens ist überall dort, wo er definiert ist, auch differenzierbar und erfüllt $\tan' x = \frac{1}{(\cos x)^2}$.

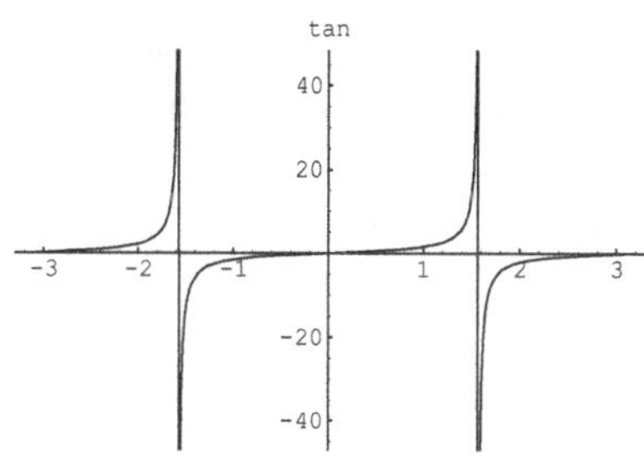

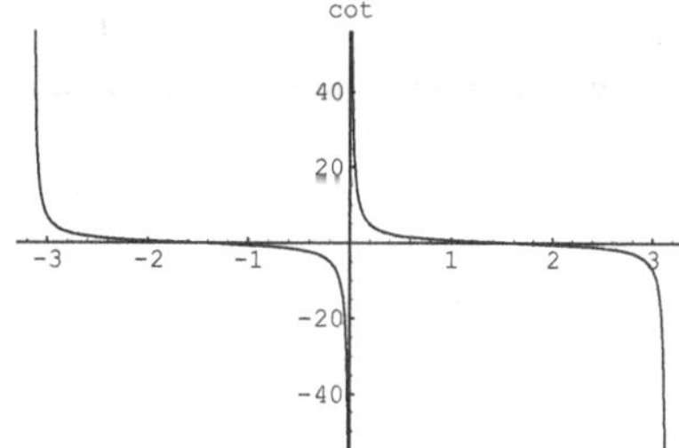

Abb. 5.3 Tangens und Kotangens

Abb. 5.4 Arkustangens

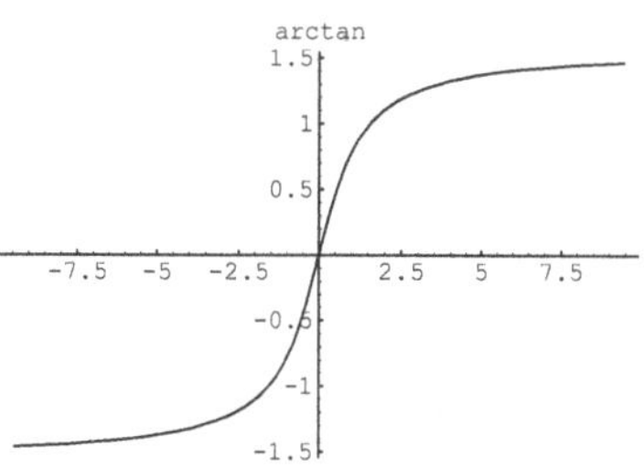

(ii) $\tan\colon]-\frac{\pi}{2}, \frac{\pi}{2}[\to \mathbb{R}$ ist bijektiv.

(iii) Nach (ii) existiert eine Umkehrfunktion $\arctan\colon \mathbb{R} \to]-\frac{\pi}{2}, \frac{\pi}{2}[$, die wir *Arkustangens* nennen (siehe Abb. 5.4). Sie ist differenzierbar und erfüllt $\arctan'(x) = \frac{1}{1+x^2}$.

(iv) Die Funktion $\arctan\colon \mathbb{R} \to]-\frac{\pi}{2}, \frac{\pi}{2}[$ wird auf $]-1, 1[$ durch die Potenzreihe

$$\sum_{k=0}^{\infty} (-1)^k \frac{x^{2k+1}}{2k+1}$$

dargestellt.

Hinweis: Man leite die Potenzreihe gliedweise ab, ziehe das Ergebnis von $\frac{1}{1+x^2}$ ab und zeige, dass das Ergebnis Ableitung Null hat.

Aufgabe 5.42 (Winkel) Sei V ein $\mathbb{R}$-Vektorraum mit innerem Produkt $(\cdot \mid \cdot)$ und $v, w \in V \setminus \{0\}$. Man zeige

(i) Es gibt genau ein $\alpha \in [0, \pi]$ mit

$$\cos(\alpha) = \frac{(v \mid w)}{\|v\| \cdot \|w\|},$$

wobei $\|\cdot\|$ die dem inneren Produkt zugeordnete Norm ist. Man nennt α den *Winkel* zwischen v und w und bezeichnen ihn mit $\measuredangle(v, w)$.

(ii) Seien $v', w' \in V \setminus \{0\}$ zwei weitere Vektoren mit $\measuredangle(v, w) = \measuredangle(v', w')$. Dann gibt es eine isometrische lineare Abbildung $\varphi : \mathbb{R}v + \mathbb{R}w \to \mathbb{R}v' + \mathbb{R}w'$ mit

$$\varphi(v) = \frac{\|v\|}{\|v'\|}v' \quad \text{und} \quad \varphi(w) = \frac{\|w\|}{\|w'\|}w'.$$

(iii) Im Spezialfall $V = \mathbb{R}^2$ mit dem euklidischen inneren Produkt gilt für einen Punkt $h := (x, y)$ auf dem oberen Einheitshalbkreis $\{(x, y) \in \mathbb{R}^2 \mid x^2 + y^2 = 1 \text{ und } y \geq 0\}$, dass

$$x = \cos(\measuredangle(a, h)),$$

wobei $a = (x, 0)$.

Aufgabe 5.43 (Abel-Grenzwertsatz) $f(z) = \sum\limits_{k=0}^{\infty} a_k z^k$ konvergiere für $z = 1$ (und dann auf $B(0; 1)$). Man zeige: Die Reihe $f(x) = \sum\limits_{k=0}^{\infty} a_k x^k$ konvergiert gleichmäßig auf $[0, 1]$. Insbesondere ist die durch diese Potenzreihe dargestellte Funktion f auf $[0, 1]$ stetig.

Hinweis: Man setze $r_k = -\sum\limits_{m=k+1}^{\infty} a_m$, zeige $f(z) - \sum\limits_{k=0}^{N} a_k z^k = \sum\limits_{k=N+1}^{\infty} r_k(z^k - z^{k+1}) - r_N z^{N+1}$ und schätze mit der Dreiecksungleichung sowie der geometrischen Reihe ab.

Aufgabe 5.44 (Brouncker-Reihe) Man zeige: Die Reihe $\sum\limits_{k=1}^{\infty} \frac{(-1)^{k-1}}{k} z^k$ hat den Konvergenzradius $\rho = 1$ und $\sum\limits_{k=1}^{\infty} \frac{(-1)^{k-1}}{k}$ konvergiert. Außerdem gilt

$$\lim_{x \to 1} \sum_{k=1}^{\infty} \frac{(-1)^{k-1}}{k} x^k = \sum_{k=1}^{\infty} \frac{(-1)^{k-1}}{k} = \ln(2)$$

(*Brouncker-Reihe*).

Aufgabe 5.45 (Exponentialfunktion von Endomorphismen) Sei $\mathbb{K}$ gleich $\mathbb{R}$ oder $\mathbb{C}$. Man zeige: Für jedes $X \in \mathrm{End}(\mathbb{K}^n)$ konvergiert die Exponentialreihe

$$\exp(X) := \mathrm{e}^X := \sum_{n=0}^{\infty} \frac{1}{n!} X^n$$

absolut bzgl. der Operatornorm. Weiter gilt

(i) Die Reihe konvergiert gleichmäßig auf jeder beschränkten Teilmenge von $\mathrm{End}(\mathbb{K}^n)$.
(ii) Die Exponentialfunktion $\exp\colon \mathrm{End}(\mathbb{K}^n) \to \mathrm{End}(\mathbb{K}^n)$ ist stetig.

(iii) Es gelten $\mathrm{e}^0 = \mathrm{id}$ und für $XY = YX$ weiter $e^X \cdot e^Y = e^{X+Y}$.
(iv) Für alle $g \in \mathrm{GL}(n, \mathbb{K})$ ist $g \cdot \mathrm{e}^X \cdot g^{-1} = \mathrm{e}^{gXg^{-1}}$.
(v) Für alle $X \in \mathrm{End}(\mathbb{K}^n)$ ist $\mathrm{e}^X \in \mathrm{GL}(n, \mathbb{K})$ und $(\mathrm{e}^X)^{-1} = \mathrm{e}^{-X}$.

Aufgabe 5.46 Man berechne den Wert der Exponentialfunktion für die folgenden Matrizen.

(i) Für Diagonalmatrizen

$$D = \begin{pmatrix} d_1 & & 0 \\ & \ddots & \\ 0 & & d_n \end{pmatrix}$$

(ii)

$$A = \begin{pmatrix} 0 & 1 & 0 & \dots & 0 \\ \vdots & 0 & 1 & \ddots & \vdots \\ \vdots & & \ddots & \ddots & 0 \\ \vdots & & & \ddots & 1 \\ 0 & \dots & \dots & \dots & 0 \end{pmatrix}.$$

(iii) Blockdiagonalmatrizen $A = \begin{pmatrix} B & 0 \\ 0 & C \end{pmatrix}$

(iv) *Jordan-Kästchen*

$$A = \begin{pmatrix} \lambda & 1 & & 0 \\ & \ddots & \ddots & \\ & 0 & \ddots & 1 \\ & & & \lambda \end{pmatrix}.$$

(v) $A = \begin{pmatrix} 0 & 1 \\ -1 & 0 \end{pmatrix}$.

Aufgabe 5.47 Man zeige: Die Abbildung $\exp : \mathrm{Mat}(n \times n, \mathbb{K}) \to \mathrm{Mat}(n \times n, \mathbb{K})$ ist in 0 differenzierbar, und es gilt

$$\exp'(0) = \mathrm{id}_{\mathrm{Mat}(n \times n, \mathbb{K})}.$$

Aufgabe 5.48 (Erzeugende Funktionen) Sei $(a_n)_{n \in \mathbb{N}_0}$ eine Folge in $\mathbb{C}$. Eine Funktion $f : M \to \mathbb{C}$ mit $M \subseteq \mathbb{C}$, die auf einem Intervall der Form $]-\varepsilon, \varepsilon[$ durch die Potenzreihe $\sum_{n=0}^{\infty} a_n z^n$ dargestellt wird, heißt eine *erzeugende Funktion* der Folge.

Sei $(F_n)_{n \in \mathbb{N}_0}$ die Folge der *Fibonacci-Zahlen*, das heißt, es gilt $F_0 = 0$, $F_1 = 1$ und

$$F_{n+1} = F_n + F_{n-1} \tag{5.1}$$

für alle $n \in \mathbb{N}$. Man zeige:

(i) Die Potenzreihe $\sum_{n=0}^{\infty} F_n z^n$ hat einen Konvergenzradius größer gleich $\frac{1}{2}$.
(ii) Sei $F :]-\frac{1}{2}, \frac{1}{2}[\to \mathbb{R}$ die erzeugende Funktion der Fibonacci-Folge. Es gilt

$$F(x) = \frac{x}{1 - x - x^2}.$$

(iii) $\lim_{n\to\infty} \frac{F_n}{\frac{1}{\sqrt{5}} r_+^n} = 1$, wobei $r_\pm = \frac{1\pm\sqrt{5}}{2}$. Dies wird oft in der Form $F_n \sim \frac{1}{\sqrt{5}} r_+^n$ geschrieben. Man sagt F_n ist *asymptotisch gleich* $\frac{1}{\sqrt{5}} r_+^n$.
Hinweis: $1 - x - x^2 = (1 - xr_+)(1 - xr_-)$.

Aufgabe 5.49 (Partitionen) Betrachte die Menge $S = \{1, \ldots, n\}$ und $k \in S$. Wir bezeichnen die Anzahl der Möglichkeiten S in k disjunkte nichtleere Teilmengen aufzuspalten mit $\left\{ {n \atop k} \right\}$. Man nennt diese Zahlen auch *Stirling-Zahlen zweiter Art* und die Aufteilungen *Partitionen* (siehe auch [MfA, Bemerkung 1.3] und Aufgabe 1.9). Weiter setzen wir

$$\left\{ {n \atop k} \right\} := \begin{cases} 0 & \text{für } n < k \\ 0 & \text{für } n < 0 \text{ oder } k < 0 \\ 0 & \text{für } n \neq 0 = k \\ 1 & \text{für } n = 0 = k \end{cases}$$

Betrachte folgende zwei Typen von Partitionen:

Typ A: Eine der k Teilmengen ist $\{n\}$.
Typ B: Keine der k Teilmengen ist $\{n\}$.

Man zeige:

(i) Es gibt $\left\{ {n-1 \atop k-1} \right\}$ Partitionen vom Typ A.
(ii) Es gibt $k \left\{ {n-1 \atop k} \right\}$ Partitionen vom Typ B.
(iii) Es gilt die Abschätzung $\left| \left\{ {n \atop k} \right\} \right| \leq (1 + k)^n$ für $n > k$.
(iv) Die Potenzreihe $\sum_{n=1}^{\infty} \left\{ {n \atop k} \right\} x^n$ hat positiven Konvergenzradius.
(v) Sei $x \mapsto B_k(x)$ die erzeugende Funktion (siehe Aufgabe 5.48) der Folge $\left(\left\{ {n \atop k} \right\} \right)_{n\in\mathbb{N}}$ auf einem passenden Intervall $]-\varepsilon, \varepsilon[$. Dann gilt

$$B_k(x) = \sum_{n=1}^{\infty} \left\{ {n \atop k} \right\} x^n = \frac{x^k}{(1-x)(1-2x)\cdots(1-kx)}$$

für $k \in \mathbb{N}_0$.

(vi) Es gilt die *Partialbruchzerlegung*

$$\frac{1}{(1-x)(1-2x)\cdots(1-kx)} = \sum_{j=1}^{k} \frac{\alpha_j}{1-jx}$$

mit

$$\alpha_j = (-1)^{k-j} \frac{j^{k-1}}{(j-1)!(k-j)!}.$$

(vii) Mit (vi) ergibt sich die Identität

$$\left\{ {n \atop k} \right\} = \sum_{r=1}^{k} \alpha_r r^{n-k}.$$

(viii) Für $n \geq k$ gilt

$$\left\{ {n \atop k} \right\} = \sum_{r=1}^{k} (-1)^{k-r} \frac{r^{n-1}}{(r-1)!(k-r)!}.$$

Aufgabe 5.50 (Partitionen) Interessiert man sich in Aufgabe 5.49 nicht dafür, in *wieviele* Teilmengen S partitioniert wird, so erhält man als Anzahl der möglichen Partitionen die *Bellsche Zahl*

$$b(n) := \sum_{k=1}^{n} \left\{ {n \atop k} \right\}.$$

Man zeige:

(i) $b(n) = \frac{1}{\mathrm{e}} \sum_{r=0}^{\infty} \frac{r^n}{r!}$, wobei $\mathrm{e} := \mathrm{e}^1 = \exp(1)$ die Eulersche Zahl ist.

(ii) Die Potenzreihe $B(x) = \sum_{n=0}^{\infty} \frac{b(n)}{n!} x^n$ hat positiven Konvergenzradius und es gilt $B(x) = \mathrm{e}^{\mathrm{e}^x - 1}$. Damit ist $b(n)n!$ gerade der Koeffizient von x^n in der Potenzreihenentwicklung von $\mathrm{e}^{\mathrm{e}^x - 1}$.

5.6 Berechnung von Integralen

Die Aufgaben in diesem Abschnitt drehen sich in erster Linie um die algebraischen Techniken, die im Beweis und den Anwendungen der Transformationsformel zum Einsatz kommen. Sofern nicht anders vermerkt, ist $\mathbb{K}$ in diesem Abschnitt immer ein beliebiger Körper.

Aufgabe 5.51 (Kästchen-Regel) Sei

$$A = \left(\begin{array}{c|c} A_1 & * \\ \hline 0 & A_2 \end{array}\right)$$

mit $A_1 \in \mathrm{Mat}(p \times p, \mathbb{K})$, und $A_2 \in \mathrm{Mat}(q \times q, \mathbb{K})$ wobei $p + q = n$. Man zeige:

$$\det(A) = \det(A_1)\det(A_2).$$

Aufgabe 5.52 (Vandermonde Determinante) Eine *Vandermondesche Matrix* ist eine Matrix $V \in \mathrm{Mat}((n+1) \times (n+1), \mathbb{K})$ von der Gestalt

$$V := \begin{pmatrix} 1 & x_1 & x_1^2 & \dots & x_1^n \\ 1 & x_2 & x_2^2 & \dots & x_2^n \\ \vdots & \vdots & \vdots & \ddots & \vdots \\ 1 & x_{n+1} & x_{n+1}^2 & \dots & x_{n+1}^n \end{pmatrix},$$

mit Zahlen $x_1, \dots, x_{n+1} \in \mathbb{K}$. Man zeige, dass für $n \geq 1$

$$\prod_{n \geq i > j \geq 1} (x_i - x_j)$$

die Determinante dieser Matrix ist.

Aufgabe 5.53 (Berechnen der Inversen mit der Cramerschen Regel) Gegeben sei die Matrix

$$A = \begin{pmatrix} a_{11} & \cdots & a_{1n} \\ \vdots & & \vdots \\ a_{n1} & \cdots & a_{nn} \end{pmatrix} \in \mathrm{Mat}(n \times n, \mathbb{K}).$$

Die *adjunkte Matrix* $A^{\mathrm{adj}} \in \mathrm{Mat}(n \times n, \mathbb{K})$ zu A ist durch

$$A^{\mathrm{adj}}_{pq} = (-1)^{p+q} \det(A_{q,p})$$

definiert, wobei $A_{q,p}$ die Streichmatrix zu (p, q) ist (siehe [MfA, Beispiel 5.73]). Man zeige, dass das Matrizenprodukt von A und A^{adj} durch $A \cdot A^{\mathrm{adj}} = \det(A) \cdot \mathbf{1}$ gegeben ist, sodass für $\det(A) \neq 0$ die *Cramersche Regel*

$$A^{-1} = \frac{1}{\det(A)} A^{\mathrm{adj}}$$

gilt.

Hinweis: Laplace-Entwicklungssatz (siehe [MfA, Beispiel 5.73]).

Aufgabe 5.54 **(C^k-Diffeomorphismen)** Seien U und Ω zwei offene Teilmengen von $\mathbb{R}^n$ und $\varphi : U \to \Omega$ ein C^1-*Diffeomorphismus*, das heißt, stetig differenzierbar mit stetig differenzierbarer Umkehrabbildung φ^{-1}. Man zeige mit Induktion über $k \in \mathbb{N}$ die folgende Aussage:

$$\varphi \in C^k(U, \Omega) \quad \Rightarrow \quad \varphi^{-1} \in C^k(\Omega, U).$$

Damit ist φ dann ein C^k-*Diffeomorphismus*.

Aufgabe 5.55 **(Nullstellen von Polynomen)** Man zeige: Wenn eine Polynomfunktion $P(\lambda) = \sum_{j=0}^n a_j \lambda^j$ mit $a_j \in \mathbb{K}$ mindestens $n+1$ Nullstellen hat, dann sind alle a_j gleich Null.

Aufgabe 5.56 **(Nichtausgeartete hermitesche Formen)** Sei $\mathbb{K}$ gleich $\mathbb{R}$ oder $\mathbb{C}$ und V ein $\mathbb{K}$-Vektorraum mit angeordneter Basis $\mathbf{v} = (v_1, \ldots, v_n)$ und $\beta \in \mathrm{Herm}(V)$. Dann sind äquivalent:

(1) β ist nicht ausgeartet.
(2) Die darstellende Matrix $B := B^{\mathbf{v}}(\beta)$ von β ist invertierbar.

Hinweis: Aufgabe 2.38.

Aufgabe 5.57 Sei $\mathbb{K}$ gleich $\mathbb{R}$ oder $\mathbb{C}$, $A \in \mathrm{Mat}(n \times n, \mathbb{K})$ und

$$\Phi_A : \mathbb{R} \to \mathrm{GL}(n, \mathbb{K}), \quad t \mapsto \exp(tA).$$

Dann gelten folgende Aussagen:

(i) Die Abbildung Φ_A ist ein differenzierbarer *Gruppenhomomorphismus* von $(\mathbb{R}, +)$ in $(\mathrm{GL}(n, \mathbb{K}), \cdot)$, das heißt, $\Phi_A(t) \cdot \Phi_A(s) = \Phi_A(t+s)$ für alle $t, s \in \mathbb{R}$.
(ii) Für alle $t \in \mathbb{R}$ gilt $\Phi'_A(t) = A \cdot \Phi_A(t)$.

Aufgabe 5.58 **(Haar-Maß auf** $\mathrm{GL}(n, \mathbb{K})$**)** Sei $\mathbb{K}$ gleich $\mathbb{R}$ oder $\mathbb{C}$. Als offene Teilmenge des endlichdimensionalen Vektorraums $\mathrm{Mat}(n \times n, \mathbb{K})$ ist $\mathrm{GL}(n, \mathbb{K})$ Borel-messbar (siehe [MfA, Beispiel 4.6]) und damit insbesondere Lebesgue-messbar (siehe [MfA, Satz 4.22]). Betrachte die Einschränkung des Lebesgue-Masses λ von $\mathrm{Mat}(n \times n, \mathbb{K})$ (interpretiert als reeller Vektorraum) auf $\mathrm{GL}(n, \mathbb{K})$. Die Funktion $g \mapsto |\det(g)|$ ist messbar auf $\mathrm{GL}(n, \mathbb{K})$. Man zeige:

(i) Durch

$$A \mapsto \mu(A) := \int_A |\det(x)| \mathrm{d}\lambda(x)$$

wird auf $\mathrm{GL}(n, \mathbb{K})$, versehen mit den Lebesgue-messbaren Mengen als σ-Algebra, ein Maß definiert.

(ii) Das Maß μ erfüllt folgende Invarianzeigenschaft:

$$\forall g \in \mathrm{GL}(n, \mathbb{K}), \forall A \subseteq \mathrm{GL}(n, \mathbb{K}) \text{ Lebesgue-messbar}: \quad \mu(gA) = \mu(A),$$

wobei $gA = \{ga \in G \mid a \in A\}$.

Hinweis: Für (i) liefert [MfA, Proposition 4.43] (σ-Additivität des Integrals) die σ-Additivität von μ, wogegen die Invarianz in (ii) eine Konsequenz der linearen Transformationsformel in [MfA, Satz 5.74] ist.

5.7 Lösungsvorschläge

5.7.1 Linearisierung

Lösungsvorschlag für Aufgabe 5.1:

(i) Es gilt $f'(x) = \lim_{h\to 0} \frac{\frac{1}{x+h} - \frac{1}{x}}{h} = -\frac{1}{x^2}$, das heißt f ist überall differenzierbar.
(ii) $f'(x) = \lim_{h\to 0} \frac{x+h-x}{h} = 1$.
(iii) $f'(x) = \lim_{h\to 0} \frac{c-c}{h} = 0$. □

Lösungsvorschlag für Aufgabe 5.2: Da die konstanten Funktionen $V \to \mathbb{R}$ und die bilineare Abbildung $\mathbb{R} \times V \to V,\ (t, v) \mapsto tv$ differenzierbar sind (siehe [MfA, Beispiel 5.2 und Proposition 5.3]), folgt dies mit der Definition eines Untervektorraums [MfA, Definition 2.14] durch Kombination von [MfA, Proposition 5.5] (Summen und Vielfache differenzierbarer Abbildungen) und der Kettenregel aus [MfA, Proposition 5.6]. □

Lösungsvorschlag für Aufgabe 5.3: Nach [MfA, Beispiel 3.12] ist f überall stetig. Andererseits haben wir

$$\lim_{h\to 0+} \frac{|0+h| - 0}{h} = 1 \quad \text{und} \quad \lim_{h\to 0-} \frac{|0+h| - 0}{h} = -1,$$

woraus man sieht, dass f in 0 *nicht* differenzierbar ist.

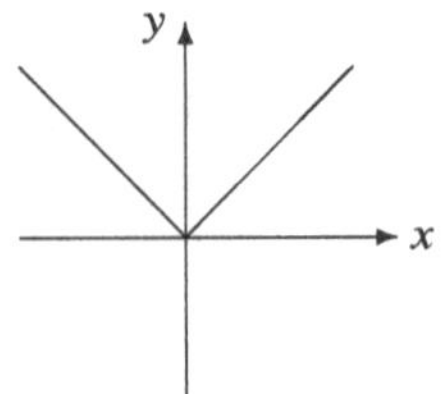

□

Lösungsvorschlag für Aufgabe 5.4: Die Abbildung

$$\alpha\colon M - x_0 \longrightarrow N - y_0, \quad v \mapsto f(x_0 + v) - f(x_0)$$

ist stetig und bijektiv mit in 0 stetiger Umkehrfunktion

$$\alpha^{-1}\colon N - y_0 \longrightarrow M - x_0, \quad w \mapsto g(w + y_0) - g(y_0).$$

Zu $0 < \varepsilon < (2\|f'(x_0)^{-1}\|_{\text{op}})^{-1}$ gibt es wegen der Differenzierbarkeit von f in x_0 ein $\delta > 0$ mit

$$\forall v \in V: \quad \|v\|_V < \delta \Rightarrow \|f(x_0 + v) - f(x_0) - f'(x_0)v\|_W < \varepsilon\|v\|_V.$$

Für $y \in W$ sei $B_W(y; r) := \{w \in W \mid \|w - y\|_W < r\}$ und $r > 0$ so klein, dass $B_W(y_0; r) \subseteq N$. Dann ist $B_W(0; r) \subseteq N - y_0$ und da α^{-1} stetig ist, findet man ein $0 < r' < r$ mit $\alpha^{-1}\big(B_W(0; r')\big) \subseteq B_V(0; \delta)$. Für $w \in B_W(0; r')$ und $v = \alpha^{-1}(w) = g(y_0 + w) - g(x_0) \in B_V(0; \delta)$ rechnen wir

$$\begin{aligned} f'(x_0)^{-1}w &= f'(x_0)^{-1}\big(f(x_0 + v) - f(x_0)\big) \\ &= f'(x_0)^{-1}\big(f(x_0 + v) - f(x_0) - f'(x_0)v\big) + v \end{aligned}$$

und erhalten die Abschätzung

$$\begin{aligned} \|f'(x_0)^{-1}w\|_V &\geq \|v\|_V - \|f'(x_0)^{-1}\|_{\text{op}}\|f(x_0 + v) - f(x_0) - f'(x_0)v\|_W \\ &\geq \|v\|_V - \varepsilon\|f'(x_0)^{-1}\|_{\text{op}}\|v\|_V \geq \frac{1}{2}\|v\|_V. \end{aligned}$$

Damit ergibt sich

$$\begin{aligned} \|g(y_0 + w) - g(y_0) - f'(x_0)^{-1}w\|_V &= \|v - f'(x_0)^{-1}w\|_V \\ &\leq \|f'(x_0)^{-1}\|_{\text{op}}\|f(x_0 + v) - f(x_0) \\ &\quad - f'(x_0)v\|_W \\ &\leq \|f'(x_0)^{-1}\|_{\text{op}}\varepsilon\|v\|_V \\ &\leq 2\varepsilon\|f'(x_0)^{-1}\|_{\text{op}}\|f'(x_0)^{-1}w\|_V \\ &\leq 2\varepsilon\|f'(x_0)^{-1}\|_{\text{op}}^2\|w\|_W. \end{aligned}$$

Zusammen haben wir

$$\begin{aligned} \forall w \in B_W(0; r'): \quad &\frac{1}{\|w\|_W}\|g(y_0 + w) - g(x_0) - f'(x_0)^{-1}w\|_V \\ &\leq 2\varepsilon\|f'(x_0)^{-1}\|_{\text{op}}^2, \end{aligned}$$

also die Differenzierbarkeit von g in y_0 mit Ableitung $f'(x_0)^{-1} \in \operatorname{Hom}_{\mathbb{K}}(W, V)$. □

Lösungsvorschlag für Aufgabe 5.5: Nach Aufgabe 3.10 ist f^{-1} in $y_0 = f(x_0)$ stetig. Also ist f^{-1} in y_0 nach Aufgabe 5.4 differenzierbar mit Ableitung $(f^{-1})'(y_0) = \frac{1}{f'(x_0)} \in \mathbb{R} = \mathrm{Hom}_{\mathbb{R}}(\mathbb{R}, \mathbb{R})$. □

Lösungsvorschlag für Aufgabe 5.6:

(i) Die erste Aussage folgt aus den Rechenregeln [MfA, Lemma 1.77] für die Positivität, die zweite aus der Unbeschränktheit von $\mathbb{N}$ und dem Zwischenwertsatz [MfA, Satz 3.13].

(ii) Aufgabe 5.5 zeigt jetzt, dass die Wurzelfunktion in $]0, \infty[$ differenzierbar ist und die Ableitung durch

$$(\sqrt{x})' = \frac{1}{2\sqrt{x}}$$

gegeben ist.

(iii) Das folgt aus Aufgabe 5.5 und $p_n'(y) = ny^{n-1}$. □

Lösungsvorschlag für Aufgabe 5.7: Mit der Funktionalgleichung [MfA, (3.19)] für die Exponentialfunktion finden wir $\frac{1}{h}(\mathrm{e}^{x+h} - \mathrm{e}^x) = \frac{\mathrm{e}^x}{h}(\mathrm{e}^h - 1)$. Also genügt es zu zeigen, dass exp in 0 differenzierbar ist $\exp'(0) = 1$ gilt. Wegen

$$\mathrm{e}^x = 1 + x + x^2 \sum_{k=1}^{\infty} \frac{x^{k-2}}{k!}$$

und $k! > 2^k$ für $k \geq 4$ (Induktion startend mit $4! = 24 > 16 = 2^4$) gilt für $|x| \leq 1$, dass

$$|\mathrm{e}^x - 1 - x| \leq x^2 \sum_{k=1}^{\infty} \frac{1}{k!} \leq cx^2$$

für eine Konstante c. Damit folgt $\lim_{h\to 0} \frac{1}{x}(\mathrm{e}^h - \mathrm{e}^0 - h) = 0$, das heißt $\exp'(0) = 1$. □

Lösungsvorschlag für Aufgabe 5.8: Das folgt aus Aufgabe 5.5 und $\exp'(y) = \exp(y)$, das heißt aus Aufgabe 5.7. □

Lösungsvorschlag für Aufgabe 5.9: Teil (i) folgt sofort aus [MfA, Proposition 5.11] und dem Lösungsvorschlag zu Aufgabe 3.12(iv). Um (ii) zu zeigen, betrachten wir für $h \in B(0; \delta)$

$$\frac{\frac{f}{g}(x_0 + h) - \frac{f}{g}(x_0)}{\|h\|_V} = \frac{f(x_0 + h) - f(x_0)}{\|h\|_V g(x_0 + h)} - f(x_0)\frac{g(x_0 + h) - g(x_0)}{\|h\|_V g(x_0) g(x_0 + h)}$$

und halten fest, dass wegen $\lim_{h\to 0} g(x_0 + h) = g(x_0)$ gilt

$$g(x_0)^2 = \lim_{h\to 0} g(x_0)g(x_0 + h).$$

Nach Aufgabe 3.12 gilt auch

$$0 = \lim_{h\to 0} \frac{f(x_0 + h) - f(x_0) - f'(x_0)h}{\|h\|_V} = \lim_{h\to 0} \frac{f(x_0 + h) - f(x_0) - \frac{g(x_0+h)}{g(x_0)} f'(x_0)h}{\|h\|_V},$$

$$0 = \lim_{h\to 0} \frac{g(x_0 + h) - g(x_0) - g'(x_0)h}{\|h\|_V} = \lim_{h\to 0} \frac{g(x_0 + h) - g(x_0) - \frac{g(x_0+h)}{g(x_0)} g'(x_0)h}{\|h\|_V}.$$

Zusammen finden wir, wieder mit Aufgabe 3.12,

$$\begin{aligned}
&\lim_{h\to 0} \frac{\frac{f}{g}(x_0 + h) - \frac{f}{g}(x_0) - \frac{1}{g(x_0)} f'(x_0)h + \frac{f(x_0)}{g(x_0)^2} g'(x_0)h}{\|h\|_V} \\
&= \lim_{h\to 0} \Bigg(\frac{f(x_0 + h) - f(x_0) - \frac{g(x_0+h)}{g(x_0)} f'(x_0)h}{\|h\|_V g(x_0 + h)} \\
&\quad - f(x_0) \frac{g(x_0 + h) - g(x_0) - \frac{g(x_0+h)}{g(x_0)} g'(x_0)h}{\|h\|_V g(x_0) g(x_0 + h)} \Bigg) \\
&= 0.
\end{aligned}$$

□

Lösungsvorschlag für Aufgabe 5.10: Wir nehmen an, dass $x_1 < x_2$ in I° und $f(x_1) \geq f(x_2)$. Dann gibt es nach dem Mittelwertsatz [MfA, Satz 5.23] ein $x_0 \in]x_1, x_2[$ mit

$$0 < f'(x_0) = \frac{f(x_2) - f(x_1)}{x_2 - x_1} \leq 0.$$

Dieser Widerspruch beweist die erste Behauptung. Die anderen folgen ganz analog. □

Lösungsvorschlag für Aufgabe 5.11: Wir beweisen nur (i), Teil (ii) geht ganz analog. Betrachte den Differenzenquotienten von f in x:

$$\frac{f(x + h) - f(x)}{h} \geq 0$$

weil $f(x + h) \geq f(x)$ für $h > 0$ und $f(x + h) \leq f(x)$ für $h \leq 0$. Aber dann gilt nach Aufgabe 3.13 auch für den Grenzwert

$$f'(x) = \lim_{h\to 0} \frac{f(x + h) - f(x)}{h} \geq 0,$$

was die Behauptung beweist. □

5.7.2 Lösungsmengen nichtlinearer Gleichungen

Lösungsvorschlag für Aufgabe 5.12: Es ist leicht zu prüfen, dass d eine Metrik ist. Für die Vollständigkeit stellt man zunächst fest, dass jede d-Cauchy-Folge $(f_n)_{n\in\mathbb{N}}$ punktweise gegen eine Funktion f konvergiert, weil die $\big(f_n(x)\big)_{n\in\mathbb{N}}$ jeweils d_B-Cauchy-Folgen werden. Dann schließt man mithilfe der Dreiecksungleichung, dass die Konvergenz gleichmäßig ist. Mit [MfA, Proposition 5.13] (Stetigkeit der Grenzfunktion bei gleichmäßiger Konvergenz) folgt dann die Stetigkeit von f. □

Lösungsvorschlag für Aufgabe 5.13: f ist in $(0,0)$ in beiden Variablen partiell differenzierbar mit

$$D_1 f(0,0) = D_2 f(0,0) = 0,$$

aber f ist in $(0,0)$ nicht differenzierbar, ja nicht einmal stetig: Zum Beispiel konvergiert $f(x,x) = \frac{1}{2}$ nicht gegen 0 für $x \to 0$. □

Lösungsvorschlag für Aufgabe 5.14: Die Implikation (1)⇒(2) folgt sofort aus [MfA, Proposition 5.10 (Partielle Ableitungen) und der zugehörigen Formel (5.7)].

Für die Umkehrung reicht es aus zu zeigen, dass f differenzierbar ist, weil dann die Stetigkeit wieder aus [MfA, Proposition 5.10] folgt. Wir betrachten also $v = (v_1, \dots, v_d) \in U$ und $h = (h_1, \dots, h_d) \in V$ so klein, dass $v + h \in U$. Dann rechnen wir

$$\begin{aligned}
&f(v+h) - f(v) - \sum_{j=1}^{d} D_j f(v) h_j = \\
&= f(v_1 + h_1, v_2 + h_2, \dots, v_d + h_d) - f(v_1, v_2 + h_2, \dots, v_d + h_d) - D_1 f(v) h_1 \\
&\quad + f(v_1, v_2 + h_2, v_3 + h_3, \dots, v_d + h_d) - f(v_1, v_2, v_3 + h_3, \dots, v_d + h_d) \\
&\quad - D_2 f(v) h_2 \\
&\quad \vdots \\
&\quad + f(v_1, v_2, \dots, v_{d-1}, v_d + h_d) - f(v_1, v_2, \dots, v_d) - D_d f(v) h_d.
\end{aligned}$$

Wir können annehmen, dass die Norm auf V von der Form $\|v\|_V = \max\{\|v_j\|_j \mid j = 1, \dots, d\}$ ist. Dann genügt es, zu jedem $\varepsilon > 0$ ein $\eta > 0$ zu finden, so, dass für alle $h \in V$ mit $\|h\|_V \le \eta$ die W-Norm jeder der obigen Zeilen durch $\varepsilon \|h_j\|_j$ abgeschätzt werden kann. Wir zeigen das für die erste Zeile, die anderen gehen analog.

Wähle eine offene Umgebung U_1 von v_1 so, dass die Funktion

$$g\colon U_1 \to W, \quad y \mapsto f(y, v_2 + h_2, \dots, v_d + h_d) - D_1 f(v)(y - v_1)$$

definiert ist. Wenn $\|h\|_V$ so klein ist, dass $v_1 + h_1 \in U_1$, dann gilt

$$\begin{aligned}
&\|g(v_1 + h_1) - g(v_1)\|_W \\
&\quad = \|f(v_1 + h_1, v_2 + h_2, \dots, v_d + h_d) - f(v_1, v_2 + h_2, \dots, v_d + h_d) \\
&\qquad - D_1 f(v) h_1\|_W.
\end{aligned}$$

Nach Voraussetzung ist $g\colon U_1 \to W$ differenzierbar mit

$$g'(y) = D_1 f(y, v_2 + h_2, \dots, v_d + h_d) - D_1 f(v).$$

Wegen der Stetigkeit von $D_1 f$ gibt es ein $\eta > 0$ so, dass für $\|y - v_1\|_1 \le \eta$ und $\|h\|_V \le \eta$ gilt

$$\|D_1 f(y, v_2 + h_2, \dots, v_d + h_d) - D_1 f(v)\|_W \le \varepsilon.$$

Wenn wir jetzt $y = v_1 + t h_1$ mit $t \in [0, 1]$ wählen, zeigt der Mittelwertsatz in der Form von [MfA, Satz 5.30]

$$\forall \|h\|_V < \eta : \quad \|g(v_1 + h_1) - g(v_1)\|_W \le \varepsilon \|h_1\|_1,$$

also die Behauptung. □

Lösungsvorschlag für Aufgabe 5.15:

(i) Für $x \neq 0$ gilt mit der Kettenregel aus [MfA, Proposition 5.6] und Aufgabe 5.6

$$\frac{\partial r(x)}{\partial x_j} = \frac{2}{2\|x\|} x_j = \frac{x_j}{r(x)},$$

also

$$\nabla r(x) = \frac{1}{r(x)} x = \frac{x}{\|x\|}$$

und $\|\nabla r(x)\| = 1$. Das heißt, $\nabla r(x)$ ist der Einheitsvektor in x-Richtung. Im Ursprung $x = 0$ ist r nicht partiell differenzierbar. Man kann das zum Beispiel mit Aufgabe 5.3 sehen, weil für $t \in \mathbb{R}$ gilt $r(te_1) = |t|$.

(ii) Wenn F in $x \in U$ differenzierbar ist, dann ist $F'(x)\colon \mathbb{R}^n \to \mathbb{R}^k$ linear und es gilt

$$F'(x)e_i = (F_1'(x)e_i, \dots, F_k'(x)e_i) = \left(\frac{\partial F_1(x)}{\partial x_i}, \dots, \frac{\partial F_k(x)}{\partial x_i}\right) = \sum_{j=1}^{k} \frac{\partial F_j(x)}{\partial x_i} \tilde{e}_j.$$

Das bedeutet gerade, dass die Jacobi-Matrix die darstellende Matrix von $F'(x)$ bezüglich der kanonischen Basen auf $\mathbb{R}^n$ und $\mathbb{R}^k$ ist (stellt man die Koeffizientenvektoren als Spaltenvektoren dar, so besteht jede Zeile der Jacobi-Matrix aus den partiellen Ableitungen einer Komponentenfunktion). □

5.7.3 Gewöhnliche Differentialgleichungen erster Ordnung

Lösungsvorschlag für Aufgabe 5.16:

(i) Wie approximieren die Funktion f durch die Folge von Funktionen $f_n : \mathbb{R} \to \mathbb{R}$, die durch

$$f_n(x) := \begin{cases} \frac{1}{\sqrt{|x|}} & \text{für } |x| \geq n^{-1}, \\ 0 & \text{für } |x| < n^{-1}. \end{cases}$$

Nach Aufgabe 5.6 und dem Hauptsatz [MfA, Satz 5.25] gilt für $x \geq n^{-1}$

$$\int_0^x f_n(t)\mathrm{d}t = 2\sqrt{x} - 2\sqrt{n^{-1}}.$$

Nach dem Satz über monotone Konvergenz [MfA, Satz 4.40] gilt dann

$$\int_0^x f(t)\mathrm{d}t = \lim_{n\to\infty}\left(2\sqrt{x} - 2\sqrt{n^{-1}}\right) = 2\sqrt{x}.$$

Für beliebiges $x > 0$ starten wir das Argument mit einem n, für das $x \geq n^{-1}$ gilt. Damit erhalten wir $\int_0^x f(t)\mathrm{d}t = 2\sqrt{x}$ für alle $x > 0$ und aus Symmetriegründen folgt daraus

$$\forall x \in \mathbb{R} : \quad \int_0^x f(t)\mathrm{d}t = \begin{cases} 2\sqrt{x} & \text{für } x \geq 0, \\ -2\sqrt{-x} & \text{für } x < 0. \end{cases}$$

(ii) In (i) haben wir die Integrale $F(x) := \int_0^x f(t)\mathrm{d}t$ berechnet und müssen feststellen, dass F in 0 nicht differenzierbar ist, weil der Grenzwert

$$\lim_{h\to 0+}\frac{\sqrt{h}}{h} = \lim_{0<h\to 0}\frac{\sqrt{h}}{h} = \lim_{h\to 0+}\frac{1}{\sqrt{h}}$$

nicht existiert. □

Lösungsvorschlag für Aufgabe 5.17:

(i) Halte $x \in I$ fest und betrachte eine beliebige Folge $(x_n)_{n\in\mathbb{N}}$ in I mit $\lim_{n\to\infty} x_n = x$. Sei J_n das von x und x_n begrenzte abgeschlossene Intervall (evtl. mit nur einem Punkt, wenn $x_n = x$). Dann ist $f\chi_{J_n}$ messbar und wegen $|f\chi_{J_n}| \leq |f|$ nach [MfA, Lemma 4.45] (Charakterisierung der Integrierbarkeit) auch integrierbar. Mit dem Satz von der dominierten Konvergenz [MfA, Satz 4.49] folgt

$$\int_{J_n} f = \int f\chi_{J_n} \xrightarrow[n\to\infty]{} 0$$

weil $f\chi_{J_n} \to 0$ (f.ü.). Es gilt aber

$$F(x_n) - F(x) = \begin{cases} \int_{J_n} f & \text{für } x \leq x_n, \\ -\int_{J_n} f & \text{für } x > x_n, \end{cases}$$

also

$$|F(x_n) - F(x)| \to 0 \quad \text{für } n \to \infty.$$

Da die Folge beliebig mit $\lim_{n\to\infty} x_n = x$ war, liefert [MfA, Proposition 3.23] (Charakterisierung der Stetigkeit über Folgen), dass F in x stetig ist.

(ii) Wenn $a \in \mathbb{R}$ ein Endpunkt des Intervalls I ist, ist f auch über $I \cup \{a\}$ integrierbar und man setzt $F(a) = \int_c^a f$. Dann wiederholt man das Argument aus (i). □

Lösungsvorschlag für Aufgabe 5.18: Zu $\varepsilon > 0$ wähle $\delta := \frac{\varepsilon}{k}$. Wenn jetzt $x < y$ mit $|x - y| < \delta$, dann gibt es nach dem Mittelwertsatz [MfA, Satz 5.23] ein $x_0 \in]x, y[$ mit $(y - x)f'(x_0) = f(y) - f(x)$. Also haben wir

$$|f(y) - f(x)| \leq |y - x|\,|f'(x_0)| < \delta k = \varepsilon.$$

Daraus folgt die Behauptung, denn der Fall $x = y$ ist trivial. □

5.7.4 Höhere Ableitungen

Lösungsvorschlag für Aufgabe 5.19:

(i) Für $(x, y) \neq (0, 0)$ folgt das mit Ketten-, Produkt- und Quotientenregel (siehe [MfA, Propositionen 5.6 und 5.7] sowie Aufgabe 5.9), und man findet

$$\frac{\partial g}{\partial x}(x, y) = y\frac{x^4 - y^4 + 4xy^3}{(x^2 + y^2)^2} \quad \text{und} \quad \frac{\partial g}{\partial y}(x, y) = -x\frac{y^4 - x^4 + 4yx^3}{(x^2 + y^2)^2}.$$

Für $(x, y) = (0, 0)$ rechnet man

$$\frac{\partial g}{\partial x}(0, 0) = \lim_{x\to 0} \frac{1}{x}\frac{0}{x^2} = 0 \quad \text{und} \quad \frac{\partial g}{\partial y}(0, 0) = \lim_{y\to 0} \frac{1}{y}\frac{0}{y^2} = 0.$$

(ii) Mit dem Beweis von (i) rechnet man

$$\frac{\partial \frac{\partial g}{\partial x}}{\partial y}(0, 0) = \lim_{y\to 0} \frac{1}{y} y\frac{-y^4}{(y^2)^2} = -1 \quad \text{und} \quad \frac{\partial \frac{\partial g}{\partial y}}{\partial x}(0, 0) = \lim_{x\to 0} \frac{1}{x}(-x)\frac{-x^4}{(x^2)^2} = 1.$$

□

Lösungsvorschlag für Aufgabe 5.20: In der mathematischen Modellierung der Bewegung von Massepunkten unter Krafteinwirkungen ist die Beschleunigung $a(t)$ eines Punktes zum Zeitpunkt t die Veränderungsrate der Geschwindigkeit $v(t)$, das heißt die Ableitung $v'(t)$. Die Geschwindigkeit wiederum ist die Veränderungsrate $x'(t)$ des Ortes $x(t)$. Also ist $a(t) = x''(t)$.

Da die Beschleunigung und damit die Geschwindigkeit nicht von der Masse abhängt, können wir uns vorstellen, ein kleiner Stein wird aus 10 m Höhe fallen gelassen und wollen berechnen, welche Geschwindigkeit er beim Aufprall hat. Wir messen den Ort als den vom Stein zurück gelegten Weg und die Zeit als die seit dem Loslassen des Steins vergangene Zeit. Damit haben wir festgelegt, dass $x(0) = 0$ und $v(0) = 0$, während $a(t) = a(0) = a$ für alle Zeiten konstant ist. Sei T der Zeitpunkt des Aufpralls. Dann sagt der Hauptsatz [MfA, Satz 5.25], dass

$$x(T) - x(0) = \int_0^T v(t)\mathrm{d}t \quad \text{und} \quad v(t) - v(0) = \int_0^t a\mathrm{d}s = at.$$

Es ergibt sich

$$x(T) = \int_0^T v(t)\mathrm{d}t = a\frac{T^2}{2}.$$

Wenn wir die Distanz in Meter und die Zeit in Sekunden messen, liefert dies $10 = 10\frac{T^2}{2}$, das heißt $T = \sqrt{2}$. Damit berechnen wir

$$v(T) = aT = 10\sqrt{2} \approx 14\,\tfrac{\mathrm{m}}{\mathrm{s}} \approx 50\,\tfrac{\mathrm{km}}{\mathrm{h}}.$$

□

Lösungsvorschlag für Aufgabe 5.21:

(i) Mit der Kettenregel [MfA, Satz 5.6] findet man

$$\frac{\partial f}{\partial x_i} = \frac{d\phi}{dr} \cdot \frac{x_i}{r}$$

und

$$\Delta f = \sum_{i=1}^{n} \left(\frac{d^2\phi}{dr^2} \cdot \frac{x_i}{r} \cdot \frac{x_i}{r} + \frac{d\phi}{dr} \cdot \frac{1}{r} - \frac{d\phi}{dr} \cdot \frac{x_i}{r^3} x_i \right) = \frac{d^2\phi}{dr^2} + \frac{n-1}{r}\frac{d\phi}{dr},$$

wobei x_i und r hier ebenso wie f auch als Funktionen von x gelesen werden.

(ii) Mit den Rechnungen aus (i) finden wir

$$\Delta k(x,t) = \left(\frac{r^2}{4t^{\frac{n}{2}+2}} - \frac{n}{2t^{\frac{n}{2}+1}} \right) \mathrm{e}^{-\frac{r^2}{4t}}$$

und

$$\frac{\partial k(x,t)}{\partial t} = \left(\frac{r^2}{4t^{\frac{n}{2}+2}} - \frac{n}{2t^{\frac{n}{2}+1}}\right) e^{-\frac{r^2}{4t}},$$

das heißt, $k(x,t)$ ist eine Lösung der Wärmeleitungsgleichung für $c = 1$. Es gilt

$$\lim_{t\to 0} k(x,t) = \begin{cases} 0 & \text{für } x \neq 0 \\ \infty & \text{für } x = 0 \end{cases} \quad \text{und} \quad \lim_{t\to\infty} k(x,t) = 0.$$

□

Lösungsvorschlag für Aufgabe 5.22:

(i) Es gilt

$$\frac{\partial^2 f(x)}{\partial x_i \partial x_j} = \frac{\partial f'(x)(e_j)}{\partial x_i} = f''(x)(e_i, e_j), \tag{5.2}$$

was mit dem Satz von Schwarz [MfA, Satz 5.31] die Behauptung impliziert. Um die zweite Gleichheit in (5.2) einzusehen, definiere eine Funktion

$$g\colon U \to \mathbb{R}, \quad x \mapsto f'(x)(e_j)$$

und beachte, dass

$$\begin{aligned} &\frac{1}{\|h\|}\big(g(x+h) - g(x) - f''(x)(e_i, e_j)\big) \\ &= \frac{1}{\|h\|}\big(f'(x+h) - f'(x) - f''(x)(e_i)\big)(e_j). \end{aligned}$$

für $h = te_i$ für $t \to 0$ gegen 0 konvergiert, was $\frac{\partial g}{\partial x_i}(x) = f''(x)(e_i, e_j)$ zeigt.

(ii) Das folgt sofort aus (5.2). □

Lösungsvorschlag für Aufgabe 5.23:

(i) Wegen $f'(x) = 0$ und der Stetigkeit von f'' liefert die Taylor-Formel aus [MfA, Satz 5.35] für ein $v \in \mathbb{R}^n$ mit $x + [0,1]v \subseteq U$ eine Konstante $c > 0$

$$f(x+v) = f(x) + \frac{1}{2} f''(x)(v,v) + r_3(v)$$

mit $|r_3(v)| \leq c\|v\|^3$. Wenn $v = (v_1, \ldots, v_n)$, dann gilt

$$f''(x)(v,v) = \sum_{i,j=1}^{n} \frac{\partial^2 f(x)}{\partial x_i \partial x_j} v_i v_j = (v \mid Hv).$$

Sei $\lambda > 0$ die von [MfA, Lemma 5.37] (Charakterisierung positiv definiter Bilinearformen) garantierte Konstante zu H. Dann gilt

$$(v \mid Hv) \geq \lambda \|v\|^2$$

und es existiert ein $\delta > 0$ mit $c\delta < \frac{\lambda}{4}$, sodass

$$\forall v \in \mathbb{R}^n, \|v\| \leq \delta : \quad |r_3(v)| \leq \frac{\lambda}{4}\|v\|^2.$$

Zusammen erhalten wir für $\|v\| \leq \delta$

$$f(x+v) \geq f(x) + \frac{\lambda}{2}\|v\|^2 - \frac{\lambda}{4}\|v\|^2 = f(x) + \frac{\lambda}{4}\|v\|^2,$$

was die Behauptung beweist.

(ii) Hier wendet man einfach (i) auf die Funktion $-f$ an, deren Hesse-Matrix $-H$ ist.

(iii) Wähle $v_\pm \in \mathbb{R}^n$ mit $(v_+ \mid Hv_+) > 0$ und $(v_- \mid Hv_-) < 0$. Dann kann man die Funktion auf eine Strecke $x +]-\varepsilon, \varepsilon[v_\pm$ einschränken und (i) bzw. (ii) auf beide Einschränkungen anwenden, um zu sehen, dass f kein lokales Extremum in x hat. □

Lösungsvorschlag für Aufgabe 5.24: Das folgt mit Aufgabe 4.32 aus der Rechnung

$$\begin{aligned}
R_n(x,h) &= \frac{1}{(n-1)!}\int_0^1 (1-t)^{n-1} f^{(n)}(x+th)(h,\dots,h)\mathrm{d}t \\
&= \frac{1}{(n-1)!} f^{(n)}(\xi)(h,\dots,h)\int_0^1 (1-t)^{n-1}\mathrm{d}t \\
&= \frac{1}{(n-1)!} f^{(n)}(\xi)(h,\dots,h)\int_0^1 t^{n-1}\mathrm{d}t \\
&= \frac{1}{(n-1)!} f^{(n)}(\xi)(h,\dots,h)\frac{1}{n} \\
&= \frac{1}{n!} f^{(n)}(\xi)(h,\dots,h).
\end{aligned}$$

□

Lösungsvorschlag für Aufgabe 5.25:

(1) $\Rightarrow$ (2): Seien $v, v' \in \Omega$ und $t \in [0,1[$. Wir setzen $v_t := tv + (1-t)v'$ und

$$F(t) := tf(v) + (1-t)f(v') - f(v_t).$$

Die Taylor-Entwicklung von f in v_t liefert

$$f(v) = f(v_t) + f'(v_t)(v - v_t) + \tfrac{1}{2} f''(\xi)(v - v_t, v - v_t)$$
$$f(v') = f(v_t) + f'(v_t)(v' - v_t) + \tfrac{1}{2} f''(\xi')(v' - v_t, v' - v_t)$$

mit $\xi = v_t + \tau(v - v_t) = sv + (1 - \tau)v_t, \xi' = v_t + \tau'(v' - v_t) = \tau' v' + (1 - \tau')v_t$ und $\tau, \tau' \in [0, 1]$. Mit $t(v - v_t) + (1 - t)(v' - v_t) = 0$ und der positiven Semidefinitheit von $f''(\xi)$ und $f''(\xi')$ finden wir

$$\begin{aligned} F(t) &= t(f(v) - f(v_t)) + (1 - t)(f(v') - f(v_t)) \\ &= \tfrac{1}{2} t f''(\xi)(v - v_t, v - v_t) + \tfrac{1}{2}(1 - t) f''(\xi')(v' - v_t, v' - v_t) \\ &\geq 0. \end{aligned}$$

Aber das zeigt die Konvexität von f.

(2) $\Rightarrow$ (1): Angenommen, es gibt ein $v \in \Omega$ und ein $h \in \mathbb{R}^n$ mit $f''(v)(h, h) < 0$. Dann gibt es eine Kugel $B(v; r)$ um v mit $f''(v')(h, h) < 0$ für alle $v' \in B(v; r)$. Es gibt ein $s > 0$ und ein $v' \in B(x; r)$ mit $v' - v = sh$. Für $t \in]0, 1[$ gilt $v_t = tv + (1 - t)v' \in B(v; r)$ und $v - v_t, v' - v_t \in \mathbb{R}^\times h$. Aber dann liefert die Rechnung aus (i), dass $\xi, \xi' \in B(v; r)$ und

$$\begin{aligned} F(t) &= \tfrac{1}{2} t f''(\xi)(v - v_t, v - v_t) + \tfrac{1}{2}(1 - t) f''(\xi')(v' - v_t, v' - v_t) \\ &< 0. \end{aligned}$$

Damit kann f nicht konvex sein. □

Lösungsvorschlag für Aufgabe 5.26: Wenn man nur annimmt, dass f integrierbar ist, hat man nach Aufgabe 5.16 keine Garantie mehr dafür, dass F_1 differenzierbar ist, aber nach Aufgabe 5.17 ist F_1 immer noch stetig und damit nach dem Hauptsatz [MfA, Satz 5.25] alle weiteren F_n differenzierbar.

Der Beweis von [MfA, Lemma 5.34] basierte nun darauf zu zeigen, dass die für festes $m \in \mathbb{N}$ definierte Funktion

$$G(x) = \frac{1}{m!} \int_0^x (x - t)^m f(t) \mathrm{d}t$$

eine Stammfunktion von $\frac{1}{(m-1)!} \int_0^x (x - t)^{m-1} f(t) \mathrm{d}t$ ist. Dazu wurde mithilfe der Beschränktheit (für deren Nachweis die Stetigkeit von f ausschließlich eingesetzt wurde) von f gezeigt, dass das Integral

$$\frac{|h|^{m-1}}{m!} \int_x^{x+h} |f(t)| \mathrm{d}t$$

für $h \to 0$ gegen Null geht. Mit Aufgabe 5.17 kriegen wir das aber auch ohne die Voraussetzung, dass f beschränkt ist. □

Lösungsvorschlag für Aufgabe 5.27: Für reelle Zahlen $0 < a < b$ setzen wir die Funktion

$$f\colon]a,b[\to \mathbb{R}, \quad f(x) = \exp\left(\frac{1}{x-b} - \frac{1}{x-a}\right)$$

durch Null auf ganz $\mathbb{R}$ fort und definieren

$$F\colon \mathbb{R} \to \mathbb{R}^+, \quad x \mapsto \frac{\int_x^b f(t)\mathrm{d}t}{\int_a^b f(t)\mathrm{d}t}.$$

Dann gilt $f, F \in C^\infty(\mathbb{R})$. Die Funktion

$$\psi\colon \mathbb{R}^n \to \mathbb{R}, \quad v \mapsto F(\|v\|)$$

ist glatt, konstant gleich 1 für $\|v\| \le a$ und verschwindet für $\|v\| \ge b$. Sei $B := \mathbb{R}^n \setminus U$. Dann gibt es endlich viele abgeschlossene Kugeln K_i, $i = 1, \ldots, N$, die K überdecken und disjunkt zu B sind. Mit obigem Argument (plus evtl. Verschiebung und Streckung) kann man jetzt Funktionen $f_i\colon \mathbb{R}^n \to [0, 1]$ wählen, die auf K_i konstant gleich 1 sind und auf B verschwinden. Die Funktion

$$f := 1 - (1 - f_i)(1 - f_2) \cdots (1 - f_N)$$

ist dann konstant gleich 1 auf K und verschwindet auf B. □

Lösungsvorschlag für Aufgabe 5.28: Wir führen einen Induktionsbeweis über $k \in \mathbb{N}$. Der Induktionsanfang ist die gewöhnliche Kettenregel aus [MfA, Proposition 5.6]. Sei die Behauptung jetzt für beliebige V_1, V_2, V_3 etc. und k bewiesen und f_1, f_2 beide $k+1$-mal differenzierbar. Nach der Kettenregel gilt

$$\forall x \in U_1 : \quad (f_2 \circ f_1)'(x) = f_2'(f_1(x)) \circ f_1'(x).$$

Hier ist $f_2'(f_1(x)) \in \mathrm{Hom}_{\mathbb{K}}(V_2, V_3)$ und $f_1'(x) \in \mathrm{Hom}_{\mathbb{K}}(V_1, V_2)$. Die Abbildung

$$\mu : \mathrm{Hom}_{\mathbb{K}}(V_2, V_3) \times \mathrm{Hom}_{\mathbb{K}}(V_1, V_2) \to \mathrm{Hom}_{\mathbb{K}}(V_1, V_3), \quad (\psi, \phi) \mapsto \psi \circ \phi$$

ist $\mathbb{K}$-bilinear und damit nach [MfA, Proposition 5.3] und [MfA, Beispiel 5.2] beliebig oft differenzierbar. Wir erhalten

$$(f_2 \circ f_1)' = \mu \circ (f_2' \circ f_1, f_1')$$

und $(f_2' \circ f_1, f_1') : U_1 \to \mathrm{Hom}_{\mathbb{K}}(V_2, V_3) \times \mathrm{Hom}_{\mathbb{K}}(V_1, V_2)$ ist nach [MfA, Beispiel 5.4] (vektorwertige Abbildungen), Induktionsannahme und Kettenregel k-mal (stetig) differenzierbar. Aber dann ist auch die Verknüpfung $(f_2 \circ f_1)' = \mu \circ (f_2' \circ f_1, f_1')$, wieder mit der Induktionsannahme, k-mal (stetig) differenzierbar. Also ist $f_2 \circ f_1$ sogar $(k+1)$-mal (stetig) differenzierbar. □

5.7.5 Potenzreihen und analytische Funktionen

Lösungsvorschlag für Aufgabe 5.29. Zu $z_0 \in B(0; r)$ gibt es ein $0 < b < r$ mit $z_0 \in B(0; b)$. Da die Potenzreihe auf $B(0; b)$ nach [MfA, Proposition 5.44] gleichmäßig konvergiert, folgt die Behauptung aus der Stetigkeit von komplexen Polynomfunktionen und [MfA, Proposition 5.13] (Stetigkeit bei gleichmäßiger Konvergenz). □

Lösungsvorschlag für Aufgabe 5.30:

(i) Nach [MfA, Proposition 5.49] haben die Potenzreihen $\sum_{k=0}^{\infty} \frac{a_k}{k+1} x^{k+1}$ und $\sum_{k=0}^{\infty} a_k x^k$ denselben Konvergenzradius. Die durch die zweite Reihe dargestellte Funktion ist nach Aufgabe 5.29 stetig und nach [MfA, Korollar 5.50] die Ableitung der durch die erste Reihe dargestellten Funktion (die in 0 verschwindet).

(ii) Mit (i) folgt das aus dem Hauptsatz [MfA, Satz 5.25]. □

Lösungsvorschlag für Aufgabe 5.31: Sei $(z_n)_{n\in\mathbb{N}}$ in $B(z_0; \rho)$ eine Folge mit $z_n \neq z_0$, $\lim_{n\to\infty} z_n = z_0$ und $f(z_n) = 0$. Dann gilt $a_0 = f(z_0) = \lim_{n\to\infty} f(z_n) = 0$ und

$$f_1(z) := \frac{f(z)}{z - z_0} = \sum_{k=1}^{\infty} a_k (z - z_0)^{k-1} = \sum_{k=0}^{\infty} a_{k+1} (z - z_0)^k.$$

Die Reihe konvergiert nach [MfA, Proposition 5.49] auf $B(z_0; \rho)$ und die dargestellte Funktion $f_1 : B(z_0; \rho) \to \mathbb{C}$ ist nach Aufgabe 5.29 stetig mit $f_1(z_0) = a_1$. Wegen $f_1(z_n) = \frac{f(z_n)}{z_n - z_0} = 0$ gilt $a_1 = f_1(z_0) = 0$. Diese Argumentation wendet man jetzt auf f_1 statt f an und zeigt iterativ $a_n = 0$ für alle $n \in \mathbb{N}$. □

Lösungsvorschlag für Aufgabe 5.32: Wenn wir $f(x) = \sum_{k=0}^{\infty} a_k x^k$ schreiben, dann gilt nach [MfA, Korollar 5.50]

$$f'(x) = \sum_{k=0}^{\infty} (k+1) a_{k+1} x^k,$$

und wegen $a_k = \frac{a_0}{k!}$ haben wir

$$\forall k \in \mathbb{N}_0 : \quad (k+1) a_{k+1} = a_k.$$

Damit folgt sofort, dass $f = f'$, sofern wir die Konvergenz der Reihen zeigen können. Diese folgt diese aber sofort aus dem Quotientenkriterium aus [MfA, Satz 5.47]. □

Lösungsvorschlag für Aufgabe 5.33: Wir nehmen an, dass f und g zwei differenzierbare Funktionen mit $f' = f$ und $g' = g$ sowie $f(0) = g(0) = 1$ sind. Für ein beliebiges $x_0 \in \mathbb{R}$ definieren wir die Hilfsfunktion $h\colon \mathbb{R} \to \mathbb{R}$ durch

$$h(x) := f(x)g(x_0 - x).$$

Dann ist h differenzierbar und es gilt

$$h'(x) = f'(x)g(x_0 - x) - f(x)g'(x_0 - x) = f(x)g(x_0 - x) - f(x)g(x_0 - x) = 0.$$

Nach [MfA, Korollar 5.24] ist h konstant und wir finden

$$f(x_0) = f(x_0)g(0) = h(x_0) = h(0) = f(0)g(x_0) = g(x_0).$$

Da x_0 beliebig war, folgt die Behauptung. □

Lösungsvorschlag für Aufgabe 5.34: Wegen $\left|(-1)^{k+1}\frac{z^k}{k}\right| \leq |z|^k$ konvergiert mit der geometrischen Reihe auch die Reihe $\sum_{k=1}^{\infty}(-1)^{k+1}\frac{z^k}{k}$ für jedes $z \in B(0; 1)$. Sei also $f\colon]-1, 1[\to \mathbb{R}$ die Funktion, die durch die Potenzreihe auf $]-1, 1[$ dargestellt wird. Nach [MfA, Korollar 5.50] (Ableitung konvergenter skalarer Potenzreihen) ist f differenzierbar und die Ableitung f' wird durch die Potenzreihe (betrachte die geometrische Reihe in [MfA, Beispiel 3.22])

$$\sum_{k=0}^{\infty}(-1)^k x^k = \sum_{k=0}^{\infty}(-x)^k = \frac{1}{1+x}$$

dargestellt. Andererseits gilt $\ln'(x) = \frac{1}{e^{\ln x}} = \frac{1}{x}$ nach Aufgabe 5.5 und daher ist die Ableitung der Funktion $x \mapsto \ln(x+1)$ gerade die Funktion $\frac{1}{x+1}$. Wir sehen also mit [MfA, Korollar 5.24], dass sich f und $x \mapsto \ln(x+1)$ nur durch eine Konstante unterscheiden. Wegen $f(0) = 0 = \ln(1)$ müssen die beiden Funktionen gleich sein. □

Lösungsvorschlag für Aufgabe 5.35:

(i) Dies folgt aus $\ln(\mathrm{e}) = 1$.
(ii) $a^{\frac{\ln(x)}{\ln(a)}} = \mathrm{e}^{\ln(x)} = x$.
(iii) Folgt sofort aus (ii)
(iv) $a^{\log_a(x)+\log_a(y)} = \mathrm{e}^{\ln(x)+\ln(y)} = \mathrm{e}^{\ln(x)}\mathrm{e}^{\ln(y)} = xy$.
(v) $a^{\log_a(x)-\log_a(y)} = \mathrm{e}^{\ln(x)-\ln(y)} = \mathrm{e}^{\ln(x)}\mathrm{e}^{-\ln(y)} = \frac{x}{y}$.
(vi) $a^{p\log(x)} = \left(a^{\log_a(x)}\right)p = x^p$. □

Lösungsvorschlag für Aufgabe 5.36: Das folgt mit Aufgabe 5.32 aus der Kettenregel (siehe [MfA, Proposition 5.6]) mit der Rechnung

$$(x^r)' = (\mathrm{e}^{r \ln x})' = \mathrm{e}^{r \ln x} r x^{-1} = r\mathrm{e}^{r \ln x}\mathrm{e}^{(-1)\ln x} = r\mathrm{e}^{(r-1)\ln x} = r x^{r-1}.$$

□

Lösungsvorschlag für Aufgabe 5.37: Das folgt aus dem Lösungsvorschlag zu Aufgabe 5.32 indem man die Exponentialreihe in gerade und ungerade Potenzen aufteilt. □

Lösungsvorschlag für Aufgabe 5.38: Wir nehmen wir an, dass f und g zwei differenzierbare Funktionen mit $f'' = -f$ und $g'' = -g$ sind. Für ein beliebiges $x_0 \in \mathbb{R}$ definieren wir die Hilfsfunktion $h\colon \mathbb{R} \to \mathbb{R}$ durch

$$h(x) = f(x)g'(x_0 - x) + f'(x)g(x_0 - x).$$

Dann ist h differenzierbar und es gilt

$$h'(x) = -f(x)g''(x_0 - x) + f''(x)g(x_0 - x) = 0.$$

Also ist h konstant und wir finden

$$f(0)g'(x_0) + f'(0)g(x_0) = f(x)g'(x_0 - x) + f'(x)g(x_0 - x)$$

für alle $x, x_0 \in \mathbb{R}$.

Wenn jetzt f_1 und f_2 zwei Funktionen mit $f_1'' = -f_1$ und $f_2'' = -f_2$ sowie $f_1(0) = f_2(0)$ und $f_1'(0) = f_2'(0)$ sind, dann setzen wir $f := f_1 - f_2$ und $g := \sin$. Mit obiger Rechnung ergibt sich

$$0 = f(x)\cos y + f'(x)\sin y$$

für alle $x, y \in \mathbb{R}$. Mit $y = 0$ folgt also $f(x) = 0$ für alle $x \in \mathbb{R}$. Dies zeigt die Behauptung. □

Lösungsvorschlag für Aufgabe 5.39:

(i) Nach der Reihenentwicklung des Sinus in [MfA, (3.48)] haben wir für $0 < x \leq 2$

$$\sin x = \left(x - \frac{x^3}{3!}\right) + \left(\frac{x^5}{5!} - \frac{x^7}{7!}\right) + \ldots \geq x - \frac{x^3}{3!} > 0,$$

weil

$$\frac{1}{(2k+1)!} - \frac{4}{(2k+3)!} = \frac{1}{(2k+1)!}\left(1 - \frac{4}{(2k+3)(2k+2)}\right) > 0.$$

Das selbe Argument liefert

$$\sin x = x - \left(\frac{x^3}{3!} - \frac{x^5}{5!}\right) - \left(\frac{x^7}{7!} - \frac{x^9}{9!}\right) - \ldots < x.$$

(ii) Nach [MfA, (3.48)] haben wir

$$\cos 2 = 1 - \frac{2^2}{2!} + \frac{2^4}{4!} - \left(\frac{2^6}{6!} - \frac{2^8}{8!}\right) - \ldots \leq -\frac{1}{3},$$

weil $1 - \frac{2^2}{2!} + \frac{2^4}{4!} = 1 - 2 + \frac{2}{3} = -\frac{1}{3}$ und die Ausdrücke in den Klammern positiv sind (man argumentiert wie in (i)). Nach (i), Aufgabe 5.10 und 5.37 ist cos in $[0, 2]$ strikt monoton fallend. Wegen $\cos(0) = 1 > -\frac{1}{3} = \cos(2)$ hat cos nach dem Zwischenwertsatz [MfA, Satz 3.13] in $[0, 2]$ genau eine Nullstelle und das ist $\frac{\pi}{2}$ (nach Definition die kleinste positive Nullstelle).

(iii) $\cos\frac{\pi}{2} = 0$ wurde in [MfA, Bemerkung 3.80] gezeigt. Damit liefert die Identität $\cos^2 + \sin^2 = 1$ aus [MfA, (3.52)], dass $\sin\frac{\pi}{2} \in \{\pm 1\}$. Mit (i) und (ii) folgt also $\sin\frac{\pi}{2} = 1$.

(iv) Nach den [MfA, Bemerkungen 3.80 und 3.79] wissen wir, dass $\cos\pi = -1$ und $\sin\pi = 0$ gilt. Mit dem Additionstheorem [MfA, (3.50)] folgt dann $\cos(x \pm \pi) = -\cos x$. Das selbe Additionstheorem liefert zusammen mit (iii), dass

$$\cos\left(x + \frac{\pi}{2}\right) = \cos x \cos\frac{\pi}{2} - \sin x \sin\frac{\pi}{2} = -\sin x.$$

(v) Wegen $\cos(-x) = \cos x$ ([MfA, Bemerkung 3.79]) gibt es zwischen $-\frac{\pi}{2}$ und $\frac{\pi}{2}$ keine Nullstellen. Nach (iv) gibt es dann aber auch zwischen $\frac{\pi}{2}$ und $\frac{3\pi}{2}$ keine Nullstellen. Damit sind die einzigen Nullstellen in $[-\frac{\pi}{2}, \frac{3\pi}{2}]$ die Punkte $-\frac{\pi}{2}$, $\frac{\pi}{2}$, $\frac{3\pi}{2}$. Wegen der in [MfA, Bemerkung 3.80] gezeigten 2π-Periodizität von cos folgt daraus die Behauptung.

(vi) Das folgt mit (iv) aus (v). □

Lösungsvorschlag für Aufgabe 5.40:

(i) Mit der Bestimmung der Nullstellen von cos und sin in Aufgabe 5.39 sehen wir, dass

$$\forall x \in]0, \pi[: \quad \sin x > 0$$

und

$$\forall x \in]-\tfrac{\pi}{2}, \tfrac{\pi}{2}[: \quad \cos x > 0.$$

Also ist nach Aufgabe 5.10 die Funktion $\sin\colon]-\frac{\pi}{2}, \frac{\pi}{2}[\to]-1, 1[$ strikt monoton steigend und die Funktion $\cos\colon]0, \pi[\to]-1, 1[$ strikt monoton fallend. Wegen

$$\sin\left(-\tfrac{\pi}{2}\right) = -1, \quad \sin\tfrac{\pi}{2} = 1 \quad \cos 0 = 1, \quad \cos\pi = -1$$

und dem Zwischenwertsatz [MfA, Satz 3.13] folgt die Behauptung.

(ii) Nach Aufgabe 5.5 gilt

$$\arcsin'(x) = \frac{1}{\sin'(\arcsin x)} = \frac{1}{\cos(\arcsin x)}.$$

Mit $x = \sin y$ rechnen wir

$$\cos(\arcsin x) = \cos y = \sqrt{(\cos y)^2} = \sqrt{1 - (\sin y)^2} = \sqrt{1 - x^2},$$

weil $\cos y \geq 0$ für $y \in [-\frac{\pi}{2}, \frac{\pi}{2}]$. Die Ableitung des Arkuskosinus berechnet man analog. □

Lösungsvorschlag für Aufgabe 5.41:

(i) Der Tangens ist überall dort, wo er definiert ist, auch differenzierbar und mit der Quotientenregel aus Aufgabe 5.9 und der Identität $1 = (\cos x)^2 + (\sin x)^2$ ergibt sich das gesuchte Ergebnis.

(ii) Mit (i) und Aufgabe 5.10 sieht man, dass $\tan\colon]-\frac{\pi}{2}, \frac{\pi}{2}[\to \mathbb{R}$ monoton steigend ist. Wegen $\sin(-\frac{\pi}{2}) = -\sin(\frac{\pi}{2}) = -1$ und $\cos x > 0$ für $]-\frac{\pi}{2}, 0[$ gilt

$$\lim_{x \to (-\frac{\pi}{2})+} \tan x = -\infty.$$

Analog stellt man fest, dass

$$\lim_{x \to \frac{\pi}{2}-} \tan x = \infty.$$

Damit ergibt sich die Behauptung.

(iii) Nach Aufgabe 5.5 gilt

$$\arctan'(x) = \frac{1}{\tan'(\arctan x)} = (\cos(\arctan x))^2.$$

Mit $x = \tan y$ rechnen wir

$$\begin{aligned}(\cos(\arctan x))^{-2} = (\cos y)^{-2} &= \frac{(\cos y)^2 + (\sin y)^2}{(\cos y)^2} \\ &= 1 + \left(\frac{\sin y}{\cos y}\right)^2 = 1 + (\tan y)^2 = 1 + x^2.\end{aligned}$$

(iv) Wegen

$$\left|(-1)^k \frac{x^{2k+1}}{2k+1}\right| \leq |x|^{2k+1}$$

sehen wir sofort, dass die Reihe auf $]-1,1[$ absolut konvergiert. Sei f die durch diese Reihe dargestellte Funktion. Dann ist f differenzierbar und f' wird dargestellt durch die Reihe

$$\sum_{k=0}^{\infty}(-1)^k x^{2k} = \sum_{k=0}^{\infty}(-x^2)^k = \frac{1}{1+x^2}.$$

Also gilt $f' = \arctan'$ und $f - \arctan$ ist eine konstante Funktion. Wegen $f(0) = 0 = \arctan(0)$ finden wir schließlich $f = \arctan$. □

Lösungsvorschlag für Aufgabe 5.42:

(i) Nach der im Beweis von [MfA, Proposition 3.75] gezeigten Cauchy-Schwarz-Ungleichung gilt $\frac{(v|w)}{\|v\|\cdot\|w\|} \in [-1,1]$, sodass Aufgabe 5.40 die Behauptung beweist.

(ii) Wir normieren die Vektoren, das heißt, wir setzen

$$\tilde{v} := \frac{v}{\|v\|}, \quad \tilde{w} := \frac{w}{\|w\|}, \quad \tilde{v}' := \frac{v'}{\|v'\|}, \quad \tilde{w}' := \frac{w'}{\|w'\|}.$$

Die Voraussetzung liefert

$$(\tilde{v} \mid \tilde{w}) = \measuredangle(v,w) = \measuredangle(v',w') = (\tilde{v}' \mid \tilde{w}').$$

Wir wollen eine isometrische lineare Abbildung $\varphi : \mathbb{R}\tilde{v} + \mathbb{R}\tilde{w} \to \mathbb{R}\tilde{v}' + \mathbb{R}\tilde{w}'$ finden, die $\varphi(\tilde{v}) = \tilde{v}'$ und $\varphi(\tilde{w}) = \tilde{w}'$ erfüllt. Wenn $\tilde{v}$ und $\tilde{w}$ linear unabhängig sind, dann legen $\varphi(\tilde{v}) = \tilde{v}'$ und $\varphi(\tilde{w}) = \tilde{w}'$ eine Abbildung $\varphi : \mathbb{R}\tilde{v} + \mathbb{R}\tilde{w} \to \mathbb{R}\tilde{v}' + \mathbb{R}\tilde{w}'$ fest und es bleibt nur zu zeigen, dass diese Abbildung isometrisch ist. Wir zeigen, dass sie die inneren Produkte erhält (und damit dann auch die Normen):

$$\begin{aligned}
(\varphi(\tilde{v}) \mid \varphi(\tilde{v})) &= (\tilde{v}' \mid \tilde{v}') = 1 = (\tilde{v} \mid \tilde{v}),\\
(\varphi(\tilde{w}) \mid \varphi(\tilde{w})) &= (\tilde{w}' \mid \tilde{w}') = 1 = (\tilde{w} \mid \tilde{w}),\\
(\varphi(\tilde{v}) \mid \varphi(\tilde{w})) &= (\tilde{v}' \mid \tilde{w}') = (\tilde{v} \mid \tilde{w}),\\
(\varphi(\tilde{w}) \mid \varphi(\tilde{v})) &= (\tilde{w}' \mid \tilde{v}') = (\tilde{w} \mid \tilde{v}).
\end{aligned}$$

Wenn $\tilde{v}$ und $\tilde{w}$ linear abhängig sind, das heißt $\tilde{w} = (\tilde{v} \mid \tilde{w})\tilde{v}$ und $\mathbb{R}\tilde{v} + \mathbb{R}\tilde{w} = \mathbb{R}\tilde{v}$, dann gilt nach Voraussetzung auf $\tilde{w}' = (\tilde{v} \mid \tilde{w})\tilde{v}'$ und $\mathbb{R}\tilde{v}' + \mathbb{R}\tilde{w}' = \mathbb{R}\tilde{v}'$. Damit definiert $\varphi(\tilde{v}) = \tilde{v}'$ eine isometrische Abbildung $\varphi : \mathbb{R}\tilde{v} \to \mathbb{R}\tilde{v}'$, die $\varphi(\tilde{w}) = \tilde{w}'$ erfüllt. Damit ist die Behauptung bewiesen.

(iii) Das folgt sofort aus den Definitionen, weil $((x,0) \mid (x,y)) = x^2$. Betrachtet man $(0,0), (x,0), (x,y)$ als die Ecken eines Dreiecks, dann sagt die Formel, dass der Kosinus des Winkels zwischen der horizontalen Seite A („Ankathete" genannt) und der längsten Seite H („Hypotenuse" genannt) gleich dem Verhältnis $\frac{\text{Länge}(A)}{\text{Länge}(H)}$ ist. Da wir den Einheitskreis betrachten, gilt $\text{Länge}(H) = 1$. □

Lösungsvorschlag für Aufgabe 5.43: Für $r_k := -\sum_{m=k+1}^{\infty} a_m$ gilt $\lim_{k\to\infty} r_k = 0$, also ist $\{r_k \mid k \in \mathbb{N}\}$ beschränkt. Sei $|z| < 1$ und $N \in \mathbb{N}$. Jetzt rechnen wir

$$f(z) - \sum_{k=0}^{N} a_k z^k = \sum_{k=N+1}^{\infty} a_k z^k = \sum_{k=N+1}^{\infty} (r_k - r_{k-1}) z^k = \sum_{k=N+1}^{\infty} r_k z^k - \sum_{k=N+1}^{\infty} r_{k-1} z^k$$
$$= \sum_{k=N+1}^{\infty} r_k (z^k - z^{k+1}) - r_N z^{N+1}$$

und finden, dass für $x \in [0, 1[$ gilt

$$|f(x) - \sum_{k=0}^{N} a_k x^k| \le \sup_{k\ge N}\{\,|r_k|\} \underbrace{\sum_{k=N+1}^{\infty} x^k (1-x)}_{\le 1 (\text{geom. Reihe})} + |r_N| \le 2 \sup_{k\ge N}\{\,|r_k|\}.$$

Für $x = 1$ hat man $f(1) - \sum_{k=0}^{N} a_k = \sum_{k=N+1}^{\infty} a_k = -r_N$, also $|f(1) - \sum_{k=0}^{N} a_k| \le 2 \sup_{k\ge N} \{\,|r_k|\}$. Zusammen zeigt dies, dass $\sum_{k=0}^{N} a_k x^k$ auf $[0, 1]$ gleichmäßig gegen f konvergiert. Die letzte Behauptung folgt dann aus [MfA, Proposition 5.13]. □

Lösungsvorschlag für Aufgabe 5.44: Die Reihe $\sum_{k=1}^{\infty} \frac{(-1)^{k-1}}{k} z^k$ hat den Konvergenzradius $\rho = 1$ und $\sum_{k=1}^{\infty} \frac{(-1)^{k-1}}{k}$ konvergiert (nach dem Leibniz-Kriterium aus Aufgabe 4.2). Also gilt nach Aufgabe 5.43 für $x \in [0, 1]$, dass

$$\lim_{x\to 1} \log(1+x) = \lim_{x\to 1} \sum_{k=1}^{\infty} \frac{(-1)^{k-1}}{k} x^k = \sum_{k=1}^{\infty} \frac{(-1)^{k-1}}{k}.$$

Die letzte Behauptung folgt jetzt mit Aufgabe 5.34, weil der Logarithmus in 2 stetig ist. □

Lösungsvorschlag für Aufgabe 5.45:

(i), (ii) Sei $B \subseteq \mathrm{End}(\mathbb{K}^n)$ eine beschränkte Teilmenge und $\|X\|_{\mathrm{op}} \le M$ für alle $X \in B$. Dann gilt für alle $X \in B$:

$$\left\| \frac{1}{n!} X^n \right\|_{\mathrm{op}} \le \frac{1}{n!} \|X\|_{\mathrm{op}}^n \le \frac{1}{n!} M^n.$$

Die Funktionenreihe $\sum_{n\in\mathbb{N}}^{\infty} f_n$ mit

$$f_n\colon B \to \operatorname{End}(\mathbb{K}^n), \quad X \mapsto \frac{1}{n!}X^n$$

ist also auf B gleichmäßig konvergent, da

$$\sum_{n=0}^{\infty}\left(\sup_{X\in B}\|f_n(X)\|_{\mathrm{op}}\right) \leq \sum_{n=0}^{\infty}\frac{M^n}{n!} = \mathrm{e}^M < \infty.$$

Aus der gleichmäßigen Konvergenz der Exponentialreihe auf beschränkten Mengen folgt nun die lokal gleichmäßige Konvergenz und damit die Stetigkeit der Exponentialfunktion.

(iii) Mit der Definition $X^0 := \mathrm{id}$ ist die Aussage $\mathrm{e}^0 = \mathrm{id}$ ist klar. Gilt $XY = YX$, das heißt, vertauschen die linearen Abbildungen miteinander, so ist

$$(X+Y)^n = \sum_{k=0}^{n}\binom{n}{k}X^k \cdot Y^{n-k}.$$

Zusammen mit dem Umordnungssatz [MfA, Satz 4.9] (angewendet auf Reihen in $\operatorname{End}(\mathbb{K}^n)$) rechnen wir

$$\begin{aligned}\mathrm{e}^{X+Y} &= \sum_{n=0}^{\infty}\frac{1}{n!}(X+Y)^n = \sum_{n=0}^{\infty}\sum_{k=0}^{n}\frac{1}{n!}\binom{n}{k}X^kY^{n-k} = \sum_{n=0}^{\infty}\sum_{k=0}^{n}\frac{X^k}{k!}\frac{Y^{n-k}}{(n-k)!}\\ &= \sum_{n=0}^{\infty}\frac{X^n}{n!}\sum_{k=0}^{\infty}\frac{Y^k}{k!} = \mathrm{e}^X\cdot\mathrm{e}^Y.\end{aligned}$$

(iv) Für $X \in \operatorname{Mat}(n\times n,\mathbb{K})$ und $g \in \operatorname{GL}(n,\mathbb{K})$ gilt $gX^ng^{-1} = \left(gXg^{-1}\right)^n$, und somit folgt aus der Stetigkeit der Matrizenmultiplikation:

$$\begin{aligned}g\mathrm{e}^Xg^{-1} &= g\cdot\left(\sum_{n=0}^{\infty}\frac{1}{n!}X^n\right)\cdot g^{-1} = \sum_{n=0}^{\infty}\frac{1}{n!}gX^ng^{-1} = \sum_{n=0}^{\infty}\frac{1}{n!}\left(gXg^{-1}\right)^n\\ &= \mathrm{e}^{gXg^{-1}}.\end{aligned}$$

(v) Aus Punkt (iii) folgt $\mathrm{e}^X\cdot\mathrm{e}^{-X} = \mathrm{id}$, also $\mathrm{e}^X \in \operatorname{GL}(n,\mathbb{K})$ mit $\mathrm{e}^{-X} = \left(\mathrm{e}^X\right)^{-1}$. □

Lösungsvorschlag für Aufgabe 5.46:

(i) Es gilt

$$D^k = \begin{pmatrix} d_1^k & & 0 \\ & \ddots & \\ 0 & & d_n^k \end{pmatrix}, \text{ also } \mathrm{e}^D = \begin{pmatrix} \mathrm{e}^{d_1} & & 0 \\ & \ddots & \\ 0 & & e^{d_n} \end{pmatrix}.$$

(ii) Es gilt

$$A^2 = \begin{pmatrix} 0 & 0 & 1 & & 0 \\ \vdots & \ddots & \ddots & \ddots & \\ \vdots & & \ddots & \ddots & 1 \\ \vdots & & & \ddots & 0 \\ 0 & \dots & \dots & \dots & 0 \end{pmatrix}, \quad A^3 = \begin{pmatrix} 0 & 0 & 0 & 1 & 0 \\ \vdots & \ddots & \ddots & \ddots & 1 \\ \vdots & & \ddots & \ddots & 0 \\ \vdots & & & \ddots & 0 \\ 0 & \dots & \dots & \dots & 0 \end{pmatrix}, \quad \text{etc.}$$

und schließlich $A^n = 0$. Man erhält hieraus die folgende Formel

$$\mathrm{e}^{tA} = \sum_{k=0}^{\infty} \frac{1}{k!}(tA)^k = \sum_{k=0}^{n-1} \frac{1}{k!}(tA)^k = \begin{pmatrix} 1 & t & \frac{t^2}{2} & \dots & \frac{t^{n-1}}{(n-1)!} \\ & 1 & & \ddots & \vdots \\ & & \ddots & & \frac{t^2}{2} \\ & 0 & & 1 & t \\ & & & & 1 \end{pmatrix}.$$

(iii) Es gilt $A^n = \begin{pmatrix} B^n & 0 \\ 0 & C^n \end{pmatrix}$, also $\mathrm{e}^A = \begin{pmatrix} \mathrm{e}^B & 0 \\ 0 & \mathrm{e}^C \end{pmatrix}$.

(iv) $A = \lambda \cdot \mathrm{id} + N$ mit

$$N = \begin{pmatrix} 0 & 1 & & 0 \\ & \ddots & \ddots & \\ & & \ddots & 1 \\ & & & 0 \end{pmatrix}.$$

Wegen $(\lambda \mathrm{id}) \cdot N = N \cdot (\lambda \mathrm{id})$ gilt nach Aufgabe 5.45 also

$$\mathrm{e}^A = \mathrm{e}^{\lambda \mathrm{id}} \cdot \mathrm{e}^N = \mathrm{e}^{\lambda} \cdot \mathrm{e}^N.$$

(v) $A^2 = \begin{pmatrix} -1 & 0 \\ 0 & -1 \end{pmatrix}$ und somit

$$\begin{aligned} \mathrm{e}^{tA} &= \sum_{k=0}^{\infty} \frac{1}{k!}(tA)^k = \sum_{m=0}^{\infty} \frac{(-1)^m}{(2m)!} t^{2m} \cdot \begin{pmatrix} 1 & 0 \\ 0 & 1 \end{pmatrix} + \sum_{m=0}^{\infty} \frac{(-1)^m}{(2m+1)!} t^{2m+1} \cdot \begin{pmatrix} 0 & 1 \\ -1 & 0 \end{pmatrix} \\ &= \begin{pmatrix} \cos t & 0 \\ 0 & \cos t \end{pmatrix} + \begin{pmatrix} 0 & \sin t \\ -\sin t & 0 \end{pmatrix} = \begin{pmatrix} \cos t & \sin t \\ -\sin t & \cos t \end{pmatrix}. \end{aligned}$$

□

Lösungsvorschlag für Aufgabe 5.47: Aus $\exp X = e^X = \sum_{n=0}^{\infty} \frac{1}{n!} X^n$ folgt

$$\frac{\|e^X - \mathrm{id} - X\|}{\|X\|} = \frac{\left\| \sum_{n=2}^{\infty} \frac{1}{n!} X^n \right\|}{\|X\|} \leq \sum_{n=2}^{\infty} \frac{1}{n!} \|X\|^{n-1} \underset{\|X\| \to 0}{\longrightarrow} 0,$$

das heißt, wir erhalten

$$\lim_{X \to 0} \frac{\|\mathrm{e}^X - \mathrm{id} - X\|}{\|X\|} = 0,$$

also

$$\exp X = \exp(0) + X + \varphi(X) \quad \text{mit} \quad \frac{\varphi(X)}{\|X\|} \underset{X \to 0}{\longrightarrow} 0.$$

Hieraus folgt, dass die Exponentialfunktion in 0 differenzierbar ist mit

$$\exp'(0)X = X,$$

also $\exp'(0) = \mathrm{id}$. □

Lösungsvorschlag für Aufgabe 5.48:

(i) Man verifiziert mit Induktion sofort $F_n \leq 2^n$ und mit dem Quotientenkriterium aus [MfA, Satz 5.47] und Aufgabe 4.6 stellt man fest, dass die Potenzreihe $\sum_{n=0}^{\infty} F_n z^n$ einen Konvergenzradius größer gleich $\frac{1}{2}$ hat.

(ii) Multipliziert man (5.1) mit x^n und summiert über alle $n \in \mathbb{N}$, so erhält man auf der linken Seite

$$\sum_{n=1}^{\infty} F_{n+1} x^n = \frac{F(x) - x}{x}$$

und auf der rechten Seite

$$\left(\sum_{n=1}^{\infty} F_n x^n \right) + \left(\sum_{n=1}^{\infty} F_{n-1} x^n \right) = F(x) + xF(x).$$

Damit findet man die Gleichung $F(x) - x = x\big(F(x) + xF(x)\big)$, die auf

$$F(x) = \frac{x}{1 - x - x^2}$$

führt.

(iii) Beachte, dass $1 - x - x^2 = (1 - xr_+)(1 - xr_-)$ (Verifikation durch Ausmultiplizieren). Damit rechnet man, unter Benutzung der geometrischen Reihe,

$$F(x) = \frac{x}{1 - x - x^2} = \frac{x}{(1 - xr_+)(1 - xr_-)} = \frac{1}{r_+ - r_-}\left(\frac{1}{1 - xr_+} - \frac{1}{1 - xr_-}\right)$$
$$= \frac{1}{\sqrt{5}}\left(\sum_{j=0}^{\infty} r_+^j x^j - \sum_{j=0}^{\infty} r_-^j x^j\right).$$

Es ergibt sich mit dem Identitätssatz aus Aufgabe 5.31, dass

$$F_n = \frac{1}{\sqrt{5}}(r_+^n - r_-^n).$$

Mit $\lim_{n\to\infty} \frac{r_-^n}{r_+^n} = 0$ findet man schließlich

$$\lim_{n\to\infty} \frac{F_n}{\frac{1}{\sqrt{5}} r_+^n} = \lim_{n\to\infty}\left(1 - \frac{r_-^n}{r_+^n}\right) = 1.$$

□

Lösungsvorschlag für Aufgabe 5.49:

(i) Man streicht aus jeder Partition vom Typ A das $\{n\}$ weg und findet dadurch alle Partitionen von $\{1, \dots, n-1\}$ in $k-1$ Teilmengen.

(ii) Man streicht aus jeder Partition vom Typ B das Element n und bekommt dann jede Partition von $\{1, \dots, n-1\}$ genau k-mal, weil das n in jeder der k Teilmengen kann gewesen sein kann.

(iii) Aus (i) und (ii) erhalten wir die Rekursionsformel

$$\left\{ n \atop k \right\} = \left\{ n-1 \atop k-1 \right\} + k \left\{ n-1 \atop k \right\} \tag{5.3}$$

für $(n, k) \neq (0, 0)$. Mit Induktion über n ergibt sich daraus die gesuchte Abschätzung.

(iv) Wegen der Abschätzung aus (iii) hat die Potenzreihe $\sum_{n=1}^{\infty} \left\{ n \atop k \right\} x^n$ nach [MfA, Satz 5.47] (Konvergenzkriterien für skalare Potenzreihen) und Aufgabe 4.6 positiven Konvergenzradius.

(v) Multipliziert man (5.3) mit x^n und summiert über alle $n \in \mathbb{N}$, so findet man

$$B_k(x) = xB_{k-1}(x) + kxB_k(x)$$

für $k \in \mathbb{N}$, wobei $B_0(x) = 1$ gilt. Daraus leitet man

$$B_k(x) = \frac{x}{1-kx} B_{k-1}(x)$$

ab, was mit Iteration auf die gesuchten Formeln für $k \in \mathbb{N}_0$ führt.

(vi) Wir bestimmen die α_r mit $1 \le r \le k$, indem wir die Partialbruchzerlegung mit $1 - rx$ multiplizieren und dann $x = \frac{1}{r}$ setzen.

(vii) Das folgt mit dem Identitätssatz aus Aufgabe 5.31 aus $\frac{1}{1-rx} = \sum_{m=0}^{\infty} r^m x^m$, weil $\left\{ {n \atop k} \right\}$ der Koeffizient von x^n in B_k ist.

(viii) Mit (vi) rechnen wir

$$\begin{aligned} \left\{ {n \atop k} \right\} &= \sum_{r=1}^{k} \alpha_r r^{n-k} = \sum_{r=1}^{k} (-1)^{k-r} \frac{r^{k-1}}{(r-1)!(k-r)!} r^{n-k} \\ &= \sum_{r=1}^{k} (-1)^{k-r} \frac{r^n}{r!(k-r)!} = \sum_{r=1}^{k} (-1)^{k-r} \frac{r^{n-1}}{(r-1)!(k-r)!} \end{aligned}$$

□

Lösungsvorschlag für Aufgabe 5.50:

(i) Wegen $\left\{ {n \atop k} \right\} = 0$ für $k > n$ findet man mit Aufgabe 5.49 für $M \ge n$

$$\begin{aligned} b(n) &= \sum_{k=1}^{M} \sum_{r=1}^{k} (-1)^{k-r} \frac{r^n}{r!(k-r)!} = \sum_{0 \le r \le k \le M} (-1)^{k-r} \frac{r^n}{r!(k-r)!} \\ &= \sum_{0 \le r,s;\, r+s \le M} (-1)^s \frac{r^n}{r!s!}. \end{aligned}$$

Für $M \to \infty$ fällt die Einschränkung $r + s \le M$ weg und es ergibt sich

$$b(n) = \sum_{0 \le r,s} (-1)^s \frac{r^n}{r!s!} = \sum_{0 \le r} \frac{r^n}{r!} \sum_{0 \le s} \frac{(-1)^s}{s!} = \mathrm{e}^{-1} \sum_{0 \le r} \frac{r^n}{r!},$$

das heißt die gewünschte Formel.

(ii) Mit dem Quotientenkriterium überprüft man, dass der Konvergenzradius positiv ist. Es gilt

$$\begin{aligned} B(x) - 1 &= \frac{1}{e}\sum_{n=1}^{\infty}\frac{x^n}{n!}\sum_{r=1}^{\infty}\frac{r^{n-1}}{(r-1)!} = \frac{1}{e}\sum_{r=1}^{\infty}\frac{1}{r!}\sum_{n=1}^{\infty}\frac{(rx)^n}{n!} \\ &= \frac{1}{e}\sum_{r=1}^{\infty}\frac{1}{r!}(e^{rx}-1) = \frac{1}{e}\left(e^{e^x}-e\right) = e^{e^x-1}-1. \end{aligned}$$

□

5.7.6 Berechnung von Integralen

Lösungsvorschlag für Aufgabe 5.51: Wir schreiben

$$\det(A) = \sum_{\sigma\in\mathcal{S}_n} \operatorname{sign}(\sigma)\underbrace{a_{1,\sigma(1)}\cdot\ldots\cdot a_{p,\sigma(p)}\cdot a_{p+1,\sigma(p+1)}\cdot\ldots\cdot a_{n,\sigma(n)}}_{=0,\text{ wenn es ein } r\in\{p+1,\ldots,n\} \text{ mit } \sigma(r)\in\{1,\ldots,p\} \text{ gibt}}$$

Das Produkt $a_{1\sigma(1)}\cdots a_{n\sigma(n)}$ ist nur von Null verschieden, wenn $\sigma(\{p+1,\ldots,n\}) \subseteq \{p+1,\ldots,n\}$. Da σ injektiv ist, ergibt sich, dass $\sigma(\{p+1,\ldots,n\}) = \{p+1,\ldots,n\}$ und es folgt $\sigma(\{1,\ldots,p\}) = \{1,\ldots,p\}$. Wir setzen

$$\begin{aligned} \sigma_1 &:= \sigma|_{\{1,\ldots,p\}} \in \mathcal{S}_p \\ \sigma_2 &:= \sigma|_{\{p+1,\ldots,p+q\}} \in \tilde{\mathcal{S}}_q := \{\text{Permutationen von } \{p+1,\ldots,p+q\}\} \end{aligned}$$

Durch Umnummerieren kann man $\tilde{\mathcal{S}}_q$ mit $\mathcal{S}_q$ identifizieren und so Permutationsmatrizen P_{σ_2}, die Anzahl f_{σ_2} der Fehlstände und das Signum $\operatorname{sign}(\sigma_2)$ für σ_2 definieren. Für ein solches σ gilt $P_\sigma = \left(\begin{array}{c|c} P_{\sigma_1} & 0 \\ \hline 0 & P_{\sigma_2}\end{array}\right)$ und $f_\sigma = f_{\sigma_1} + f_{\sigma_2}$, wobei f_σ die Anzahl der Fehlstände von σ und f_{σ_i} die Anzahl der Fehlstände von σ_i ist. Damit rechnen wir

$$\operatorname{sign}(\sigma) = (-1)^{f_\sigma} = (-1)^{f_{\sigma_1}+f_{\sigma_2}} = (-1)^{f_{\sigma_1}}(-1)^{f_{\sigma_2}} = \operatorname{sign}(\sigma_1)\operatorname{sign}(\sigma_2).$$

Indem wir jetzt nur über die σ summieren, die zur Determinante von A tatsächlich einen von Null verschiedenen Summanden beitragen können, finden wir

$$\begin{aligned}
\det(A) &= \sum_{\sigma_1\in\mathcal{S}_p,\sigma_2\in\tilde{\mathcal{S}}_q} \operatorname{sign}(\sigma_1)\operatorname{sign}(\sigma_2)\cdot \\
&\qquad \cdot(a_{1,\sigma_1(1)}\cdot\ldots\cdot a_{p,\sigma_1(p)})(a_{p+1,\sigma_2(p+1)}\cdot\ldots\cdot a_{p+q,\sigma_2(p+q)}) \\
&= \left(\sum_{\sigma_1\in\mathcal{S}_p} \operatorname{sign}(\sigma_1)(a_{1,\sigma_1(1)}\cdot\ldots\cdot a_{p,\sigma_1(p)})\right)\cdot \\
&\qquad \cdot\left(\sum_{\sigma_2\in\tilde{\mathcal{S}}_q} \operatorname{sign}(\sigma_2)(a_{p+1,\sigma_2(p+1)}\cdot\ldots\cdot a_{p+q,\sigma_2(p+q)})\right) \\
&= \det(A_1)\det(A_2).
\end{aligned}$$

□

Lösungsvorschlag für Aufgabe 5.52: Das ist klar für $n = 1$, und wir führen den Beweis mittels Induktion nach n: Als Erstes ziehen wir die erste Zeile von jeder anderen ab und erhalten

$$\det V = \det\begin{pmatrix} 1 & x_1 & x_1^2 & \ldots & x_1^n \\ 0 & x_2 - x_1 & x_2^2 - x_1^2 & \ldots & x_2^n - x_1^n \\ \vdots & \vdots & \vdots & \ddots & \vdots \\ 0 & x_{n+1} - x_1 & x_{n+1}^2 - x_1^2 & \ldots & x_{n+1}^n - x_1^n \end{pmatrix} := \det V'.$$

Jetzt subtrahieren wir das x_1-fache der n-ten Spalte von der $(n+1)$-ten Spalte, dann das x_1-fache der $(n-1)$-ten Spalte von der n-ten und so fort. Zum Beispiel erhalten wir in der k-ten Zeile (für $k = 2, \ldots, n+1$) für die letzte Spalte $x_k^n - x_1^n - x_1(x_k^{n-1} - x_1^{n-1}) = x_k^n - x_1 x_k^{n-1} = (x_k - x_1)x_k^{n-1}$. Damit gilt dann

$$\begin{aligned}
\det V' &= \det\begin{pmatrix} 1 & 0 & 0 & \ldots & 0 \\ 0 & x_2 - x_1 & x_2(x_2 - x_1) & \ldots & x_2^{n-1}(x_2 - x_1) \\ \vdots & \vdots & \vdots & \ddots & \vdots \\ 0 & x_{n+1} - x_1 & x_{n+1}(x_{n+1} - x_1) & \ldots & x_{n+1}^{n-1}(x_{n+1} - x_1) \end{pmatrix} \\
&= \prod_{j=2}^{n+1}(x_j - x_1)\det\begin{pmatrix} 1 & x_2 & x_2^2 & \ldots & x_2^{n-1} \\ \vdots & \vdots & \vdots & \ddots & \vdots \\ 1 & x_{n+1} & x_{n+1}^2 & \ldots & x_{n+1}^{n-1} \end{pmatrix}.
\end{aligned}$$

Die zweite Gleichheit ist dabei eine Konsequenz der in [MfA, Satz 5.69(ii)] beschriebenen Abbildungseigenschaften der Determinante und der Kästchen-Regel in Aufgabe 5.51. Jetzt folgt die Behauptung mit Induktion. □

Lösungsvorschlag für Aufgabe 5.53: Das Matrizenprodukt ist durch

$$(A\,A^{\mathrm{adj}})_{iq} = \sum_{j=1}^{n} a_{ij}(-1)^{q+j}\det(A_{q,j})$$

gegeben.

1. Fall: $i = q$. Wir entwickeln $\det(A)$ nach der q-ten Zeile. Dann sieht man

$$(A\,A^{\mathrm{adj}})_{qq} = \sum_{j=1}^{n} a_{qj}(-1)^{q+j}\det(A_{q,j}) = \det(A).$$

2. Fall: $i \neq q$. Wir betrachten die Matrix

$$A' = \begin{pmatrix} a_{11} & \cdots & a_{1n} \\ \vdots & & \vdots \\ a_{i1} & \cdots & a_{in} \\ \vdots & & \vdots \\ a_{i1} & \cdots & a_{in} \\ \vdots & & \vdots \\ a_{n1} & \cdots & a_{nn} \end{pmatrix} \begin{matrix} \\ \\ i\text{-te Zeile} \\ \\ q\text{-te Zeile} \\ \\ \\ \end{matrix}$$

und entwickeln $\det(A')$ nach der q-ten Zeile. Es ergibt sich

$$0 = \det(A') = \sum_{j=1}^{n} a_{ij}(-1)^{j+q}\det(A'_{q,j}) = (A\,A^{\mathrm{adj}})_{iq}$$

weil $A_{q,j} = A'_{q,j}$ gilt.

Zusammen erhalten wir die gewünschte Formel. Für 2×2-Matrizen liefert die Cramersche Regel die folgende Formel

$$\begin{pmatrix} a & b \\ c & d \end{pmatrix}^{-1} = \frac{1}{ad - bc}\begin{pmatrix} d & -b \\ -c & a \end{pmatrix}.$$

□

Lösungsvorschlag für Aufgabe 5.54: Der Induktionsanfang $k = 1$ gilt nach Voraussetzung. Wir setzen $\psi := \varphi^{-1} : \Omega \to U$. Sei die Aussage für k bewiesen. Es genügt jetzt zu zeigen, dass ψ' eine k-mal stetig differenzierbare Abbildung ist, falls

φ eine $k+1$-mal stetig differenzierbare Abbildung ist. Nach der Kettenregel (siehe [MfA, Proposition 5.6]) gilt wegen $\psi \circ \varphi = \mathrm{id}_U$

$$\forall \omega \in \Omega : \quad \psi'(\omega) = \varphi(\psi(\omega))^{-1}.$$

Damit gilt $\psi' = \iota \circ \varphi' \circ \psi$, wobei

$$\iota : \mathrm{GL}(n, \mathbb{R}) \to \mathrm{GL}(n, \mathbb{R}), \quad A \mapsto A^{-1}$$

die Matrizeninversion ist. Die Abbildung ι ist nach der Cramerschen Regel (siehe Aufgabe 5.53) C^∞, die Abbildung φ' ist nach Voraussetzung C^k und die Abbildung ψ ist nach Induktionsannahme C^k. Also ist die Verknüpfung $\psi' = \iota \circ \varphi' \circ \psi$ nach Aufgabe 5.28 ebenfalls C^k.

Wenn man bereit ist, die Umgebungen zu verkleinern, dann liefert der [MfA, Satz 5.17] von der lokalen Umkehrbarkeit, dass aus $\varphi \in C^k$ allein schon $\psi \in C^k$ folgt. □

Lösungsvorschlag für Aufgabe 5.55: Betrachte Nullstellen $x_1, \ldots, x_{n+1} \in \mathbb{K}$ von $P(\lambda)$, die alle verschieden sind. Dann gilt

$$0 = P(x_i) = a_0 + a_1 x_i + a_2 x_i^2 + \ldots + a_n x_i^n \tag{5.4}$$

für $i = 1, \ldots, n+1$. Damit wird (5.4) zu einem homogenen linearen Gleichungssystem der folgenden Gestalt

$$\begin{pmatrix} 1 & x_1 & \ldots & x_1^n \\ \vdots & \vdots & & \\ 1 & x_{n+1} & \ldots & x_{n+1}^n \end{pmatrix} \cdot \begin{pmatrix} a_0 \\ a_1 \\ \vdots \\ a_n \end{pmatrix} = 0. \tag{5.5}$$

Die Koeffizientenmatrix V dieses Systems ist gerade eine Vandermondesche Matrix. Wegen Aufgabe 5.52 gilt

$$\det V = \prod_{j>i} (x_j - x_i) \neq 0,$$

da die x_i paarweise verschieden sind. Deshalb ist V nach [MfA, Proposition 5.70(i)] invertierbar, und somit hat (5.5) nur eine Lösung, nämlich den Nullvektor. Das bedeutet, dass $a_i = 0$ für $i = 0, \ldots, n$. □

Lösungsvorschlag für Aufgabe 5.56: Nach Aufgabe 2.38 ist β genau dann ausgeartet, wenn es ein $0 \neq v = \sum_{i=1}^n x_i v_i$ gibt, für das

$$\forall w = \sum_{j=1}^n y_j v_j : \quad 0 = \beta(v, w) = (x_1, \ldots, x_n) B \begin{pmatrix} \overline{y_1} \\ \vdots \\ \overline{y_n} \end{pmatrix} \tag{5.6}$$

gilt. Aber Formel (5.6) ist äquivalent zu $(x_1, \ldots, x_n)B = 0$, also zu

$$\forall (x_1, \ldots, x_n) \in \mathbb{K}^n : \quad B^\top \begin{pmatrix} x_1 \\ \vdots \\ x_n \end{pmatrix} = 0.$$

Nach [MfA, Satz 5.72] (Rechenregeln für die Determinante) und der Charakterisierung der Invertierbarkeit einer Matrix durch ihre Determinante in [MfA, Proposition 5.70(ii)] ist das wiederum äquivalent zu

$$\det B = \det B^\top = 0$$

und der Nichtinvertierbarkeit von B. □

Lösungsvorschlag für Aufgabe 5.57: Wegen $tA \cdot sA = sA \cdot tA$ für reelle s, t folgt aus Aufgabe 5.45, dass

$$\Phi_A(t) \cdot \Phi_A(s) = \Phi_A(t+s)$$

gilt. Wegen $\Phi_A(0) = \mathrm{id}$ ist Φ_A daher ein Gruppenhomomorphismus, das heißt (i) gilt. Aus Aufgabe 5.47 folgt weiter

$$\Phi'_A(0) = \exp'(0)(A) = A.$$

Also gilt

$$\begin{aligned} \Phi'_A(t) &= \lim_{h \to 0} \frac{\Phi_A(t+h) - \Phi_A(t)}{h} = \lim_{h \to 0} \frac{\Phi_A(h)\Phi_A(t) - \Phi_A(t)}{h} \\ &= \left(\lim_{h \to 0} \frac{\Phi_A(h) - \mathrm{id}}{h} \right) \cdot \Phi_A(t) = \Phi'_A(0)\Phi_A(t) = A \cdot \Phi_A(t). \end{aligned}$$

Folglich ist Φ_A eine differenzierbare Kurve in $\mathrm{GL}(n, \mathbb{K})$, und die Aussage (ii) gilt. □

Lösungsvorschlag für Aufgabe 5.58:

(i) Da die Indikatorfunktion $\chi_\emptyset$ der leeren Menge gleich 0 ist, gilt

$$\mu(\emptyset) = \int_\emptyset |\det(x)|^{-1} \mathrm{d}\lambda(x) = \int_{\mathrm{Mat}(n \times n, \mathbb{K})} \chi_\emptyset(x) |\det(x)|^{-1} \mathrm{d}\lambda(x) = 0.$$

Seien jetzt $E_1, E_2, \ldots$ disjunkte messbare Mengen und χ_{E_j} die Indikatorfunktion von E_j. Für $f_j := |\det|^{-1} \chi_{E_j}$ und $E = \bigcup_{j=1}^\infty E_j$ gilt dann

$$\sum_{j=1}^\infty f_j = |\det|^{-1} \chi_E.$$

Mit [MfA, Proposition 4.43] ergibt sich

$$\begin{aligned}
\mu(E) &= \int_E |\det(x)|^{-1} \mathrm{d}\lambda(x) \;=\; \int_{\mathrm{Mat}(n\times n,\mathbb{K})} \chi_E(x) |\det(x)|^{-1} \mathrm{d}\lambda(x) \\
&= \int_{\mathrm{Mat}(n\times n,\mathbb{K})} \sum_{j=1}^{\infty} f_j(x) \mathrm{d}\lambda(x) \;=\; \sum_{j=1}^{\infty} \int_{\mathrm{Mat}(n\times n,\mathbb{K})} f_j(x) \mathrm{d}\lambda(x) \\
&= \sum_{j=1}^{\infty} \int_{\mathrm{Mat}(n\times n,\mathbb{K})} |\det(x)|^{-1} \chi_{E_j}(x) \mathrm{d}\lambda(x) \\
&= \sum_{j=1}^{\infty} \int_{E_j} |\det(x)|^{-1} \mathrm{d}\lambda(x) \;=\; \sum_{j=1}^{\infty} \mu(E_j).
\end{aligned}$$

Also erfüllt μ die Bedingungen von [MfA, Definition 4.23], das heißt, μ ist ein Maß.

(ii) Mit der linearen Transformationsformel aus [MfA, Satz 5.74] erhält man für die Indikatorfunktion χ_A einer messbaren Menge $A \subseteq \mathrm{GL}(n, \mathbb{K})$ und $g \in \mathrm{GL}(n, \mathbb{K})$

$$\begin{aligned}
\mu(A) &= \int_A \mathrm{d}\mu(x) \;=\; \int_{\mathrm{Mat}(n\times n,\mathbb{K})} \chi_A(x) \mathrm{d}\mu(x) \\
&= \int_{\mathrm{Mat}(n\times n,\mathbb{K})} \chi_A(x)\, |\det(x)|^{-1} \mathrm{d}\lambda(x) \\
&= |\det(g)| \int_{\mathrm{Mat}(n\times n,\mathbb{K})} \chi_A(gx)\, |\det(gx)|^{-1} \mathrm{d}\lambda(x) \\
&= \int_{\mathrm{Mat}(n\times n,\mathbb{K})} \chi_{g^{-1}A}(x)\, |\det(x)|^{-1} \mathrm{d}\mu(x) \;=\; \mu(g^{-1}A).
\end{aligned}$$

□

Literatur

[Ai79] M. Aigner. *Combinatorial Theory.* Springer, Berlin, 1979

[Hi13a] J. Hilgert. *Lesebuch Mathematik für das erste Studienjahr.* Springer Spektrum, Berlin, 2013

[Hi13b] J. Hilgert. *Arbeitsbuch Mathematik für das erste Studienjahr.* Springer Spektrum, Berlin, 2013

[MfA] J. Hilgert. *Mathematik für Ambitionierte – Zählen, Rechnen, Messen als Basis für alles Weitere.* Springer Spektrum, Berlin, 2026

[HHP15] J. Hilgert, M. Hoffmann und A. Panse. *Einführung in mathematisches Denken und Arbeiten.* Springer Spektrum, Heidelberg, 2015

[Sc19] W. Scherer. *Mathematics of Quantum Computing.* Springer, Cham, 2019

J. Hilgert, *Übungsbuch Mathematik für Ambitionierte*,
https://doi.org/10.1007/978-3-662-73421-6

Notations- und Stichwortverzeichnis

J. Hilgert, *Übungsbuch Mathematik für Ambitionierte*,
https://doi.org/10.1007/978-3-662-73421-6